치즈과학과 제조기술

- Cheesemaking Technology -

Arthur R. Hill 저
배인휴 · 안종건 공역

유한문화사

저자 서문

이 책은 치즈 제조에 필요한 과학적 사실과 기술을 소개하고 있습니다. 저는 캐나다 궬프대학교 식품학과와 순천대학교 동물자원과학과가 공동으로 운영하는 치즈 제조기술 집중교육과정에서 강의와 실습용 교재로 사용하기 위해 이 책을 집필하였습니다. 순천대학교의 치즈제조기술 집중교육과정에 참여하는 분들에게 이 책이 크게 도움이 되기를 바랍니다. 동 교육과정에 참여하지 않는 분들도 치즈제조 기술 함양에 유용하게 사용하실 수 있기를 희망합니다.

치즈는 한눈에 차이를 쉽게 구분할 수 있는 것만 해도 수백 종류(아마도 수천 종류)가 있을 터입니다. 만일 여러분이 치즈를 지역별로 구체적으로 살펴보면 놀라울 정도로 수많은 종류의 치즈가 있음을 알게 될 것입니다. 예를 들면 프랑스에서만도 수 백 가지의 치즈가 제조되고 있습니다. 그러나 치즈의 기본적인 제조기술과 공통된 특징에 따라 분류를 단순화하면 수많은 치즈들을 편리하게 구분할 수 있습니다. 예를 들어 산으로 응고하여 제조되는 치즈류는 제조된 지역에 관계없이 공통된 특징을 가지고 있습니다. 산 응고 치즈와 마찬가지로 작은 구멍형태의 눈이 존재하는 치즈, 길게 늘어나는 성질을 가지는 치즈, 곰팡이로 숙성시킨 치즈, 점질균으로 표면 숙성한 치즈들도 우유를 전통적으로 많이 생산·소비해온 대부분의 국가에서 오랜 기간 동안 발전, 진화시켜 왔습니다.

이와 같이 치즈제조 방법은 수없이 많기 때문에 이 책에서는 그 중 특정한 제조기술을 중심으로 하여 치즈의 과학과 제조기술을 소개하였습니다. 제가 이 책에서 치즈를 분류한 방법이 가장 훌륭한 분류라고 단정할 수는 없지만, 치즈의 과학과 제조기술을 논의하는 데 있어서 좋은 골격이 될 것으로 생각합니다.

각 치즈 대종(大種)에서 대표적인 치즈들을 선정하여 제조공정(recipes)을 수록하였습니다. 제조공정이 제시된 치즈들은 다만 그 대종 중에 하나로 선정되었을 뿐이지 그 외에 다른 의미는 없습니다. 제시된 공정들은 전통적인 것도 있고, 방법이 다소 변형된 것도 있습니다. 제시한 제조공정에는 캐나다 사람인 저의 경험과 감각에 근거한 내용이 포함되어 있기 때문에 캐나다 식으로 변형된 부분이 전혀 없다고 부인하기 어려운 것도 사실입니다. 체다치즈의 제조과정은 전통적인 방법을 그대로 제시했습니다만 스위스치즈와 가우다치즈와 같은 것들은 다소 "미국화"한 방법들이 제시되었습니다.

여러분 모두 치즈를 제조하면서 항상 행복하시기 바랍니다.

아더 R. 힐(아트) 교수
캐나다 궬프대학교 식품학과
Guelph, ON N1G 2W1, CANADA
E-mail : arhill@uoguelph.ca

Preface

Professor
Arthur R. Hill

This manual is a guide to the technology of cheese making and some of the science on which that technology is based. The manual is intended to be used as a supplement to the lectures and laboratories of *Cheese Technology*, a short course offered jointly by the Department of Food Science, University of Guelph and the Faculty of Animal Science and Technology, Sunchon National University. Having said that, it is my belief and hope that you will find that the manual is a useful guide to your cheese making endeavours whether or not you have had opportunity to take the cheese course.

There are hundreds(maybe thousands?) of cheese varieties, which compared casually may appear to quite distinct from each other. So, if you take a geographical approach to study the world of cheese, you are immediately confronted with dizzying numbers of cheese varieties. The country of France, for example, has several hundred cheese varieties. However, a helpful simplification is to categorize cheese according to their basic processing technologies and certain common characteristics. For examples, acid coagulated varieties have certain common characteristics no matter where they are made. Similarly cheese with eyes, stretched cheeses, mould ripened cheeses and smear ripened cheeses have evolved in most countries where milk is traditionally produced in substantial quantities.

Accordingly, this manual describes the science and technology of cheese with reference to certain technological families of cheese. I make no claim that the categories as defined here represent the best way to classify cheese. However, they do provide a framework to organize our discussion of cheese making science and technology.

The recipes are selected to represent the principal cheese families as I described elsewhere in the manual. Please consider these as suggested recipes only. Some are more traditional than others. I'm the first to admit that the recipes reflect my Canadian bias. For examples, the Cheddar recipe is fairly traditional while others such as Swiss and Gouda are somewhat “Americanized”.

Happy cheese making!!

Professor Arthur R. Hill(Art)
Department of Food Science,
University of Guelph,
Guelph, ON N1G 2W1, CANADA
E-mail : arhill@uoguelph.ca

역자 서문

우리나라의 치즈기술은 일부 대기업에서 가공치즈의 원료로 사용하기 위해 체다 치즈, 가우다치즈와 같은 극히 일부 치즈를 제조하면서 기술을 축적해 왔습니다. 그러나 WTO체제가 시작되면서 유제품 수입이 전면 개방된 이후 치즈 생산량이 급속히 감소하고 있어 그나마 우리가 보유하고 있는 기술마저 사라질지도 모른다는 우려를 하지 않을 수 없게 되었습니다.

근래에 원유체화 문제를 해결하면서 수익을 개선하기 위한 방안으로 낙농가들이 직접 치즈를 제조하는 것에 관심을 가지기 시작했습니다. 그러나 목장에서 치즈를 만들고자 하는 낙농가들을 위한 교육기회는 매우 부족하여 거의 없는 것이나 마찬가지인 형편입니다. 치즈 제조기술을 배우고 익히는 것이 그리 만만한 것이 아님은 치즈를 직접 만들어서 숙성을 해 본 사람들만이 압니다. 치즈제조 시 문제가 발생하면 그 원인을 파악하여 해결해야 하는데, 치즈제조의 원초적 지식, 기술, 감각을 가지고 있지 않고서는 안개 속을 헤집는 것과 같습니다. 그러므로 치즈기술에 대한 반복교육과 많은 경험이 필요합니다. 순천대학교 동물자원과학과는 2003년에 캐나다 궬프대학교(University of Guelph, Canada) 식품학과의 아더 R. 힐(Dr. Arthur R. Hill) 교수의 연구실과 인연을 맺어 2004년부터 2007년까지 아더 R. 힐(Dr. Arthur R. Hill) 교수를 초청하여 “치즈제조기술 집중교육과정”을 매년 지속적으로 운영하면서 낙농가들이 치즈제조의 기술과 감각을 익힐 수 있는 기회를 제공하고자 노력하였습니다.

우리나라의 자연치즈 소비는 근년에 연 평균 14%씩 증가하고 있으며, 치즈 소비량의 60% 이상을 수입치즈가 점유하고 있습니다. 앞으로 전통적인 치즈 선진국인 미국, EU, 캐나다 등과 FTA협정이 체결되면 치즈 소비량이 증가하면서 수입치즈의 점유율도 계속 증가할 것으로 예측됩니다. 수입치즈가 점유하고 있는 부분을 국산치즈로 대체 할 수 있다면 한국 낙농가에게도 크게 도움이 될 것입니다. 수입치즈와 경쟁을 할 수 있는 치즈를 제조하기 위해서는 우선 치즈 선진국들의 오랜 경험에서 우러나는 미묘하고 정교한 비법들을 전수받는 것이 필요합니다. 기술 전수 과정에서 주목해야 할 대단히 중요한 것은 좋은 치즈는 좋은 기술만으로 제조할 수 있는 것이 아니라는 것입니다. 좋은 치즈, 이를테면 사람들을 감동시키고 탄성을 자아내게 하는 명품치즈(Artisan Cheese)는 치즈를 만드는 사람의 기술뿐만 아니라 그 사람의 깊은 속에서 우러나는 혼(魂)으로 제조되는 것이라는 놀라운 사실입니다. 치즈를 제조하는 사람의 마음과 정성 그리고 깊은 삶의 통찰에서 녹아나는 혼(魂)을 담아 만들어 내는 치즈의 가치는 어떤 금액으로도 표현할 수 없을 것입니다.

이제 우리는 낙농가들로부터 시작된 목장형 치즈를 통해 국민 대중으로 확산되는 한국 치즈문화를 열어가는 첫발을 내딛고 있습니다. 우선 치즈제조의 든든한 토대를 조성하는 과학적 기초와 제반 기술을 익혀야 합니다. 그러고 나서 그 기술을 바탕으로 하여 자기의 정성과 혼을 담아 자기만의 치즈기술을 발전시켜 독자성을 확립해야 합니다. 결국 목장형 치즈가 지향하는 최종적인 목표는 자기의 온 정성과 혼을 불어넣는 치즈세계를 확보하는 것입니다.

이 책은 1896년에 설립되어 백 십년이 넘는 역사를 가진 캐나다 궬프대학 "치즈제조기술 단기과정"의 전통과 맥을 이어 운영해 온 아더 R. 힐 교수(Dr. Arthur R. Hill)의 교재를 그의 흔쾌한 동의를 얻어 번역, 편찬한 것입니다.

그 동안 순천대학교에서 실시된 수차례의 "치즈제조기술 집중교육과정"에서와 더불어 이 책의 출판과정에서 아더 R. 힐 교수의 아낌없는 지원과 진지한 조언이 있었습니다. 여기에는 아더 R. 힐 교수의 깊은 기독교적 박애정신과 한국의 치즈 동호 낙농가들과 친구가 되고자 한 호의가 있었음을 첨언합니다. 진실로 우리는 이러한 호의를 제공한 아더 R. 힐 교수께 깊은 사의를 표합니다.

앞으로 이 책이 더욱 발전하여 한국 치즈과학과 기술 분야의 고전이 되기를 기대합니다. 아울러 번역과정 중에 나타날 수 있는 부자연스러운 표현과 오류를 아낌없이 지적해 주시면 감사하겠습니다.

그 동안 원고 정리에 수고가 많았던 순천대학교 동물자원과학과 우유과학 미생물 연구실의 최희영, 정영학, 박은하, 박수린, 이재성, 김경희, 한경아, 양아름 등 제군들의 노고에 깊은 치하와 고마운 정을 표합니다. 이 책의 출판을 기꺼이 승낙하고 편집과 출판에 최선의 노력을 아끼지 않으신 유한문화사 천승배 사장님과 편집부 직원 여러분께 깊이 감사드립니다.

2007년 10월 1일

역자 씀

본서의 활용법

이 책은 캐나다 겔프대학교(University of Guelph)의 개방학습센터(Department of Open Learning)가 실시하는 “치즈제조 단기과정”의 강의와 실습을 위한 보충교재로 사용하기 위해 저술된 것입니다.

이 책 한 권으로 치즈기술의 모든 것을 알 수 있는 것은 아닙니다. 그러나 우리는 여러분이 “치즈제조 단기과정”에 참여하는 동안 얻은 지식과 기술을 더 보태어 여러분 나름대로의 완벽한 치즈기술 책자가 되도록 보완함으로써 장차 치즈제조에 진력하는데 필요한 첫 번째 문헌이 되기를 바랍니다.

본서의 제2장에는 여러분이 더 읽고 참고할 만한 권장문헌 목록을 제시하였습니다. 이 책에서 이들 문헌을 인용할 때에는 저자명과 발행년도를 표기하였습니다.

여러분은 본문의 인용한 문헌의 상세한 정보를 제2장의 알파벳순으로 정리된 문헌목록에서 알 수 있을 것입니다. 이 외의 다른 인용문헌은 괄호 또는 적절한 주석을 달아 표지해 두었습니다.

“치즈제조 단기과정”에 참여하는 동안 의문 나는 사항이나 궁금했던 사항을 기탄없이 질문하시고, 본 과정을 마친 후에도 e-mail을 통해 문의해 주시기 바랍니다.

Professor Arthur R. Hill(Art)
Department of Food Science,
University of Guelph,
Guelph, ON N1G 2W1, CANADA

E-mail : arhill@uoguelph.ca

약어 풀이

약어	원 어	풀 이
CN	Casein number	원유의 총 조단백질 중 케이신의 양(%)
FDM	Fat in the dry matter	건물 중 지방함량(%) : [지방%/(100-수분%)]×100
LAB	Lactic acid bacteria	유산균(혹은 젖산균)
MNFS	Moisture in the non-fat substance	무지성분 중 수분함량(%) : [수분%/(100-지방%)]×100
NFS	Non-fat solids	무지고형분 : 약자 SNF(Solids non-fat)로도 사용함
NPN	Non-protein nitrogen	비단백태질소화합물 : 우유 중에 함유되는 질소화합물은 개괄적인 우유단백질에 포함되어 측정되곤 한다. 조단백질에는 비단백태질소(NPN)가 포함되어 있다는 뜻이고, 순 단백질에는 NPN이 배제되었다는 뜻이다. 만약 단백질이 조단백질인지 순 단백질인지 표지되어 있지 않은 경우는 조단백질로 간주한다.
NSLAB	Non-starter lactic acid bacteria	비 스타터형 유산균
PF	Ratio of protein to fat in the milk	우유 중 단백질/지방 비 : PF는 치즈의 FDM의 주요 결정요소이다.
pH	A measure of acidity	중성 pH=7.0(Neutral) 산성 pH<7.0(Acid) 알칼리성 pH>7.0(Alkaline)
SM	Salt as weight % of cheese moisture	치즈 수분 중의 염분 중량 % : [소금%/수분%]×100
TA	Titratable acidity	적정산도 : 용액 중의 젖산의 무게%를 나타냄

차 례

제 1 장

치즈제조 개요

이 장에서는 서론과 전체내용의 개요를 소개하였다. 여러분이 치즈제조의 상세한 내용을 공부하는 것은 나무를 보는 것과 같고, 여기에 제시한 개요는 숲과 같기 때문에 구체적인 내용을 공부하면서 이 장에 소개한 개요를 다시 읽어보면 숲과 나무를 함께 보는 것과 같이 치즈제조과정을 정확하게 이해할 수 있을 것이다.

1. 기본 과정

치즈를 제조한다고 하는 것은 우유의 지방과 단백질 농축물을 얻기 위하여 우유로부터 수분, 유당 그리고 일부 무기질 성분을 제거하는 과정이라고 말할 수 있다. 치즈의 구성 성분은 주원료인 원유와 제조과정 중에 첨가하는 응유효소(렌넷), 유산균 배양액(스타터) 그리고 소금 등이다. 렌넷은 유단백질을 엉키게 하여 액상인 우유를 반고체인 gel상으로 전환시키는 효소이다. 이 gel상을 작은 조각들(커드)로 절단하면 커드로부터 유청(대부분 수분과 유당)이 빠져 나가게 된다. 유산균이 생성한 유산은 커드로부터의 유청분리에 필수적인 역할을 하고 더 나아가서 치즈의 최종 수분함량, 풍미 및 조직 특성을 결정하게 된다. 치즈제조의 일반적인 공정흐름을 그림 1-1에 나타내었다. 그림 1-2에 치즈 제조공정의 각종 지표들과 치즈 특성들의 일반적인 관계가 분명하게 제시되어 있다.

2. 치즈의 대종(Families)

치즈제조 과정에서 목표로 해야 할 것은 ① 제조한 치즈의 수분, 산도(pH), 유지

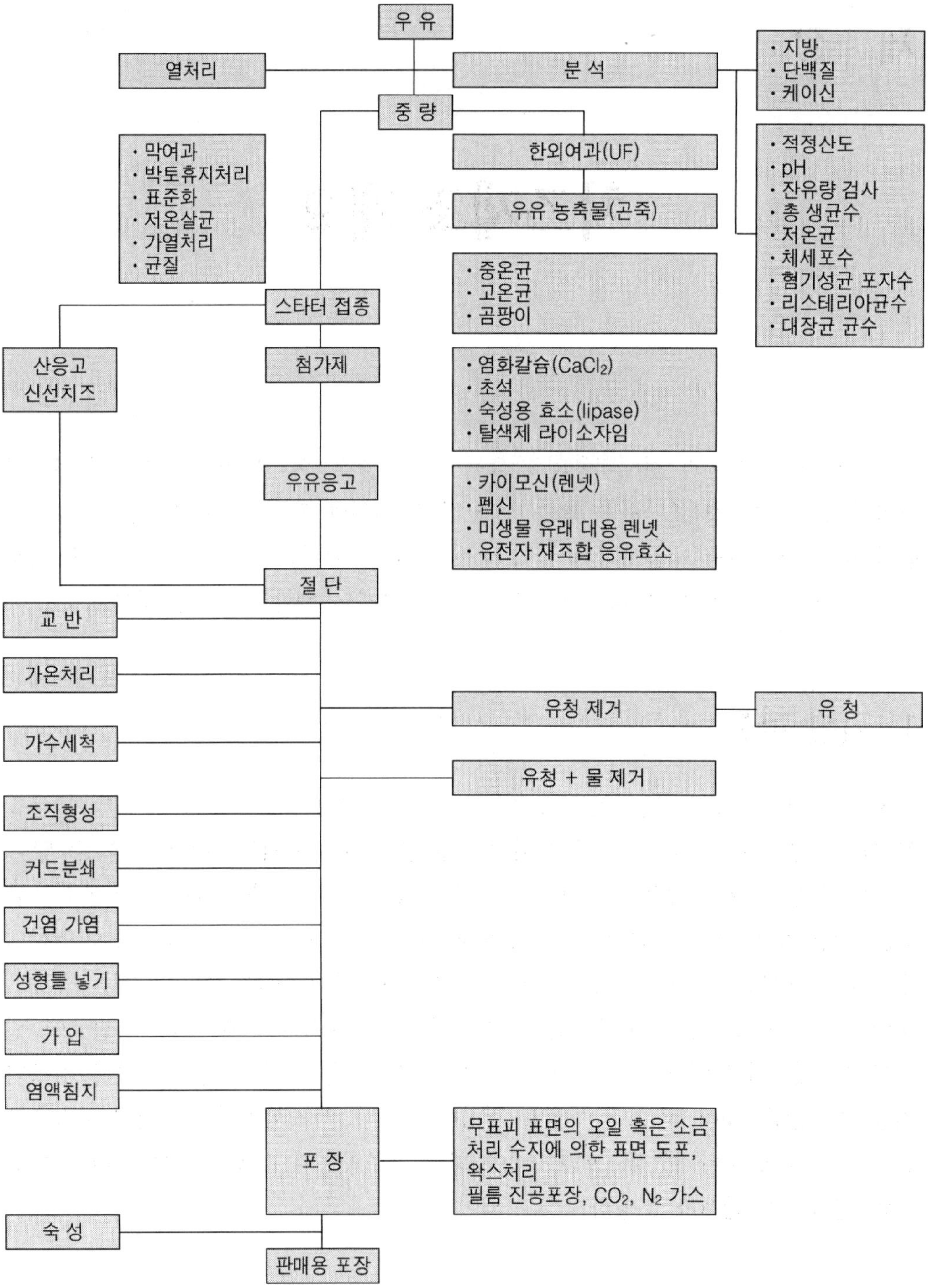

그림 1-1. 치즈 제조공정의 흐름

(After Irvine and Hill, 1985, Cheese Technology, In, Comprehensive Biotechnology, Cooney & Humphrey Edftors, Pergamon Press, N.Y)

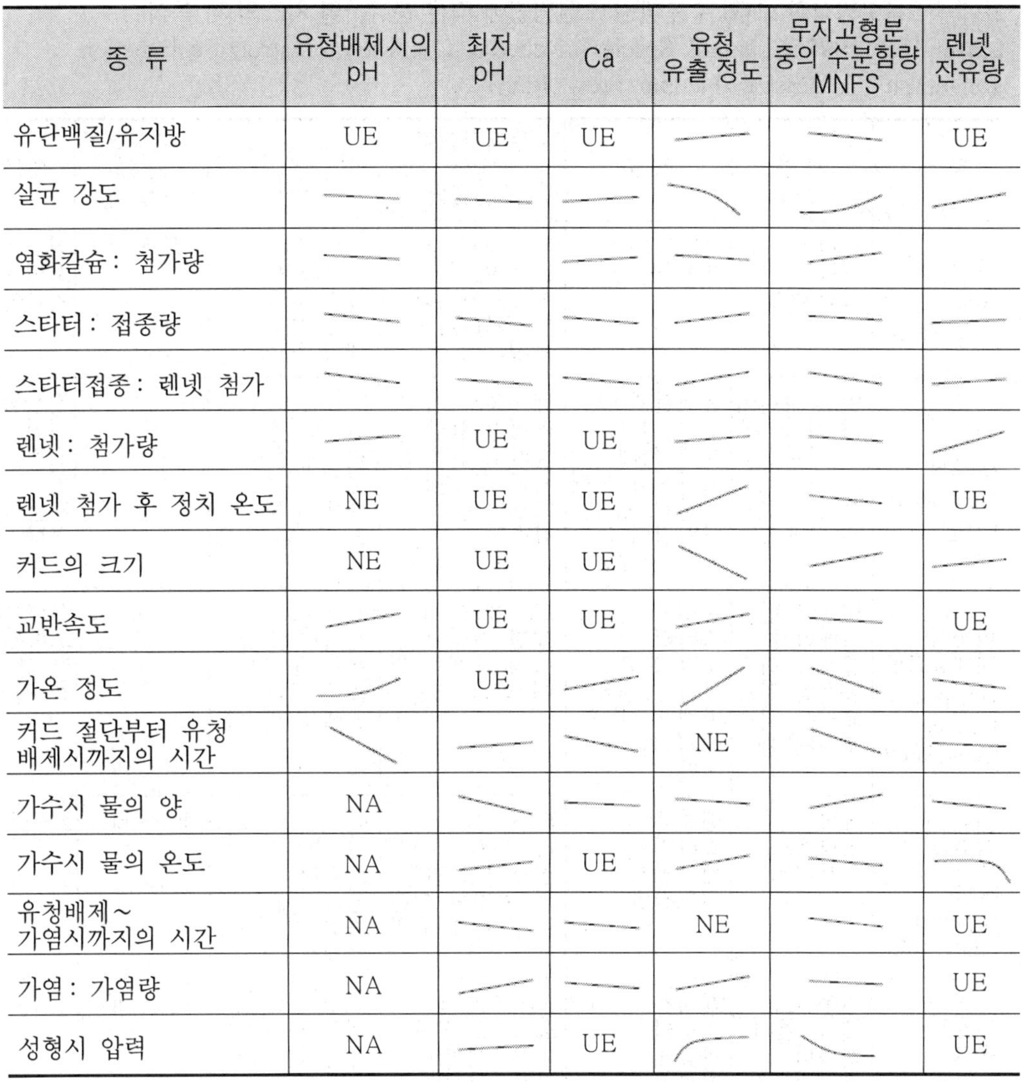

종 류	유청배제시의 pH	최저 pH	Ca	유청 유출 정도	무지고형분 중의 수분함량 MNFS	렌넷 잔유량
유단백질/유지방	UE	UE	UE			UE
살균 강도						
염화칼슘 : 첨가량						
스타터 : 접종량						
스타터접종 : 렌넷 첨가						
렌넷 : 첨가량		UE	UE			
렌넷 첨가 후 정치 온도	NE	UE	UE			UE
커드의 크기	NE	UE	UE			
교반속도		UE	UE			UE
가온 정도		UE				
커드 절단부터 유청 배제시까지의 시간				NE		
가수시 물의 양	NA					
가수시 물의 온도	NA		UE			
유청배제~ 가염시까지의 시간	NA			NE		UE
가염 : 가염량	NA					UE
성형시 압력	NA		UE			UE

그림 1-2. 치즈 제조과정에서 다른 조건이 일정하게 유지된다는 가정 하에 특정 공정 조건이 유청배제 시의 pH, 숙성 초기단계에서의 최저 pH, 치즈 내 칼슘함량, 수분 유출률, 무지유고형분(MNFS) 중의 수분함량, 치즈 내 잔류 렌넷의 활성도 등 치즈 특성에 미치는 영향

(그림의 내용은 수분함량과 고형분 중 지방함량이 정상인 렌넷응고 치즈에 해당한다)

UE : 알려지지 않은 효과, 그러나 약간은 효과가 있음. NE : 무효과, NA : 적용 안됨

1. 스타터 접종과 렌넷 첨가 사이의 시간
2. 커드 절단으로부터 유청 배제시까지 총 소요시간
3. 유청 배제로부터 가염시까지의 총 소요시간 ; 벳트 내 가염치즈에만 적용

(After Walstra et al., 1987 ; Hill, 1995 and others)

표 1-1. 응고방식과 pH와 수분함량 조절방법에 따른 분류군별 치즈의 제 특성
(After Hill, 1995. Chemical Species in cheese, Chemistry of structure-Function Relationship in Cheese, Plenum Press, MY.)

구 분	치 즈	응 고	무지고형분 중의 수분함량	4~7일경의 pH	무지고형분 중 Ca mM/kg	숙성기간
산 응고형 Acid Coagulated	카티지, 크박, 크림치즈	pH 4.6~4.8에서 산 응고	72~80% a_w 0.980~0.995 가온과 세척처리로 조정	4.3~4.8 낮은 pH, 높은 가열 온도 또는 냉각, 세척	50~350	신선상태에서 소비 유통 기한이 짧음
열-산 응고형 Heat-Acid Coagulated	인도 파니어와 샤나, 레-코타치즈, Requeson, 요리용 치즈로 유용함	유청단백질의 열 변성으로 산에 의해 케이신과 함께 침전됨. 유청 단백질이 녹는 것을 방해함	75~84% 유청 단백질 함량 증가로 산응고 처리 후 가온으로 수분 감소됨	5.0~5.8 산 첨가량 발효과정이 없어 치즈 내에 유당이 3~6%나 존재		정상적으로는 신선상태로 소비, 열 포장, 피클화, 설탕, 시럽에 포장
비숙성-렌넷응고형 Unripened-Rennet Coagulated	일부 라틴 아메리카, 중동 그리고 유럽형 치즈 요리용 치즈로 유용함	렌넷++ 스타터 소량 혹은 무사용 원유 자체 pH부근에서 커드 절단	60~80% 가온, 교반 그리고 유청 배제 조건에 의해 조절	5.8~6.6 스타터 소량 혹은 무사용, 높은 pH가 용해를 방지함		신선상태에서 소비됨, pH가 유통기한을 제한함
연질 숙성-고산성 Soft Ripened High Acid	페타, 카망베르, 블루치즈	렌넷+++ 스타터+++ 예비발효+++ 커드절단 pH<6.5	60~70% a_w 0.96~0.99 산생산성 진행과 가염에 의해 유청 유출 유발	4.5~4.8 산 증가가 스타터 생육억제, 가염, 냉각도 억제작용	400~600	2~8주
반경질-수세 Semihard -Washed	가우다, 에담, 콜비, 하바티, 몬타지오와 다른 다수 치즈	렌넷++ 스타터+ 발효++ 커드절단 pH<6.6	55~65% a_w 0.95~0.97 가온, 세척수 온도, 산생성 비율, 감염 처리로 조절	4.8~5.2 세척에 의한 유당제거	500~700	2주~9개월
경질-저온형 Hard Cheese-LowTemp	체다, 뿌로볼로네 치즈	렌넷++ 스타터++ 숙성기간, 커드 절단 pH<6.6	52~60% a_w 0.94~0.96 가온, 커드조정, 산생성 비율 가염처리로 조절	산생성과 수분 조정에 의해 유당 잔류량을 결정하고 유청 배제, pH는 매우 중요함	500~700	1~24^+개월
경질-고온형 Hard Cheese-HighTemp	스위스형, 파르메산과 같은 이태리형 치즈	렌넷+ 스타터+ 발효+(조금 혹은 스위스형은 없음) 커드 절단 pH 6.6 부근	39~52% 주로 고온 가열에 의해 조절함 (52~55℃)	유당 잔류량은 산성화와 수분 조절로 결정, 유청배제, pH가 매우 중요함	600~800	1~24^+개월

표 1-2. 치즈별 주요성분 함량(중량, %)

구 분	치 즈	수분	단백질 Protein	총 지방량	총 탄수화물	건물 중 지방량 (FDM)	무기질	칼슘 Calcium	인 Phosphorus	소금 Salt	소매시의 pH*
산 응고형 Acid Coagulated	Cottage (dry curd)	79.8	17.3	0.42	1.8	2.1		0.03	0.10		5.0
	Creamed cottage	79.0	12.5	4.5	2.7	1.4	0.7	0.06	0.13	nil	5.0
	Quark	72.0	18.0	8.0	3.0	28.5	1.4	0.30	0.35	1.0	4.5
	Cream	53.76	7.5	34.9	2.7	75.4	1.2	0.08	0.10	0.73	4.6
	Neufchatel	2.2	10.0	23.4	2.9	62.0	1.5	0.07	0.13	0.75	4.6
열-산 응고형 Heat-Acid Coagulated	Chhana	53.0	17.0	25.0	2.0	53.2				3.0	5.4
	Queso Blanco (acid)	55.0	19.7	20.4	3.0	44.8				<0.5	5.9
	Ricotta-from 3% fat milk	92.2	11.2	12.7	3.0	45.7					
	Ricotone-from whey & milk	82.5	11.3	0.5	1.5	2.9				<0.5	5.8
비숙성-렌넷응고형 Unripened-Rennet Coagulated	Queso Blanco-Rennet	52.0	23.0	20.0		42.0				2.5	5.8
	Queso de Freir	52.4	23.0	19.5		41.0				3.0	5.8
	Italian fresh cheese	49.0	28.0	16.0		31.4				nil	6.5
연질 숙성-고산성 Soft Ripened High Acid	Camembert	51.8	19.8	24.3		50.3	3.7	0.39	0.35	2.1	6.9
	Feta	55.2	14.2	21.3	0.5	47.5	5.2	0.49	0.34		4.4
	Blue	42.0	21.0	29.0		50.0	5.1	0.53	0.39		6.5
	Gorgonzola	36.0	26.0	32.0	2.3	50.0	5.0			3.5	
반경질-수세 Semihard -Washed	Colby	40.0	25.0	31.0	2.0	51.7	3.4	0.68	0.46	.65	5.3
	Gouda	41.5	25.0	27.4	2.2	46.9	3.9	0.70	0.55	.82	5.8
	Edam	41.4	25.0	27.8	1.4	47.6	4.2	0.73	0.54	.96	5.7
	Fontina	42.8	24.2	25.5		44.6	3.3			1.2	5.6
	Havarti-Danish	43.5	24.7	26.5		46.9	2.8			2.2	5.9
	Munster	41.8	23.4	30.0	1.1	51.6	3.7	0.72	0.47	1.8	6.2
경질-저온형 Hard Cheese -LowTemp	Cheddar	36.7	24.9	33.1	1.3	52.4	3.9	0.72	0.51	1.8	5.5
	Manchego-Spain	37.9	28.1	26.9		45.2	3.6			1.5	5.8
	Provolone	40.9	25.6	26.6	2.1	45.1	4.7	0.76	0.50	2.2	5.4
	Mozzarella	54.1	19.4	21.6	2.2	47.1	2.6	0.52	0.37	1.0	5.3
경질-고온형 Hard Cheese -HighTemp	Parmesan	29.2	35.7	25.8	3.2	36.5	6.0	1.18	0.69	3.0	5.4
	Romano	30.9	31.8	26.9	3.6	39.0	6.7	1.06	0.76	3.0	5.4
	Swiss	37.23	28.4	27.4	3.4	43.7	3.5	0.96	0.60	1.2	5.6
	Keflatyri-Greece	4.2	24.8	28.3			4.7				5.2

※ Reprinted from Hill, 1995, Chemical species in cheese, Chemistry of Structure-Function Relationships in Cheese, Plenum Press, NY.

방율, 단백질 그리고 무기질(특히 칼슘)의 함량이 최적균형을 이루게 해야 하고, ② 현미경적 수준에서의 바람직한 치즈조직을 형성시키며, ③ 숙성이 잘 되도록 해야 한다.

여기서 목표 ①과 ②는 치즈제조 초기단계의 각종 조건과 공정을 적합하게 조절하기만 하면 달성할 수 있고, ①과 ②의 목표를 제대로 완수한 후에만 목적 ③의 달성도 가능해진다. 초기 치즈제조 공정에서의 대부분 조건과 공정들은 유산 생성의 속도 및 생성된 유산의 양, 그리고 유청배제를 통한 수분제거의 속도 및 양을 조절하는 수단들이다.

치즈의 대종(大種)은 조직 구성과 기본적인 제조공정의 차이에 따라 표 1-1에 요약한 바와 같이 7개 군(群)으로 나눌 수 있다. 본서에서는 대종 4, 5, 6 그리고 7군(群)에 대해 주로 다루었고 몇몇 산 응고 신선치즈(대종 1)와 열-산 침전형 치즈(대종 3)는 개념만을 설명하였다.

표 1-2에서는 일반적인 치즈류의 성분함량을 제시하였다. 여기서 제시한 치즈 대종의 특성을 종류, 응고방법, pH 또는 산도 조절법, 수분함량 조절, 숙성방법 등 다섯 가지의 항목으로 분류하여 설명하고자 한다. 치즈의 다른 기술적인 특징은 이 단원 끝부분에 기술했다.

여기에 제시되어 있는 분류의 기준은 대부분의 치즈를 과학기술적으로 분류하는데 도움이 되기는 하지만 완벽한 기준은 되지 않는다는 사실에 유의하기 바란다. 예를 들면 ① 파스타 필라타는 성분, 제조기술, 숙성 정도 등에서 변이가 많기 때문에 제시되어 있는 기준을 적용하기가 어렵다. ② 체-쉐어 형의 치즈의 제조과정이 유청 제거단계까지는 체다치즈와 유사하지만 산 생성량이 대단히 많다는 측면에서는 페타치즈와 유사하다.

1) 제 1대종 : 전적인 산응고 신선치즈

북미지역에서의 '신선치즈'란 렌넷을 미량으로 사용하거나 전혀 사용하지 않고 30～32℃에서 산으로 응고시켜 생산한 치즈를 의미한다. 산은 일반적으로 유산균 발효를 통해 생산된 것이지만, 일부 신선치즈는 글루코노-델타-락톤(glucono-delta-lactone)을 첨가함으로써 직접 산성화하여 생산하기도 한다. 신선한 상태에서 소비하기 위해 생산하는 치즈는 산응고 뿐만 아니라 렌넷응고를 통해 생산될 수도 있고(대종 2), 열-산 침전처리라고 알려진 과정을 거쳐 생산(대종 3)되기도 한다.

① 종류 : 카티지, 크박, 크림치즈

② 응고방식 : 미량의 렌넷을 사용하거나 전혀 사용하지 않은 채 pH 4.6~4.8까지 산성화시켜서 응고하게 하는 것이 이 대종의 특징이다. 산성화는 일반적으로 유산균에 의해 이루어진다. 산응고 신선치즈 외에 대부분의 미주와 유럽치즈 종류들도 유산균을 사용하긴 하지만 pH 6.5~6.7에서 응유효소를 사용하여 응고되게 한다.

③ pH조정 : pH 4.6~4.8에서 커드를 절단한 후에 유산균을 불활화하고 추가적인 산생성을 방지하기 위하여 52℃로 가온처리한다. 가염 전 커드 수세(wash) 과정에서 산이 제거되기 때문에 산도가 감소한다.

④ 수분조정 : 커드의 수분은 커드의 가온처리시 커드가 수축하면서 수분이 유출(syneresis)되어 감소하긴 하지만, 잔유 수분함량이 높아서 신선치즈의 수분함량은 60~70%이다.

⑤ 숙성 : 신선치즈는 명칭이 의미하는 바와 같이 숙성하지 않고 신선상태에서 소비되며, 저장가능 기간은 2~3주에 불과하다. 즉 숙성을 하지 않는 치즈이다.

2) 제 2대종 : 전적인 렌넷응고 신선치즈

라틴아메리카, 중동부 지역, 그리고 일부 유럽국가들에서 렌넷으로 응고하는 신선치즈를 생산하는데, 유산균을 미량 사용하거나 거의 사용하지 않은 채로 생산한다. 유산균에 의한 산생성이 없으므로 치즈 pH가 높아서 프라이팬에 넣고 요리하거나 가열처리를 동반하는 요리를 했을 때 치즈는 녹지 않는다. 이 치즈들은 품질을 보존하고 안정성을 확보하기 위해서 위생적 관리 및 냉장 관리에 극도의 주의를 기울여 다루지 않으면 안 된다.

① 종류 : 카이소 블랑코(Queso Blanco), 카이소 프레스코(Queso Fresco), 이태리식 신선치즈, 할로우미(Hallowmi)

② 응고 : 렌넷응고 신선치즈의 특징은 유산균을 소량 사용하거나 혹은 사용하지 않는다는 것이다. 그러므로 응유는 전적으로 우유의 천연적인 pH하에서 렌넷에 의해 이루어진다.

③ pH조정 : pH는 사용하는 유산균의 양에 의해 결정된다. 유산균을 사용하지 않는 경우에는 pH는 6.5~6.7로 유지된다. 일부 카이소 블랑코류의 경우 부패균(유통기한 연장)과 병원성 미생물의 증식을 감소시키기기 위해(식품 안전성 확보) 유산균을 소량 첨가하여 pH를 5.8 정도로 낮춘다. pH가 5.8에 도달하

면 냉각이나 가염에 의해 유산을 더 생성하는 것을 억제한다. 유산이 과다하게 생산되어 pH가 5.8 이하가 되면 치즈는 가열하면 녹기 때문에 프라이팬 요리에 적당하지 않은 치즈제품이 된다.

④ 수분조정 : 커드 수분은 가온처리(cooking)와 제한적인 산성화 과정 중에 커드가 수축하여 유청이 유출(syneresis)되면서 제거된다. 이와 같은 과정에서 수분이 제거되긴 하지만 최종 제품의 수분함량은 50~70%로서 여전히 높다. 일부 종류에서는 치즈 포장 후에 커드가 수축하여 유청이 유출(syneresis)되기도 한다.

⑤ 보존 : 신선상태로 소비되며 유통기한은 오직 2~4주 정도이다.

3) 제3대종 : 열, 산 침전형 치즈

① 종류 : 레-코타(이탈리아), 샤나 및 판니어(인도), 남미계 화이트치즈(white cheese)

② 응고 : 가열된 우유에 산을 직접 넣어 산성화하여 응고시킨다. 75℃ 이상의 온도에서 우유를 가열하여 유청단백질이 변성된 후에 산성화하면 케이신과 유청단백질 모두가 응고됨으로써 유단백질의 대부분이 치즈 쪽으로 이행된다.

③ pH조정 : 최종 산도(pH)는 첨가하는 산의 양에 의해 결정된다. 최종 pH가 5.3~5.8 범위이어야 정상이다. 어떤 유기산이든 사용될 수 있으나 가장 흔히 쓰이는 것은 유산(乳酸)과 구연산이다.

④ 수분조정 : 응고 후의 뜨거운 커드-유청 혼합물 채로 몰드에 담아 두면 유청이 빠져 나와 수분이 제거되며, 압착을 하여 수분을 목표하는 함량으로 조절할 수 있다. 유청단백질의 높은 보수력(保水力) 때문에 치즈의 수분함량은 일반적으로 높은 편(55~80%)이다.

⑤ 보존 : 열-산 침전형 치즈류는 일반적으로 신선상태로 소비된다. 레-코타치즈형에 속하는 미지드라(Mizithra)치즈는 숙성, 건조를 거쳐 가루치즈로 소비된다. 유통기간을 연장시키기 위하여 뜨거운 상태에서 포장하는 핫팩 열-산 침전치즈류(hot pack heat-acid)로 제조하기도 한다. 이러한 치즈류는 유청단백질 함량이 높아서 치즈 용해성이 낮은데, 이러한 특성은 열-산 침전형 치즈가 가열요리의 훌륭한 원료로 사용될 수 있게 하는 것으로 설명된다.

4) 제4대종 : 연질 숙성치즈

① 종류 : 페타, 카망베르, 브리, 블루

② 응고 : 근본적으로 렌넷에 의한 응고방식이며, 가온과 가압처리를 하여 제조하는 대종 5~7과 세 가지 중요한 차이가 있다.

㉠ 유산균 스타터의 첨가량이 많고 렌넷 첨가 전까지의 발효시간이 길다. 그 결과로 이 기간 동안에 형성된 산성화는 커드의 정치과정 중의 조직형성에 상당한 영향을 미치고, 커드로부터의 무기물 제거량을 증가시키는 것과 연관된다.

㉡ 커드를 절단하기 전에 산이 많이 생성되게 하고, 무기물이 많이 제거되게 하기 위해 커드 절단을 지연한다. 즉 정치시간을 연장한다.

㉢ 몰드에 채우기 전에 수분과 커드 부스러기의 손실을 줄이기 위하여 간격이 넓은 커드 나이프나 주걱을 사용하여 커드를 절단한다.

③ pH조절 : 이런 종류의 치즈가 갖는 독특한 점은 커드가 아직 덜 굳은 상태에서(pH가 높은 상태에서) 커드를 성형틀에 넣은 채로 수시간 동안 따뜻한 방에 정치한다는 점이다. 산성화(유당의 유산으로의 전환)는 스타터의 증식을 억제될 정도의 수준으로 유산이 축적되기까지 진행된다. 산 생성 정도는 가염시기와 가염량에 의해서도 영향을 받는다. 치즈를 제조한 다음 날의 정상적인 pH는 4.3~4.6이다. 페타치즈의 경우 숙성하는 동안 pH가 낮은 상태로 유지

그림 1-3. 동굴에서 숙성중인 연질치즈

된다. 곰팡이에 의해 숙성되는 치즈들은 숙성하는 동안에 pH가 증가한다. 즉 산도가 낮아지는데, 특히 카망베르와 브리에서 이러한 현상이 나타난다.

④ 수분조절 : 성형 후 산도 증가 및 가염처리에 의해 커드가 수축하면서 유청이 유출됨에 따라 수분함량이 조절된다. 치즈 수분함량은 45～60% 정도이다.

⑤ 숙성기간 : 2～8주

5) 제5대종 : 반경질 수세치즈

① 종류 : 가장 광범위한 치즈 종류들이 여기에 속한다. 가우다, 에담, 콜비, 브릭(Brick), 몬타지오(Montasio), 오카(Oka), 뮌스터(Muenster) 등 제일 많은 종류의 치즈들이 속하는 그룹이다.

② pH조절 : 이러한 여러 치즈의 특성은 유당함량을 감소하기 위하여 가수, 세척하는 과정이 있다는 점이다. 커드에 존재하는 유청의 일부 혹은 전부를 제거하고 대신 물을 채움으로써서 커드로부터 유당이 빠져 나오도록 하는 것이다. 이는 치즈의 pH가 5.0～5.2 정도까지만 낮아지면서 pH가 5.0 이하로는 낮아지지 않는 정도로 유당함량을 감소시키기 위한 조치이다. 이러한 최저 pH 목표 달성은 유단백질의 완충(buffer) 능력, 특히 케이신의 도움을 받아서 최대 pH 5.2 가까이 pH 완충능을 갖게 된다.

③ 수분조절 : 커드로부터 유청과 함께 수분이 유출(syneresis)되는 양은 주로 가

그림 1-4. 각종 치즈의 표면 형태

온처리시의 온도와 시간, 가수 세척시 이용하는 물의 온도에 의해 조절된다. 가온시의 온도와 가수용 물의 온도가 높을수록 커드가 많이 수축하면서 수분이 더 많이 배출된다. 산 생성과 가염처리도 수분 유출에 중요한 요인이 된다. 가수가 완료된 치즈의 수분함량은 일반적으로 40～50% 정도이다. 부분 탈지 모짜렐라치즈와 같이 수분함량이 40% 이상인 렌넷응고 치즈를 제조할 때에는 예외 없이 반드시 가수를 하여 유산발효의 기질 즉 유당을 제거해 주어야 한다.

④ 숙성기간 : 2주～9개월간

6) 제6대종 : 경질치즈-저온처리

경질치즈(대종 6, 7)는 다른 그룹치즈들보다 수분함량[몇몇 pasta filata(고온가열형)치즈 제외]이 낮은 것이 특징이다. 이러한 저수분농도 치즈는 수분함량이 낮기 때문에 수분이 유출될 때 유당도 함께 제거되므로 가수·세척 과정이 필요하지 않다. 경질치즈는 높은 온도에서 가온처리를 하거나(대종 7) 발효를 조절하고 커드를 적절히 처리함으로써(대종 6) 수분함량을 낮출 수 있다.

① 종류 : 체다와 몇 가지 파스타 필라타형의 제조과정은 초기단계에는 비슷하다. 파스타 필라타류는 고온의 물에서 워킹과 스트레칭이라는 독특한 과정이 있고 소금물에 의한 가염을 한다. 체다형은 성형과 가압 전에 가염한다.

② pH조절 : 이러한 치즈들의 두드러진 특징인 체다링하는 과정에서 이루어지는

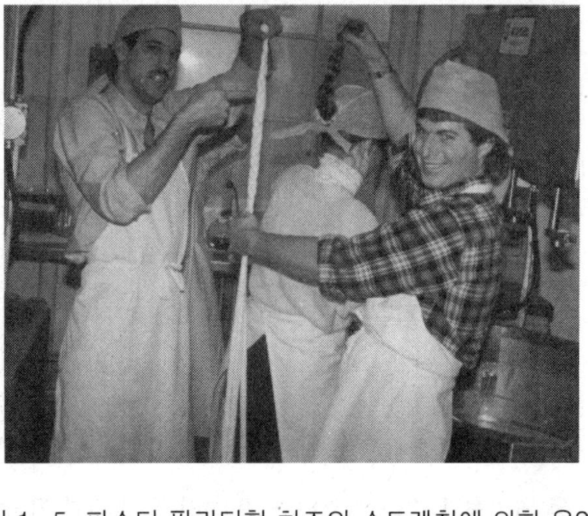

그림 1-5. 파스타 필라타형 치즈의 스트레칭에 의한 유연성

유청배출의 양에 따라 산 생성이 주로 조절된다는 것이다. 유청배제 후 남은 커드로 체다링을 하여 매트를 만들어 뒤집고 쌓고 하는 동안 유산균이 번식하면서 산을 생성한다. 그리고 유당이 유산으로 전환됨에 따라 유당은 감소하고 유산의 증가는 유청 유출을 더욱 촉진하게 된다. 또한 "체다링" 과정은 많은 파스타 필라타(늘어나는 치즈)류의 제조과정에도 응용된다. 그래서 저자는 체다링을 커드의 숙성이라고 표현하는 것이 더 적절한 것으로 인정하고 있다. 현 시대에 커드 숙성 기술은 다양한 방식으로 기구들이 자동화되어 조정되고 있다.

반경질치즈는 제조 후 1～3일경의 최저 pH가 5.0～5.2이 되도록 해야 한다. 커드 숙성과 벳트 내에서 가염하는 동안 유청유출과 함께 일어나는 발효에 의해 유당함량은 현저히 줄어든다.

③ 수분조절: 수분함량은 가온처리 온도와 시간, 유청배제 이후의 교반처리, 체다링, 유산균 스타터 배양액 첨가량, 그리고 가염처리에 의해 조절된다. 대표적인 체다형 치즈류의 수분함량은 35～39%이고, 파스타 필라타형 치즈의 수분함량은 52%에 이른다.

④ 숙성기간: 1～36개월

7) 제7대종 : 경질치즈 : 고온처리

① 종류: 로마노, 파르마산, 스위스

그림 1-6. 고온 처리형 치즈공장(스위스, 이태리 등 알파인 지역)의 작업 광경

② pH조절 : 이들 치즈의 pH는 스타터 종류, 냉각처리 전까지 가압하는 동안의 온도 및 시간, 유청 유출에 의한 유당함량 감소에 의해 조절한다. 유청배제 전까지는 유산이 거의 생성되지 않는 것이 특징이다.

③ 수분조절 : 렌넷처리를 높은 온도에서 실시하고 가온처리를 높은 온도에서 함으로써 수분이 신속하게 유출되어 수분함량이 낮아지도록 한다.

④ 숙성기간 : 1～36개월

8) 기타 제조기술 기준

위에서 기술한 치즈 대종에 관한 내용들은 치즈의 성분과 미세조직을 결정하는 치즈 제조공정의 초기과정에 의해 치즈계통을 분류하는 데에 도움이 되는 "얼개"이다. 아래의 내용은 각종 치즈의 특징을 이해하는 데 필요한 기술적 요소들을 이해하기 쉽게 요약한 것이다.

① 유생산 동물의 종류 : 젖소, 유산양, 유면양, 물소(水牛), 야크, 기타

② 원유의 표준화

㉠ 유지방과 유단백질 함량

㉡ 유청과 원유 혼합물들

③ 응고

㉠ 주로 렌넷에 의해 응고된 겔(gel)

㉡ 주로 산에 의해 응고된 겔

㉢ 열-산 침전

④ 수분조절

㉠ 가온처리(cooking)의 온도와 시간

㉡ 중온균 및 고온균 스타터

㉢ 스타터의 양과 산 생성 능력

㉣ 커드 숙성(curd ripening)

㉤ 원유의 가열처리 정도

⑤ pH조절 방식

㉠ 유기산 첨가에 의한 직접 산성화 및 유산발효

㉡ 스타터 첨가량과 스타터 종류

⑥ 유당의 제거방식

㉠ 가수세척(washing)-미국, 네덜란드식 치즈
㉡ 고온에 의한 커드유청 유출-스위스, 이탈리아 경질치즈
㉢ 높은 유산 생성에 의한 커드유청 유출-페타, 체이셔(Cheshire).
㉣ 커드 숙성-체다, 파스타-필라타

⑦ 산 생성 정도

㉠ 저산도(pH 5.8 이상), 남미지역 신선치즈
㉡ 중간산도(pH 4.9~5.5), 대부분의 유럽형 치즈
㉢ 고산도(pH 4.9 이하), 신선치즈, 연질 숙성치즈

⑧ 가염방식

㉠ 성형 전 가염
㉡ 성형 후 표면가염처리
㉢ 소금물에 침지가염

⑨ 숙성기간과 숙성방식

㉠ 신선치즈 대 숙성치즈
㉡ 내부의 청맥형성 치즈- 내부 곰팡이 숙성방식
㉢ 내부와 표면의 숙성방식
㉣ 세균/효모 점질 표면방식
㉤ 백화피(白花皮) 곰팡이 표면숙성
㉥ 혼합된 치즈 표피

그림 1-7. 대규모 치즈공장에서의 렌넷응고 커드 절단 광경

⑩ 표피형태

㉠ 표피 없는 치즈–왁스처리, 필름으로 랩핑하기, 표면 도포
㉡ 건조 표피(상대습도 85%인 숙성실 숙성)
㉢ 표면 숙성치즈(상대습도 90～95%인 숙성실 숙성)

⑪ 조직과 형체

㉠ 치즈눈이 있는 것 : 물리적인 틈새 형(mechanical holes), 작은 눈, 큰 눈
㉡ 견고도

⑫ 용해 성질

㉠ 녹지 않는 치즈 : 열에 녹아 흘러내림 없이 부드러워지기만 하는 것(프라잉 치즈)
㉡ 스트레칭 되는 치즈 : 용해도는 낮으나 잘 늘어남(모짜렐라)
㉢ 퐁뒤형 : 용해도가 중간 정도이고 탄성이 중간 정도(라클렛테 : Raclette)
㉣ 용해도가 높은 것 : 늘어나는 성질이 거의 없고 쉽게 흘러내림(오래 숙성시킨 체다)

제 2 장

권장도서, 자료

1. 문 헌

1. Alfa-Laval. Dairy Handbook. Alfa-Laval, Food Engineering AB. P.O. Box 65, S-221 00 Lund, Sweden(그림으로 잘 설명된 도서, 훌륭한 유가공 기술 소개서).
2. American Public Health Association. 2004. Standard Methods for the examination of dairy products(SMEDP). 17th edition 1015 Eighteenth St. NW, Washington, DC.
3. Androuët, Pierre. Guide du Fromage. 1973. The Complete Encyclopedia of French. New York: Harper and Row.
4. Anifantakis, Emmanuel. 1991. Greek Cheeses : A Tradition for centuries. Athens : National Dairy Committee of Greece.
5. Apps, J. 1998. Cheese-The making of a Wisconsin Tradition Amherst Press.
6. Baboin-Jaubert, Alix. 2002. Cheese, selecting, Tasting, and Serving the World's Finest. San Diego, CA: Laurel Glen Publishing.
7. Barthélemy, Roland., and Arnaud Sperat-Czar. 2005. Guide to Cheeses of the World. London/l Hachette Illustrated UK.
8. Battistotti, Bruno, et al. 1983. Cheese: A Guide to the World of Cheese and Cheesemaking. New York: Facts on File.
9. Battistotti, B., Bottazzi, V., Piccinardi, A. and Volpato, G. 1983. Cheese: A guide to the world of cheese and Cheese making. Facts on File Publications, New York, NY.
10. Berger, W., Klostermeyer, H., Merkenich, K. and Uhlmann, G. 1989.

Processed Cheese Manufacture, A JOHA guide. BK Ladenburg, Ladenburg.

11. Carr, Sandy. 1981. Simon and Pocket Guide to Cheese. New York : Simon and schuster.

12. Carroll, R. and Carroll, R. 1982. Cheese making made easy. Storey Co. munications Inc., Ponnal, Vermont(소규모 치즈공장과 가정에서의 치즈제조에 알맞게 잘 설명된 매뉴얼).

13. Chandan, R. 1997. Dairy Based Ingredients. Amer. Assoc. Cereal Chemists, St. Paul, Minnesota.

14. Cheese Facts. 1998. Washington, DC: National Cheese Institute.

15. Davis, J. G. 1965. Cheese. American Elsevier Publ. Co., New York.

16. Eck, A. and Gillis, J. C., 2000. Cheesemaking from Science to Quality Assurance, Lavoisier Publishing, Paris.

17. Edelma, Edward., and Susan Grodnick. 1986. The Ideal Cheese Book. New York: Harper and Row Publishers.

18. Ehle, J. 1972. The Cheese and Wines of England and France With Notes on Irish Whisky Harper & Row, Publishers. NY.

19. Emmons, D. B., Ernstrom, C. A., Lacroix, C. and Verret, P. 1990. Predictive formulas for yield of cheese from composition of milk: a review. J. Dairy Sci. 73: 1365～1394.

20. Ensrud, Barbara. 1981. The Pocket Guide to Cheese. New York: Perigee Books.

21. Fox, P. F., Guinee, T. P., Cogan, T. M., McSweeney, P.L.H. 2000. Fundamentals of Cheese Science. Aspen. Publishers, Inc. Gaithersburg, Maryland.

22. Freeman, Sarag. 1998. The Real Cheese Companion. LondonL Little, Brown and Company.

23. Ganugi, Gabriella. 2004. Cheese, And Italian Pantry. South San Francisco, CA: The Wine Appreciation Guide.

24. Gayler, Paul. 1997. A Passion for Cheese. New York: St. Martin's Press.

25. Herbst, S. T. and Herbst. R. 2003. New wine Lover's Companion. 2nd ed. Hauppauge, NY: Barron's.

26. Herbst, Sharon Tyler. 2001. New Food Lover's Companion. 3rd ed. Hauppauge, NY: Barron's.

27. Hickman, Trevor. 1995. The History of Stilton Cheese. Gloucestershire,

Enland: Alan Sutton Publishing Limited.

28. Hill, A.R. 1995. Chemical species in cheese and their origin in milk components. In Chemistry of Structure Function Relationships in Cheese, E.L. Malin and M.H. Tunick, Editors. Plenum Press, NY.

29. International Dairy Federation Special Issue No 9301. Factors Affecting Yield of Cheese.

30. Irvine, D. M. 1982. Cheddar Cheese Manufacture. A bulletin produced by the Ontario Ministry of Agriculture and Food(절판).

31. Irvine, D. M. and Hill, A. R. 1985. "Cheese". In Comprehensive Biotechnology. M. Moo-Young, Editor.

32. Jenkins, S. 1996. Cheese Primer. Work-man.

33. Jones, Evan. 1984. The World of Cheese. New York: Alfred A. Knopf.

34. Kosikowski, F. V. and Mistry, V. V. 1997. Cheese and Fermented Milk Foods, 3rd Edition, F.V. Kosikowski and Associates, Brooktondale, NY.

35. La Fondation de Technologie Laitiere et Department de Science et Technologie des Aliments Universite Laval. 1985. Dairy Science and Technology: Principles and Applications. Les Presses de l'Universite Laval, Quebec.

36. Lambert, Paula. 2000. The Cheese Lover's Cookbook and Guide. New York: Simon and Schuster.

37. Law, B. 1999. Technology of cheese making Sheffield Academic Press, Sheffield, UK.

38. Lawrence, R. C., Heap, H. A. and Gilles, J. 1984. A controlled approach to cheese technology. J. Dairy Sci. 67: 1632～1645.

39. Leliévre, J., Freese, O. J. and Gilles, J. 1983. Prediction of Cheddar cheese yield. N.Z.J. Dairy Sci. Technol. 18: 169～172.

40. Masui, K. and Yamada, T. 1966. French Cheeses: The Visual Guide to More than 350 Cheeses From Every Region of France. DK Publishing, New York.

41. McCalman, Max. and David Gibbons. 2002. The Cheese Plate. New York: Clarkson Potter.

42. Nantet Bernard. 1992. Cheeses of the World. New York: Rizzoli International Publishing.

43. Official Methods of Analysis of the Association of Official Agricultural Chemists, P.O. Box 540, Benjamin Franklin Station, Washington, D.C.

44. Pfizer Cheese Monographs. C. Pfizer and Co., New York.
① Italian Cheese Varieties
② American Cheese Varieties
③ Cottage Cheese and Other Cultured Milk Products
④ Ripened Semi-soft Cheeses
⑤ Swiss Cheese Varieties
⑥ Lactic Starter Culture Technology(배 교수에게 전질 있음-Art. Hill 기증)

45. Price, W. V. and Bush, M. G. 1974. The Process Cheese industry in the United States : A review. I. Industrial growth and problems. J. Milk and Food Technology 37: 135～152. II. Research and Development. Ibid 37: 179～198.

46. Rance, Patrick. 1982. The Great British Cheese Book. London: Macmillan.

47. Robinson, R. K., Editor. 1990. Dairy Microbiology, Volumes 1 and 2. Elsevier Applied Science, NY.

48. Sokol, S. 2001. And That's. How You Make Cheese. Writers Club Press.

49. Robinson, R. K., and Wilbey, R. A. 1998. Cheesemaking Practice 3rd ed. Gaithersburg, MD : Aspen Publishers.

50. Scott, R., Robinson, R. K. and Wilbey, R. A. 1998. Cheese making Practice. 3rd Edition. Applied Science. Publ. Ltd., London.

51. Troller, J. A. 1993. Sanitation in Food Processing. 2nd Edition. Academic Press. New York.

52. Weimer, B. C., 2007. *Improving the flovour of cheese*. CRC Press, New York.

53. Gunasekaran, S., and Ak. M.M. 2003. *Cheese rheology and texture*. CRC Press, Boca Raton, FL.

2. 웹사이트

1. Agriculture Canada, http://res2.agr.ca/CDRN/home.html
2. Food Science University of Guelph : http://www.foodsci.uoguelph.ca/cheese/welcom.htm
3. Centre For Dairy Research, Madison, WI. http://www.cdr.wisc.edu/
4. Cheese basic, http://www.efr.hw.ac.uk/SDA/cheese2.htm

5. Milk Ingredients, Canadian Dairy Commission,
6. http://www.milkingredients.ca/dcp/index e. asp

3. 치즈 관련 웹사이트

1. http://blognaver.com/joandlina1? Redirect=Log&logNo=30019807803
2. http://www.roguefort.fr
3. http://www.roguefort.fr-societe.com
4. http://www.roguefort.fr-papilon.com
5. http://www.icons.org.uk/theicons/collecti/cheddar-cheese
6. http://raclette-suisse.ch/home?1=en
7. http://www.cheesemonthclub.com
8. http://www.itinerarinelgusto.it
9. http://www.edam.com
10. http://www.edam-volendam.nl
11. http://gruyere.com
12. http://www.cheesemaking.com
13. http://www.abcheesemaking.co.uk
14. http://www.wisdairy.com
15. http://www.geocities.com/foodhowto/recipes/cheese/cheese1.htm
16. http://makinghomemadewineandbeer.blogspot.com/2006/08/wine-and-cheese.html
17. http://www.florilegium.org/files/food/cheese-lnks.html
18. http://www.smalldairy.com
19. http://www.en.wikipedia.org
20. www.cheesefestival.co.uk
21. http://www.arches.uga
22. www.idfa.org
23. www.dannon.com
24. http://www.gourmetsleuth.com

4. 기 타

1. http://www.wgx.com/cheesenet
2. http://www.cheese.com/
3. http://www.cheskor.wo.ro

제 3 장

치즈 제조공정과 품질관리 과정

1. 개 요

치즈의 원료유, 완성된 제품치즈 및 유청에 대한 이화학적, 미생물학적 분석은 치즈 제조공정을 효과적으로 운영하고, 제조한 치즈의 위생적 품질을 확보하기 위해 반드시 필요하다. 이 장에서는 치즈 제조과정 중에 실시하는 분석과정을 기술하긴 하지만 모든 과정을 제시하는 것이 아니기 때문에 품질관리 매뉴얼로서는 충분하다고 할 수는 없다. 그러나 여기에 제시되는 내용들로부터 독자들은 치즈 제조과정에서 필요로 하는 각종 분석의 종류를 포괄적으로 이해할 수 있을 것이다. 이어지는 장들에서 각 치즈 제조과정 매 단계 제조공정의 전후 관계에서 품질관리에 요구되는 사항들을 설명할 것이다.

1) 원유 성분분석

우유 성분분석은 적외선 분석장치를 사용하되 유지방율과 유단백질 함량이 반드시 포함되어야 한다. 총 단백질 함량보다 케이신 함량이 치즈수율에 더 중요하다는 것에 주목해야 한다. 왜냐하면 케이신 양과 치즈수율은 직접 관련이 있기 때문이다. 그러므로 치즈 제조업자들은 자신이 사용하는 원유 중의 케이신과 유청단백질의 비율 및 양, 비단백태 질소의 양을 주기적으로 검사하여 파악할 것을 권장하고 있다.

매월 혹은 2개월마다 한 번씩 로랜드 분획법(Rowland fractionation)*에 의해 단백질의 함량분포를 조사함으로써 계절별 성분변이를 충분히 파악할 수가 있다. 이런 방식이 어렵다면 그 대체법으로 원유의 유단백질 함량과 치즈 유청 내 단백질 함량 분석치를 비교함으로써 우유의 케이신 함량과 유청단백질 함량치를 추정할 수도 있다. 적외선 분석장치는 치즈유청 중의 단백질 함량을 측정할 수 있도록 조정할 수 있기 때문에 이 기계를 이용하면 분석을 편리하게 할 수 있다.

제6장과 제12장에서 치즈원유 성분의 표준화 방법과 원유의 케이신 함량이 치즈 수율에 매우 중요한 이유가 상세히 기술되어 있다. 치즈원유 품질분석에서 총 세균수와 저온성 세균수 중에서 하나 혹은 둘 모두 미생물성장 억제물질 그리고 체세포수 검사가 반드시 포함되어야 한다. 원유를 생산하는 낙농가의 관리수준을 고려하여 치즈 제조자들은 개별 농가의 원유 중의 세균수, 항생물질 잔류량, 체세포수를 파악할 필요가 있다.

2) 치즈 성분분석

치즈 성분분석 항목에는 지방[Babcock, Mojonnier, 혹은 근 적외선 분석(near infra red procedure, NIR)], 수분, 소금 농도와 pH값이 반드시 포함되어야 한다. 치즈 pH는 제조 직후 및 제조 후 4~7일경에 검사하고, 숙성 중에도 경시적으로 검사해야 한다. 성분과 관련한 다른 분석은 제조 후 며칠이 지나서 수용성 성분이 평형상태에 도달하는 시기에 측정한다. 특히 소금의 경우 치즈에서 골고루 분포되는 데에는 시간이 필요하며, 소금물에 담그어 가염한 치즈나 표면숙성치즈는 소금이 완벽하게 골고루 분포하는 것은 거의 불가능하다. 체다치즈나 벳트 내에서 가염처리를 하는 치즈들은 보통 빨라도 제조 후 7일 이상이 경과해야만 그 치즈의 정확한 소금농도를 측정할 시료채취가 가능하다.

치즈 제조과정 관리나 품질관리에서 "pH 변화양태"는 제조과정과 숙성에서 대단히 중요하다. 이 책에서 "pH 변화양태"라는 말을 저자는 치즈 제조과정 중에서 매우 중요한 관리 시점(a critical process control points)들에서의 pH 변화를 설명하기 위해 사용하였다.

다른 제조과정의 중요한 요인들로서는 소금/수분함량비(S/M), 무지유성분(Moisture in non fat substance, MNFS) 중의 수분함량, 그리고 건물함량 중의 지방함량(FDM) 등이다. 이러한 함량들은 일반적으로 백분비(%)로 표현하고, 아래에 나타나 있는 방정식에 의해 계산할 수 있다.

여기서 총 고형분%는 100 - 치즈수분%이다.

① S/M = 치즈 소금함량% × 100/치즈 수분함량%

② MNFS = 치즈 수분함량% × 100/(100 - 치즈 지방함량%)

③ FDM = 치즈 지방함량% × 100/치즈 총 고형분%

치즈의 일상적인 미생물 분석에는 효모와 곰팡이의 수, 대장균 수, 포도상구균 수가 반드시 포함되어야 한다. 생유치즈에 대해서는 모든 벳트로부터 제조한 치즈의 *Salmonella, Staphylococcus, Listeria* 그리고 내독성 *E. coli*의 존재 유무를 반드시 검사해야 한다. 살균처리보다 약한 열처리를 해서 제조하는 치즈의 경우에서도 위생적 위험도가 높기 때문에 일반적인 병원균의 존재 여부를 엄격한 규정에 따라 반드시 검사해야 한다.

치즈의 미생물 검사는 치즈제조 직후와 숙성이 끝난 다음에 실시해야 한다. 치즈 유청은 사용 중인 스타터균주에 대한 박테리오페이지가 존재하는가 여부를 지속적으로 조사해야 한다.

3) 치즈 품질분석

지극히 자명한 이치이지만 부정확한 분석 결과치는 분석하지 않는 것 보다 더 무가치적인 것이다.

대부분의 조악한 품질, 형편없는 치즈수율, 그리고 엉터리 같은 제조공정 관리의 가장 근본적인 원인은 불충분하고 부정확한 화학적, 미생물학적 분석에서 온 것이다. 품질과 공장의 효율적인 관리를 위해서는 분석과정의 효율적인 품질 관리가 필요하다. 소규모 치즈공장들에게는 일반적으로 대부분의 분석작업을 외부의 검사기관에 의뢰하는 것이 더 경제적이고 신뢰성이 있다.

여하튼 공장 내 분석실에서 하든지 외부 분석기관에서 하든 간에 어떤 검사결과든지 정확하고 신뢰성이 있어야 할 것이다. 캐나다의 유제품 분석기관들은 오타와에 있는 캐나다 검사기관 인가에 따른 인증에 의해 그 신뢰성이 확증되고 있다(Canadian Laboratory Accreditation Program, LAP). **나는 치즈의 품질 분석을 회사 내 실험실 혹은 외부기관에 의뢰하는 모든 경우에 LAP에서 보증하는 방법으로 분석할 것을 강력하게 권고한다.** 몇 가지 분석방법의 상세한 진행과정이 다음에 나열되어 있다.

다음 문헌들도 참고하면 좋을 것이다.

① Standard Methods for the Examination of Dairy products. American Public Health Association, 1015. Eighteenth St. NW, Washington, D.C.

② Official Methods of Analysis of the Association of Official Agricultural Chemists. 1995. P.O. Box 540, Benjamin Franklin Station, Washington, D.C.

2. 치즈시료 채취법

1) 화학분석 시료

경질치즈는 크기, 모양을 고려하여 치즈 트라이어(최소한 100g 시료 채취가능)를 사용하거나 일정 부분을 취하여 시료를 채취한다. 연질치즈는 그것의 조직성에 따라 혼합하여 시료를 채취하거나 일정부분을 채취한다. 치즈시료는 불투명한 기밀용기에 보관해야 하고 분석에 들어가기 전에 분쇄기나 다른 기구에 의해 분쇄되어야 한다. 채취한 시료로부터 실제 분석을 위해 일부 시료를 덜어내기 전에 시료는 잘 마쇄하여 혼합하는 것이 중요하다. 만약 분석에 사용할 시료의 양이 1g 미만이라면 시료를 균질하여 액체화하고, 그 균질액에서 덜어 내어 분석에 사용하는 것이 바람직하다.

균질시료는 다음과 같이 준비해 두면 거의 대부분의 분석용 시료로 적합하게 사용할 수 있을 것이다.

① 40g의 치즈시료를 칭량하여 마쇄기 용기에 담는다.

② 7%의 sodium citrate액 100g을 첨가한다.

③ 균질이 되기까지 마쇄한다(고속분쇄기, 예를 들면 Polytron 같은 것이 적당하다).

④ 분쇄기 shaft를 용기 안에서 헹구어 내고 최종 무게가 200g이 되게 한다.

치즈는 성분이 위치에 따라 균일하지 않다는 사실에 주목해야 한다. 소금물에 가염시킨 치즈는 염 농도와 수분의 뚜렷한 농도 구배가 있다. 즉 표면 쪽에 가까우면

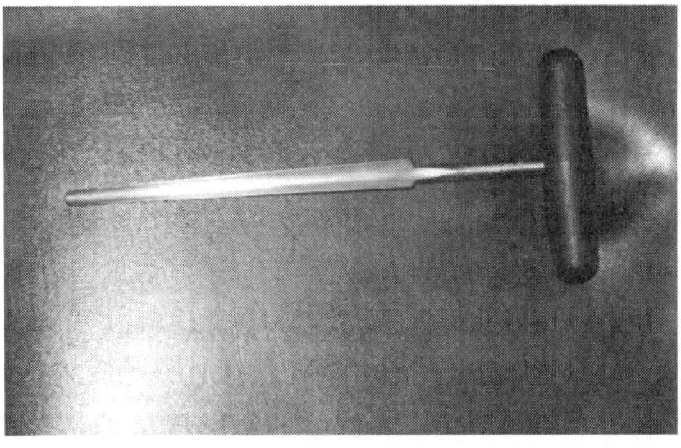

그림 3-1. 치즈 트라이어(cheese trier)(역주)

수분 농도는 낮고 염분 농도는 높다. 압착시킨 차륜형 치즈나 블록형 치즈들의 경우 치즈의 안쪽 부위로 갈수록 수분 농도는 증가하고 pH는 낮아진다. 수분과 염분 농도 구배 뿐만 아니라 표면숙성시킨 치즈는 pH 구배가 있는데, 즉 숙성되는 동안 표면 쪽 pH는 더 높아진다. 이러한 문제 때문에 치즈 구성분의 정확한 분석결과와 균일한 데이터를 얻기가 어렵다. 생산수율을 잘 관리하기 위해 덩치가 큰 치즈로부터 좋은 데이터를 얻기 위한 유용한 개선방안으로는 숙성초기 품질검사를 위해 작은 블록(예 : 20 kg 블록의 체다치즈)을 준비하고, 숙성 후 자르고 랩핑하는 과정에서 큰 블록치즈(예 : 240 kg 블록의 체다치즈)로부터 대표성을 가질 만한 시료를 채취하는 것이다.

2) 미생물학적 분석

미생물학적 검사 시료 채취도 위의 화학적 분석 시료 채취법과 같이 한다. 시료 채취에 사용되는 트라이어나 칼은 반드시 화염멸균시켜야 한다. 채취된 시료는 Whirl Pack bag 같은 멸균된 bag에 보관하되 0～4℃에 저장하였다가 24시간 이내에 분석하여야 한다.

(1) 도구

① 저울, 1,000 g 측정용

② 균질기

③ 121℃ 고압멸균했거나 200 ppm의 치아염소산소다액에 5분간 멸균시킨 균질기 컨테이너

(2) 분석과정

① 치즈를 bag에 있는 상태에서 작은 조각이 되게 으깨어 준다. 만약 필요하다면 유발이나 유사한 도구를 사용한다.

② 2% Sodium citrate 멸균 희석액을 40℃로 가열한다. 30 g의 치즈를 멸균 균질기 컨테이너에 넣고 270 ml의 희석액을 첨가한 뒤 충분하고 적절하게 유화될 수 있는 속도로 2분간 균질해 준다. 만일 균질하는 동안 온도가 올라가 40℃ 이상으로 될 때는 균질시간을 줄이거나 희석액(citrate)의 개시온도를 낮추어 주어야 한다. 이 1 : 10 희석액을 즉시 평판배양하거나 더 희석하여 평판배양한다.

그림 3-2. 각종 치즈시료 채취용 칼(역주)

③ 필요한 경우 시료를 더 희석한다. 10배 희석한 시료 11 ml를 피펫으로 취하여 99 ml의 희석액(0.1% peptone)에 거품이 나지 않게 첨가한다. 혹은 10ml를 90 ml의 희석액에 첨가한다. 이것과 모든 그 이하의 희석 시료들도 30여 cm 정도를 아크형으로 25회 이상 힘껏 흔들어 혼합한다. 이런 방식으로 10^{-1}, 10^{-2}, 10^{-3} 배율의 희석 시료를 만든다.

3. 총 고형분량

1) 오븐 사용방식

① 알루미늄 접시를 사전에 건조(105℃, 1시간)하고 정밀 저울에서 0.1 mg 단위까지 칭량해 둔다.

② 3～5 g 정도의 치즈 부스러기를 알루미늄 접시에 넣고 신속히 칭량한다. 시료의 무게는 총 중량 - 알루미늄 접시무게 ①에서 칭량한 것이다.

③ 105℃ 건조기에서 항량에 도달하기까지 건조한다(약 16시간 걸린다). 중량이 항량에 도달한 것을 확인하기 위해서는 최소한 두 개의 시료무게를 칭량하고, 두 시료를 건조기에 넣어서 20분 정도 추가적으로 건조시켜서 다시 가져와서 중량을 다시 측정한다. 이렇게 해서 먼저 칭량한 중량과 뒤에 추가적인 건조 후 재 칭량한 중량 간의 차이가 1 ml 이하가 되어야 한다.

④ 데시케이터 안에서 냉각시켜 총 중량을 칭량한다. 시료의 건조중량은 총 건조중량에서 ①번에서의 건조 알루미늄 접시 중량을 제한 값이다.

⑤ 총 중량과 수분함량을 중량 % 기준으로 환산하여 보고한다.

㉠ 총 고형분함량% = (건조중량/시료중량)×100

㉡ 수분함량% = 100 - 총 고형분함량%

※ 참고 : 적외선이나 마이크로웨이브 건조방식에 근거한 방법들을 이용하면 고형분함량을 신속하게 측정할 수 있다.

[응 용]

정확한 치즈 수분함량 분석은 치즈성분 구성과 생산수율 조절에 매우 중요하다. 신속수분분석법(예 : 마이크로웨이브 오븐)을 이용하면 그 결과를 신속하게 피드백하여(예 : 치즈압착 후 즉시 수분함량 파악) 치즈 제조공정을 조절하기 위한 정보로 이용할 수 있다.

4. 적정산도(Titratable Acidity, T.A)

원리 : 5항의 pH와 산도 난에 기술된 내용 참조

1) 기구 및 시약

① 1 ml를 10단위로 나누어진 10 ml용 뷰렛이 설치된 산도 적정기, 대기중의 CO_2에 노출되지 않고 알칼리액의 충전이 가능한 용기

② 0.1N NaOH 수용액

③ 1% 알코올 페놀프탈레인(phenolphthalein) 액이 충전된 스포이드 병

④ 백색 자기 컵, 초자 봉, 17.6 ml 우유용 피펫(혹은 8.8이나 9.0 ml 피펫)

⑤ 크림 측정을 위해서는 토션 천칭과 9g 추

2) 방 법

① 시료를 한 용기에서 다른 용기로 부어 혼합한다. 시료의 온도는 20℃ 정도이어야 한다.

② 17.6 ml용 피펫으로 우유나 크림을 취하여 백색 도자기 컵에 담는다.

※ 유의 : 8.8 ml용 피펫이 사용될 수 있지만 17.6 ml 피펫처럼 구하기가 쉽지 않다. 9 ml 피펫은 쉽게 준비할 수 있지만 최종 결과에서 보정을 해주어야 한다.

③ 우유 시료에 6 방울의 페놀프탈레인 액을 넣는다. 크림시료에는 10 방울이 필요하다.

④ 유리봉으로 시료를 저어가면서 0.1N NaOH액을 떨어뜨리면서 적정을 한다. 산도 적정의 최종 적정 점(Endpoint) 지시표지인 연한 분홍색이 나타나기까지 관찰하며 실시한다. 연한 분홍색이 30초 동안 유지되지 않으면 0.1N NaOH를 한 방울이나 절반 방울쯤 더 가해준다.

⑤ 최종 적정 점(Endpoint)에 도달하기까지에 소요된 0.1N NaOH 양을 기록한다. 이 값을 "적정치, titre"라 한다. 적정산도는 유산 %로 기록되는데, 이는 시료의 사용량과 적정치를 고려하여 다음과 같이 계산한다.

8.8 ml 피펫으로 취한 시료의 유산 % = 적정치
17.6 ml 피펫으로 취한 시료의 유산 % = 0.5× 적정치
9.0 ml 피펫으로 취한 시료의 유산 % = 0.98× 적정치

실제로는 신선원유에는 유산이 없지만 북미지역에서의 관습적으로 TA를 "유산%"로 표현한다.

3) 응 용

다음 부분에서 설명하겠지만 적정산도(TA)와 pH 모두 산성도를 측정하는 것이다. 그렇지만 대부분의 치즈제조의 제조공정 조절에 있어서는 pH 측정값이 더 유용하다.

많은 치즈 제조업자들은 아직도 여전히 산 생성 초기단계인 스타터 첨가 후 1시간 동안(이 때는 유산균의 활성을 점검하는 단계임)의 산 생성 정도를 측정하는 데 적정산도를 이용한다. 이 목적을 위하여는 TA가 pH 보다 우유 내 미미한 산도 변화를 민감하게 알아낼 수 있기 때문에 더 좋은 방법이다.

① TA를 사용하여 스타터균의 초기 활성을 점검할 때 유의할 점:

㉠ TA로써 측정 가능한 산도 증가 여부를 검사하여 스타터의 활력을 조사하는 것이다. 예를 들면 만약 원유에 스타터를 접종한 후 채취한 시료의 TA값이 0.180%이었는데 접종 후 배양 1시간이 경과했을 때 TA값이 0.190%이라면 TA값의 변화는 0.190 - 0.180=0.010%가 되는 셈이다.

㉡ 적정을 하는 사람에 따라 TA 측정시의 최종점(end point) 색깔에 대한 해석이 차이가 날 것이므로 같은 사람이 초기 TA로부터 최종 TA까지의 측정을 모두 하는 것이 매우 중요하다.

㉢ 대부분 적정산도 측정기는 0.1%의 유산 단위로 수치가 표기되어 있고, 그 아래 단위인 0.01% 유산의 눈금이 있다. 0.01% 눈금의 간격이 충분히 넓기 때문에 대부분의 측정자들은 0.005% 유산 단위까지 측정해 낼 수 있다. 이는 즉 신중하게 측정을 하면 TA값이 0.005% 유산으로 변화하는 것을 측정해 낼 수 있다. TA값 변화가 0.005% 이상이면 그 스타터균은 활력이 있다는 결론을 내릴 수 있다. 대개 스타터를 접종하고 30～60분간 배양한 후에 TA는 0.005%～0.010% 범위로 증가한다.

㉣ 벌크(bulk) 스타터를 사용하는 경우, 스타터를 접종한 직후에 TA를 측정해야 하는데, 이는 스타터의 산 함량이 높기 때문에 처음 측정 시 산도가 높게 나타나기 때문이다. 그리고 처음 측정이 늘어날 것이다.

5. pH

1) 산도와 pH의 개념

모든 수용액(水溶液)(당신 몸 속의 물이나 치즈 내 수분을 포함해서)의 수소이온(H^+)과 수산기 이온(OH^-) 농도 사이에는 다음 등식 (3)과 같은 관계가 있다. 꺾쇠괄호[ ]는 리터당 moles 수(몰 농도, molarity)를 나타낸다.

1mole에는 6×10^{23} 분자가 존재하는데, 이것은 숫자로 말하자면 6 다음에 0이 23개가 이어져 있다는 뜻이 된다.

$$[H^+]\times[OH^-]=10^{-14} \tag{3}$$

수소이온과 수산이온의 1L당 실제적인 moles 수가 너무나 적기 때문에 통상적으로 그 농도 표시를 지수 값으로 표현한다.

예를 들면, 우리가 알고 있는 바로는 우유 1 ℓ 에 있는 수소이온$[H^+]$ 농도는 0.000001 moles/L인데 이것은 10^{-6} moles/L와 같은 값이다. 이것을 우리가 수산이온 농도로 환산한다면

$10^{-14}/10^{-6}=10^{-8}$ moles/L가 되고, 이것은 다시 0.00000001 moles/L와 같다.

- $[H^+]=[OH^-]$인 용액은 산도가 중성인 것이다. ⇒ 수소이온농도 = 수산이온농도
- $[H^+]>[OH^-]$인 용액은 산성액이다.
- $[H^+]<[OH^-]$인 용액은 알칼리액이다.

- 어떤 화합물이 H^+을 내어놓거나 OH^-를 받아들이면 그것은 산이고, H^+를 받아들이거나 OH^-를 내어놓으면 알칼리인 것이다.

pH의 개념은 산도를 간편하게 표현하기 위해 도입한 방법이다. 앞서 우리는 수소이온[H^+] 농도가 0.000001 moles/L라면 [10^{-6}]으로 나타낼 수 있다는 것을 알았는데, 이것은 측정한 수소이온 농도의 단위와(꺾쇠괄호([ ])는 moles/L을 의미한다) 수치를 표현하고 있는 것이다. pH의 개념은 수소이온 농도(moles/L)의 마이너스 로그 값이다($pH=log_{10}[H^+]$).

이 말이 복잡하게 여겨질지 모르나 응용법은 매우 간단하다.

예를 들면 [10^{-6}]에 해당되는 수소이온농도의 상용대수(log_{10}) 값은 −6과 같다. 마지막으로 log의 마이너스 값을 취하면 −1×−6인데 그 값은 6이 된다. 따라서 0.0000001 moles/L=[10^{-6}]=pH 6이다.

만약 OH^-의 농도 혹은 H^+의 농도를 알면 등식 (3)에서 나타낸 관계에 의해 다른 이온의 농도를 계산할 수 있다. 그래서 만일 어떤 용액의 pH가 6이라면 pOH는 14−6=8이 된다. 이런 관계는 알고만 있으면 되고, 그냥 pH로서 표기하는 것이 관례이다.

"지수의 마이너스 표시가 pH로 전환하면서 없어졌기 때문에 pH값이 감소한다는 것은 산도 증가를 의미하며, 이는 곧 수소이온 농도의 증가를 의미한다는 것을 유념해야 한다." 따라서 TA값과 pH값 모두 산성도를 나타내는 지표이지만 산도가 증가하면 pH값은 낮아지고 TA 값은 증가한다. H^+ 농도의 많고 적음, 즉 산성, 중성, 알칼리성은 다음과 같이 pH값의 범위로 요약된다.

실제로 자연계에 존재하는 대부분의 pH 범위값은 1.0부터 14까지인데, 이론적으로나 실제적으로 pH 1.0 이하도 있을 수 있다.

pH 7.0은 중성 $[H^+]=[OH^-]$
pH<7.0=산성 $[H^+]>[OH^-]$
pH>7.0=알칼리성 $[H^+]<[OH^-]$

2) pH값과 적정산도(Titratable Acidity, TA)의 관계

TA와 pH 모두 산도를 측정하는 것이다. 그러나 대부분 pH가 더 좋은 공정조절 수단이다. 왜냐하면 pH 측정기 전극(probe)은 염류 혹은 단백질을 함유하는 용액 중의 유리수소 이온[H^+]만을 측정하기 때문이다. 이것은 매우 중요한데 왜냐하면 유리 [H^+]만이 단백질 기능을 변화시키고 신맛을 나게 하기 때문이다. 또한 산이 보존성과 위생적인 안전성에 기여하는 효과는 TA 보다 pH가 더 잘 나타내기 때문이다.

"치즈 제조업자에게 있어서 치즈의 오염과 병원성균을 제어하는 데 가장 유용하면서 중요한 요인은 pH의 조절이라는 것을 강조해 두고자 한다." 치즈제조의 공정 진행과 숙성하는 동안의 pH변화 경과는 문제 해결의 가장 중요한 정보이다. 치즈수분, 무기질 농도, 조직, 풍미는 모두가 유리수소이온 농도(pH)에 의해 직접적으로 영향을 받는다.

적정산도(TA) 측정은 페놀프탈레인의 최종점(endpoint, pH 8.5)에 도달하기까지의 적정 가능한 수소이온 농도의 측정이다. 그러므로 이는 우유 성분과 그 특성에 따라 다양하게 변화한다. 치즈를 제조하는 동안 pH값은 전 제조과정 중의 실질적인 산 생성도를 나타내 주고 각 단계에서의 최적 pH값은 다른 요인들, 예를 들면 유단백질 농도와 같은 요인들로부터 독립적이다. 아무튼 각각 치즈제조 단계마다의 최적 TA값은 최초의 원유성분과 원유 열처리 그리고 원유 표준화에 사용한 성분형태에 따라 다르다.

pH와 TA 사이의 차이에 대한 좋은 실제적인 경우를 든다면 커드 절단 효과일 것이다. 커드 절단 시간까지 원유 중의 스타터의 발효 때문에 산이 생성되어 TA는 증가한다.

커드 절단 이후 유청의 TA는 매우 낮아진다. 이 현상은 산 생성의 중단을 의미하지 않는다. 유단백질과 결합되어 있던 적정 가능한 수소이온이 더 이상 유청에는 존재하지 않기 때문에 TA가 낮아지는 것이다. 이것은 우유의 완충능력과 관련한 현상인데, 치즈제조에 있어서 매우 중요한 원리이다. 원료유으로부터 유단백질의 일부가 제거된 유청의 TA와 관련한 이와 같은 현상은 유단백질이 우유의 pH가 변화

그림 3-3. 적정산도 측정

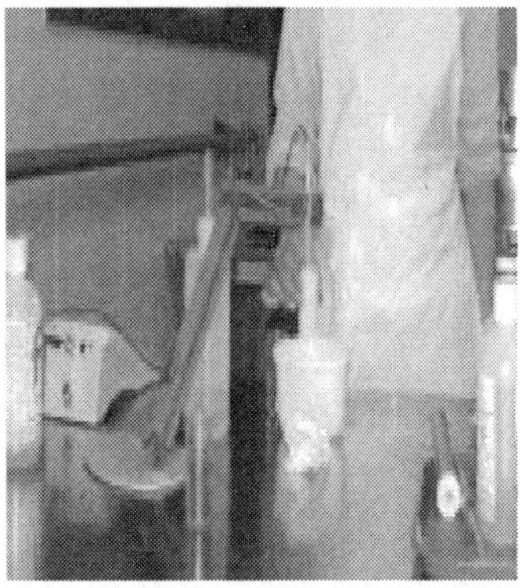

그림 3-4. pH 측정

하지 않도록 하는 완충기능과 관련이 있다. 아스피린을 우유와 함께 먹으면 우유의 산성화 효과에 의해 약효가 없어지는 것도 동일한 종류의 완충기능과 관련이 있는 현상이다. 완충능력은 우유와 같은 수용액 내에서 산의 (H^+)증가나 알칼리(OH^-) 증가로 인한 pH 변화를 막아주는 능력이다. 완충능력은 pH를 1단위 변화시키는 데 필요한 산이나 알칼리의 양으로 표현할 수 있다. 예를 들면, 증류수에 약간의 산을 첨가하면 pH가 대단히 많이 감소한다. 이와 똑같은 양의 산을 우유에 첨가하면 유단백질과 염류의 중화능력 때문에 pH 변화는 아주 미미하다. 우유에서의 가장 중요한 두 가지 완충물질로서는 케이신(pH 4.6~5.2에서 가장 강한 완충능이 나타남)과 인산염(pH 7.0에서 최고의 완충능이 나타남)이다.

pH 5.0 부근에서 최고의 완충능력을 나타내는 물질이 있다면 이는 치즈제조에서 절대적으로 중요하다. 왜냐하면 대부분의 치즈에서 최적 pH는 5.0~5.2 범위이기 때문이다. 치즈의 pH가 유산 발효에 의해 5.0쪽으로 낮아지게 된다면 완충능은 증대하게 된다. 즉 일정량의 pH 감소를 위해 더 많은 유산을 필요로 한다. 이러한 효과 때문에 이 pH 근처에서는 유산이 상당량 생산되어도 pH는 크게 변화하지 않기 때문에 치즈 제조자는 여유를 가질 수 있다. 우유의 이러한 완충능력이 없이는 최적 pH 범위 내에서의 치즈제조는 어렵다.

정상 원유의 pH와 TA의 범위가 TA와 pH 간의 차이를 시사해 주는 또 다른 예이다. TA는 우유 pH와 페놀프탈레인 최종점(pH 8.3) 사이의 pH 범위에서 우유의 총 완충능력에 따라 측정치에 차이가 있을 수 있다. 25℃에서의 우유 pH는 상당히 좁은 범위인 6.6~6.8 안에 있는 것이 정상이지만, 정상 우유의 TA 범위는 유산 0.12~0.20%로서 다소 넓다.

3) pH 측정

치즈원유, 유청, 연질치즈의 pH는 직접 측정할 수 있다. 초경질 혹은 경질치즈는 측정 전에 분쇄해야 한다. 치즈의 pH는 항상 2개 시료(duplicate)를 측정해야 하고, pH 메터 전극의 조작에 극도로 조심해야 한다. 30 ml용 병에 분쇄한 치즈를 넣거나 작은 비커에 치즈를 넣어서 치즈 안에 전극을 가만히 밀어 넣는다. 너무 서두르면 전극이 비커의 바닥에 부딪쳐 깨질 수 있다.

전극이 치즈와 잘 접촉하도록 하기 위해 손가락으로 치즈를 가져 다 전극 주변에 감싸서 눌러 묻혀 준다. 같은 치즈시료의 측정 사이에는 증류수로 전극을 씻어줄 필요는 없다. 그러나 전극이 완충용액 내에 보관되었다면 pH 측정 전에 증류수로 헹구어 내고 사용해야 한다. 전극은 항상 pH 4의 완충액에 보관하거나 제조회사의 지시에 따라야 한다. 전극을 문질러 닦으면 안 된다. 전극은 겉에 묻은 유지방분과 잔류 유단백질을 제거해 주기 위해 주기적으로 세척제로 씻어주고 아세톤으로 헹구어 준다.

6. 유지방 측정(Babcock법)

1) 기구 및 재료

① Babcock 원심분리기
② 55℃의 항온 수조(Water bath)
③ Torsion 천칭, 9와 18 g 추
④ Babcock 진탕기(shaker)
⑤ 유리기구 : 8% 우유병, 50% 크림병, 50% Paley병, 17.5 ml 실린더, 17.6 ml 우유용 홀 피펫(hole pipette)
⑥ 시약류
- Babcock 황산(비중 1.82～1.83)
- N-buty1alcohol
- Glymol

2) 우 유

① 20℃까지 가온하고 원래의 용기에서 그와 비슷한 용량의 용기에 4～5차례 나누어 부어가며 혼합한다.

② 17.6 ml 피펫으로 우유 17.6 ml(18.0 g)를 취하여 8% 우유병에 넣는다. 피펫에 남은 우유를 불어서 모두 취하도록 한다.

③ 17.5 ml의 황산(비중 1.82～1.83)을 별도 실린더를 사용하여 3회에 걸쳐 조금씩 부어준다. 시료 병을 검지와 인지로 잡고 서서히 돌려주면서 병목에 있는 우유가 씻겨지게 산을 가해준다(원심분리 전까지 60℃ 이상 유지할 것). 산을 첨가할 때마다 2분간 시료 병 아래 둥근 부분을 원을 그리며 신속히 돌리면서 완전히 혼합시킨다. 이렇게 해서 완전 혼합된 시료의 색깔은 초콜릿색의 암갈색이어야 한다.

④ 5분 동안 원심분리한다(700～1000 rpm). 이 때 원심분리기는 55～60℃로 미

리 보온되어 있어야 한다.

⑤ 60℃로 가열한 증류수를 부어 유지계의 목 부위 1/4인치(약 0.64cm) 정도 밑에까지 가해준다. 이때 혼합해서는 안 된다.

⑥ 2분간 원심분리한다.

⑦ 다시 60℃로 가열한 증류수를 부어 지방주(脂肪柱)가 유지계 눈금의 중앙부보다 약간 위에 놓이도록 한다(지방주의 위쪽 meniscus가 눈금부위 위에 위치하게 함). 이때 역시 혼합시키지 말 것.

⑧ 1분간 원심분리

⑨ 55~60℃ 가열된 항온수조에 넣되 지방주가 물 속에 잠기도록 위치시켜 5분간 방치한다.

⑩ 5분이 지난 다음 켈리퍼(caliper 계측계)를 이용하여 지방주(脂肪柱)의 최하단에서 메니스커스(meniscus) 부위 맨 끝 상단까지 재서 눈금 값을 읽는다. 켈리퍼를 측정치 그대로 옮겨서 한 쪽은 칭량 병목의 눈금 0표지에 위치시키고 다른 쪽은 지방율 표지 눈금 위에 위치시켜 지방의 백분율을 알아낸다. 중복실험 시 지방률의 차이는 0.1% 이하여야 한다.

3) 크림과 치즈

① 크림시료는 20℃로 가온한 뒤 혼합한다. 치즈시료는 작은 입자로 분쇄(grind)한다.

② 크림시료 9g을 취하여 50% 크림 병에 넣은 뒤 20℃ 증류수 9 ml를 첨가한다. 치즈시료 9g을 취하여 50% Paley병에 넣은 뒤 60℃ 증류수 10 ml를 첨가한다.

③ 17.5 ml의 황산(비중 1.83~1.835)을 최소한 3회 이상 나누어서 가해준다. 색조가 암갈색이 되기까지 치즈는 입자가 완전히 녹을 때까지 혼합해 준다.

④ 5분간 원심분리

⑤ 60℃ 증류수를 부어서 병목 부위 밑 1/4인치(0.64cm) 정도 되는 부분까지 채운다. 이때 혼합하지 말 것.

⑥ 2분간 원심분리

⑦ 60℃ 증류수를 부어서 지방부위가 병목 부위 내에 떠오르게 한다. 혼합하지 말 것.

⑧ 1분간 원심분리

⑨ 55℃로 가온된 항온수조에 5분간 방치한다.

⑩ glymol 4~5방울을 지방주(脂肪柱) 윗부분에 부어서 이것들이 병목 벽면을 따라 가라앉게 한다. 지방과 glymol 사이의 경계로부터 메니스커스 하단(우유는 최상단)까지의 지방주의 길이를 측정한다.

⑪ 지방율을 중량 %로 보고한다.

4) 탈지유, 버터밀크, 유청

① 시료 온도를 20℃가 되게 하고 조심스럽게 혼합해 준다.

② 18g용 이중 목병에 2 ml의 N-butylalcohol을 첨가한 다음 9 ml 시료를 첨가한다. 원을 그리듯 서서히 혼합하여 완전히 섞어준다.

③ 9 ml의 Babcock 황산을 탈지유나 버터밀크 시료에 첨가한다. 유청시료에는 7ml를 첨가한다.

④ 6분간 원심분리한다. 원심분리기 컵에 넣을 때는 작은 목 부위가 바깥쪽을 향하게 유지계 병을 위치시킨다.

⑤ 유지계 병목 밑 부위로부터 1 cm 위치까지 도달하도록 60℃ 열수를 가해준다. 이때 혼합하지 않아야 한다. 2분간 원심분리한다.

⑥ 유지계 병을 55℃ 항온수조에 넣고 5분간 가온한다.

⑦ 손가락을 긴 목 부위에 위치시키고 밑으로 힘을 가하여 작은 목에 있는 지방의 밑쪽 메니스커스가 주 측정부위와 일치하도록 한다.

7. 치즈의 염분

Volhard방법에 의한 전통으로 사용된 치즈의 염분측정법이 아래에 설명되어 있다(Official Methods of Analysis of the Association of Official Agricultural chemists, P.O. Box 540, BenjaminFranklin, Washington, D.C.) 그리고 지금까지 정확한 결과를 얻을 수 있는 방법이라고 인정된 다음과 같은 방식들도 있다.

① 자동 염소 적정기는 coulometric silver 이온을 생성시키는 이 시료 중의 염소 이온을 적정하는 원리로 운용되는 장치이다. 모든 염소이온이 적정되면 유리 silver 이온이 도전율에 변화를 야기하는데 이것이 적정이 완료되는 신호이다.

② Quantab Chloride Titrater는 염소이온이 갈색인 Silver dichromate와 반응하여 silver chloride chromate 이온과 백색인 silver chloride를 형성시키는 것을 원리로 한다. 이 반응을 계측용 도구에서 일어나게 하여 염소농도를 직접 추정할 수 있다.

8. 스타터 배양액의 활력시험

※ 그림 3-5 참조

1) 목 적

제시하는 방법은 간단한 것인데, 치즈벳트에 접종하기 전에 치즈스타터 배양액(이하 배양액)이 적절한 활력을 보유하고 있는지를 확인하는 데 유용하게 사용할 수 있다. 모든 치즈들에서 가장 일반적으로 중요한 것은 스타터의 활력과 첨가량이 10% 환원탈지유에 균주를 접종하여 37℃에서 4시간 배양시킨 후 적정산도를 검사했을 때 약 0.34%의 유산을 생성할 수 있어야 하는 것이다. 이 검사법은 다른 조건에서 생산, 준비한 제품용 배양액(bulk cultures)이나 균주들을 비교하는 데도 유용하다. 스타터의 활력은 시간경과에 따른 pH의 변화를 chart로 나타내어 잘 판단할 수 있다(그림 3-5 참조). 이 방법은 공장에서 박테리오페이지(Bacteriophage)에 대한 스타터균주의 감수성을 검색하는 데도 이용할 수 있다(9항과 그림 3-5 참조).

(1) 조건

스타터 균주: *Lactococcus lactis* subsp. *lactis, Lactococcus lactis* subsp. *cremoris*

온도: 37℃

접종량: 10% 환원유 탈지유에 계대배양한 모배양액 2%

검사배지 1: 10% 환원탈지유, 저온살균, 무항생제

검사배지 2: 상기 검사 배지 1에 유청 1% 첨가한 것

(2) 결과

접종 4시간 경과 후 적정산도

검사배지 1: 0.34%

검사배지 2: 0.25%

pH : 시간

시 간	0	1	2	3	4	5	6	7	8	9
환원탈지유	6.62	6.59	6.5	6.4	6.15	5.74	5.39	5.08	4.92	4.87
환원탈지유+유청	6.61	6.57	6.5	6.42	6.35	6.31	6.3	6.3	6.29	6.29

① 탈지유가 배지인 경우 유산균스타터를 2% 첨가했을 때 4시간 배양 후에 TA가 0.34% 이상이면 산 생성 활력이 정상이다. 그림 3-5에서 배양 6~7시간 후에 pH가 5.2에 도달했으며, 이는 산 생성이 정상임을 나타낸다.

② 유청을 포함하는 배지에서는 pH가 저하하지 않았는데, 이는 치즈공장에 박테리오페이지가 오염되어 있는 것이 원인인 것으로 추정된다(치즈 유청에 박레리오페이지가 함유될 수 있다).

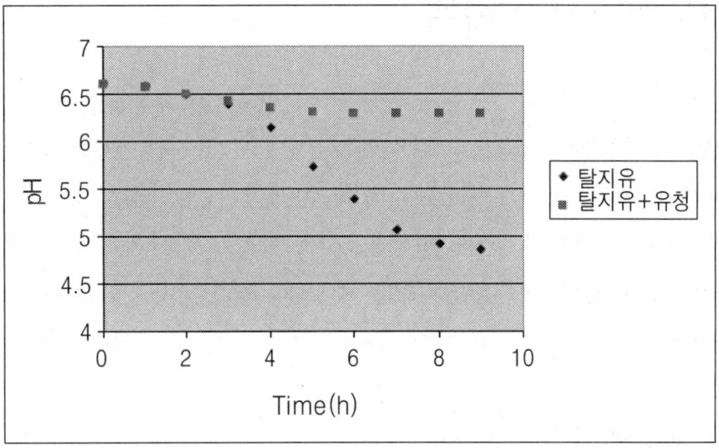

그림 3-5. 환원탈지유와 환원탈지유+유청에서의 스타터 활력 비교

2) 측정과정

① 100 ml 삼각 flask에 90 ml의 증류수를 넣고 가열을 심하게 하지 않고 제조한 다음 항생제가 들어있지 않은 탈지분유 10 g을 넣고 잘 혼합해 준다.

② 15 lb(1.05 kPa)의 압력 하에 110℃에서 10분간 멸균한다.

③ 37℃로 냉각한다.

④ 3.0 ml 혹은 적당량의 스타터를 접종한다. 스타터를 첨가한 피펫을 탈지유로 2회 정도 헹구어 준다.

⑤ 37℃에서 최소 4시간 동안 배양한다. 만약 시간 경과에 따른 pH 변화를 더

오래 관찰해야 하는 경우에는 시간을 연장한다.

⑥ 30분 간격으로 pH를 검사한다.

⑦ 17.6 ml를 취하여 1 ml의 phenolphthalein을 사용해서 0.1N NaOH로 적정한다. 적정에 소요된 0.1N NaOH의 ml를 2로 나누어 주면 그 값이 적정산도이고, 이는 유산의 % 농도이다.

⑧ 스타터의 활력은 다음과 같이 기록해 둔다.

활력 좋음, 0.34% 이상

활력이 낮음, 0.26～0.30%

9. 박테리오페이지의 검색

※ 그림 3-5 참조

아래 검사법은 사용하고 있는 스타터에 특이성을 가지는 박테리오페이지(Bacteriophage)(이하 페이지)가 치즈유청에 다량 존재한다는 가정하에서 실시하는 방법이다. 그래서 유청의 페이지 존재 여부를 지속적으로 검사함으로써 일상의 치즈제조를 실패하게 하는 벳트 이른 바 "죽은 벳트(a dead vat)"가 생기는 것을 미연에 방지할 수 있다.

1) 스타터 배양액의 활성검사

위에서 설명한 '8. 스타터 배양액의 활력시험' 방법을 치즈유청 중의 페이지 존재 여부를 검색하는 데에 사용될 수가 있다. 300 ml의 환원탈지유를 준비하여 3개의 비커에 99 ml씩 담는다. 첫 번째 비커에 유청을 1ml 첨가하여 혼합하고, 첫 번째 비커 탈지유 1ml를 취해 두 번째 비커에 옮겨 넣고(1만 배 희석), 두 번째 비커 탈지유 1 ml을 세 번째 비커에 넣어주는 식으로 하여 세 번째 비커의 탈지유를 1 ml를 네 번째 탈지유 비커에 넣어주어 1억 배의 희석액을 만든다.

여기에 스타터균주를 접종하고 '8. 스타터 배양액의 활력시험'에서 설명한 대로 30분마다 pH를 검사한다.

2) 브로모크레졸 퍼플(Bromocresol Purple, BCP)에 의한 페이지 검사

이 시험법은 실시하기가 매우 간편하고 스타터 배양액 활성시험법보다 그 결과가 더 정확하다.

(1) 재료준비

- BCP 스톡 솔루션(stock solution 1 g/100 ml 물)
- BCP 우유(5 mL의 BCP 스톡 솔루션 stock solution/1 ℓ 우유) 9.9 ml가 든 멸균 시험관
- 30～32℃ 항온수조 또는 열판
- 눈금 있는 1 ml 피펫
- 여과지(0.45 ㎛) : 선택적
- 1회용 주사기 : 선택적
- 임상용 원심분리기 : 선택적
- 페이지 검색용 유청 시료
- 신선하게 생육시킨 배양액, 동결균주

(2) BCP우유에 유청 첨가와 희석하기

0.1 ml의 신선(혹은 여과시켜 멸균한) 유청을 첫 번째 희석 시험관(10^{-2})에 넣고 잘 혼합해 준다. 첫 번 희석 시험관의 희석액 0.1 ml를 두 번째 희석 시험관에 옮긴 다음 잘 섞어 준다. 3번째 시험관에 까지 그렇게 반복한다(만약 여과시키지 않은 유청을 사용할 경우 BCP 우유가 든 시험관과 유청만 들어있는 대조구용 시험관을 반드시 준비해 두어야 한다. 이 대조구용 시험관은 유청 안에 활력이 있는 미생물이 있어 페이지에 의한 유산균의 억제현상 관찰을 방해하는가 여부를 검사하기 위한 것이다). 유청 시료는 수거 즉시 냉장보관 해야 하고 페이지검색 시험 때까지 냉장상태를 유지해야 한다.

(3) 대조구 시험관과 유청 희석 시험관에 유산균 접종

치즈 스타터액(0.2 ml)을 유청 희석 시험관과 각 균주마다의 대조구 시험관에 접종한다. 만약 당신이 직접 벳트 접종식(direct-to-the-vat culture) 스타터를 사용한다면 1 ml의 스타터 접종액을 우유 9 ml에 희석하고, 혼합액 0.2 ml를 희석 시험관에 첨가한다. 대조구 시험관은 오직 BCP우유와 스타터 접종액만 함유되어야 하고 유청은 결코 함유되어서는 안 된다. 대조구 시험관은 다른 시험관들과의 색조 비교에 의해서 스타터균주의 생육억제 여부를 보여주는 역할을 한다.

(4) 시험관들을 배양하고 결과를 해석한다

대조구 시험관과 희석 시험관을 30～32℃에서 6시간 동안 배양한다. 유청 희석 시험관의 색을 대조구 시험관 색과 비교한다. 응고는 무시한다. 페이지에 의해 억제받지 않은 균주는 충분한 양의 산을 생성함으로써 BCP염색액이 청색에서 노랑색으로 변해 있을 것이다. 10^{-6} 희석수준에서 완전 억제가 지속되고 있는 균주라면 사용 균주 대상에서 반드시 제외시켜야 한다.

다음 체계를 페이지 억제 정도를 표시하는 기록으로 사용한다.

0=어떤 희석액에서도 억제하지 않는다
1=10^{-2}희석액에서 부분적인 억제
2=10^{-2}희석액에서 완전 억제
3=10^{-4}희석액에서 부분적인 억제
4=10^{-4}희석액에서 완전 억제
5=10^{-6}희석액에서 부분 억제
6=10^{-6}희석액에서 완전 억제

10. 세균발육 억제물질

1) 기준 규정

대부분의 행정 감독기관들은 원유 중의 항생물질 잔류 한계 기준치와 이것의 측정방법에 관한 규정을 갖고 있다. 캐나다 온타리오주 우유 규정, 법 761, 52조 세칙에 따르면 “모든 원유 생산자는 최소한 한 달에 한 번 씩의 항생물질의 **존재 여부를 공식적인 분석방법**에 의해 검사받아야 한다.”

① 이 부분은 Mark Mitchell(1995), (온타리오주 농림부 식품 및 농촌개발부, Guelph, Ontario)가 제시한 두 개의 보고서를 발췌하여 작성된 것이다.

공식적인 분석법은 별도의 세균 발육억제제 규제 문서에 다음과 같이 명시되어 있다.

법761의 52조하의 세균 발육억제제 잔류에 대한 공식적인 검사시험법의 최소 감수성은

㉠ Standard Disc Assay(Bacillus stearothermophilus) 과정에 의해 우유 1ml당 페니실린 0.01 국제단위(International unit, IU)

㉡ High Performance Liquid Chromatography(HPLC) 분석법에 따라 sulfa-methazine 10parts per billion(10ppb)

우유 1 mL당 페니실린 0.01 IU의 농도는 우유 무게의 10억분의 6(6 parts per billion 6 ppb)에 해당한다.

※ 참고 : 1.0 ppb는 1천만 달러 중의 1페니에 해당하고, 32년 중에서 1초에 해당하는 개념이다.

2) 검색 방법

이 방법을 상세히 다룬다는 것은 본 교재의 범위를 뛰어넘는 것이다. 아래에 간단히 소개하는 다섯 가지 형태의 증식 억제제 시험법이 최근에 낙농업계에서 일상적으로 사용되고 있는 것들이다. 각 카테고리 안에 있는 하나 혹은 그 이상의 브랜드명의 시험법이 제시되어 있는데 이들 중 적당한 것을 선택해서 실시할 수 있다. 치즈제조를 위한 세균 발육억제제 시험을 의뢰하고자 하는 치즈 생산자들을 위해 적절한 서비스를 해주는 사설 검사소들이 많다.

※ 주의 : ① 어떤 방법도, 특히 신속한 방법은 낙농가에서 사용하는 모든 항생제를 검출하지는 못한다. ② 거짓 음성반응이나 거짓 양성반응 결과가 나타날 수 있다. 만약 결과를 신속하게 알 수 있는 빠른 방법으로 검사를 보는 경우에는 의심스러운 결과는 다시 확인하는 것이 필요하다. 캐나다의 온타리오 주에는 Guelph대학의 Laboratory Services Division(LSD)에 여러 분야의 검사 전문가들이 여러 검사 방법들을 이용하여 검사할 수 있다.

3) 증식억제제 분석방법

예 : Delvo test P, Delvo test SP, BR test, BR-AS test, Charm Farm, Disc Assay

이 방법들은 시험용 세균인 한천배지에서 증식시킨 표준 균주를 사용하도록 되어 있는데 대개 *Bacillus stearothermophilus*균이 우유시료와 함께 수시간에 걸쳐 배양기간을 거치도록 하고 있다. 만약 그 우유시료에 이 세균의 증식을 억제할 만큼 충분한 세균 발육 억제물질이 함유되어 있다면 그 세균은 증식이 감소하거나 증식을 하지 않을 것이다. 세균 발육 억제물질의 존재는 억제 구역(Zone)이나 배지의 색조 변화(pH와 산화환원 지시약) 상태로서 판단한다. 이들 시험방식의 결정적인 단점은 세균 발육 억제물질을 분별할 수가 없고, 수많은 항생제들에 대한 감수성이 일정치 않고 시간이 너무 많이 소요된다는 점이다. 이들 세균 발육 억제시험은 β-lactam (penicillin계열 항생제)이나 비β-lactam계 항생제군 잔류를 분별할 수 있을 정도이다. 더 큰 문제는 이 증식억제 시험에서 유방염 우유에서 함량이 높은 천연 세균 발육억제제(예: lysozyme, lactoferrin, 보충제나 예방제)에 의해 표준 균주의 번식이 억제되어 세균 발육억제제가 포함되어 있는 것으로 오인할 수도 있다. 이런 문제는 시험 전에 각 젖소 시료를 전자레인지 혹은 항온수조에서 82℃에서 2~3분간 가열하여 천연억제제를 파괴하여 해결할 수 있다. 항생제는 천연억제제보다 열 안전성이 높아 활성을 유지한다. 이러한 검사방법은 가격이 저렴하고 검사가 쉬울 뿐만 아니라 매우 광범위한 검색 범위를 갖는다는 장점이 있다.

4) 효소적 색도 변화에 의한 분석

예: β-lactam 검색을 위한 Penzyme test

Penzyme test는 β-lactam 항생제에 의해 목표 효소가 불활성화한다는 사실을 원리로 하는 방법이다. 이 효소(DD-carboxypeptidas 혹은 penicillin 결합단백질)는 모든 세균에 존재하며 세균의 세포벽 합성에 관련되고 있다. β-lactam 항생제는 이 효소와 특이적으로 결합하여 효소를 불활성화 하므로서 세균 세포벽이 합성되지 않는다. 이 효소는 동결건조 되어 봉인된 시약병(vial) 안에 있는데 여기에 우유시료를 첨가하여 검사한다. 0.2 ml의 우유시료를 시약병(vial)에 첨가한 다음 47℃에서 5분간 배양한다. 우유시료 내에 어떤 β-lactam이 존재한다면 이 시간 동안에 효소와 결합하여 효소를 불활성화하는 데 효소가 불활성화하는 정도는 우유시료에 존재하는 β-lactam의 농도에 의해 결정된다. 효소와 특이적으로 반응하는 기질(D-alanine peptide와 D-amino acid oxidase)인 시약 타블렛들을 우유시료에 첨가하고 47℃에서 15분간 반응시킨다. 이 반응시간 동안에 활성이 남아있는 효소가 있다면 첨가된 시약 타블렛에 대하여 반응할 것이다. 이 효소와 기질의 반응결과 생산된 산물(pyruvic acid와 hydrogen peroxide)을 산화환원 색소 지시약으로 검사하고 그 색깔을 kit와 함께 제공된 색소 표준차트와 비교하여 결과를 판단한다.

오렌지색(환원)은 음성결과를 나타내고, 황색(산화)은 양성결과를 나타낸다.

5) 미생물 수용체 분석시험

예: Charm II

이 방법은 세균(*Bacillus stearothermophilus*)을 사용하는데, 이 세균은 항생제와 방사성 원소 표지(C^{14} 혹은 H^3) 항생제에 대한 천연적인 수용부위를 세포 내 혹은 세포 표면에 보유하고 있다. 동결 건조된 세균세포(결합용 시료)가 들어있는 시험관에 우유시료를 첨가한 후 이를 잘 혼합하고 배양해 준다. 배양하는 동안 어떤 항생제든지 우유 내에 존재한다면 이것은 세균의 특수 수용부위와 결합할 것이다. 이때 방사성 원소 표지 항생제(추적 시료)를 첨가하고 잘 혼합하여 배양한다. 세균세포의 비어있는 수용부위에 방사성 원소 표지 항생제가 그 자리에 결합이 될 것이다. 배양이 끝난 시료를 원심분리하여 유지방과 상층액은 제거하고 침전된 세균세포를 수거한다. 이 세균세포를 신틸레이션 용액에 현탁한다. 세균세포 수용부위에 방사성 원소 표지 항생제 결합여부를 신틸레이션 계수기에 의해 측정하고 음성 및 양성 대조구와 비교하여 양성 여부를 가려낸다. 시료 내에 항생제가 많이 존재하는 경우 더 낮은 신틸레이션 지수가 측정된다. 오늘날 사용되고 있는 Charm 테스트 킷트로 β-lactam계, Macrolide계, Aminoglycoside계, 그리고 Sulfonamide계 등을 검출해 낼 수 있다.

6) 면역물질 분석시험(Immunoassays)

다른 항생물질 잔류량 시험법에 비해 면역물질 분석시험법은 신속하고 민감하며, 저렴하면서 재현성이 좋고 신뢰도가 높을 뿐만 아니라 방법도 매우 간단하다. 이 방법은 항체(antibody, Ab)와 항원(antigen, Ag)이 고도의 특이적 결합을 한다는 것에 근거한다. 항원이란 신체로 유입되는 외부물질(예 : 세균, 바이러스, 독소, 화분(花粉), 호르몬, 농약)이며, 항원이 신체 내부로 유입되면 항체가 형성된다. 항체란 백혈구(lymphocytes)가 항원을 감지한 후 항원을 파괴하기 위해 생성한 단백질이다. Immunoassay가 정밀도가 매우 높은 것은 표지분자를 결합시키는 라벨 링 기술이 매우 발달하므로서 기질의 매우 낮은 농도(Picogram, 혹은 trillon당 얼마)까지도 측정해 낼 수가 있다.

Immunoassay는 항원(분석 대상물)이나 항체와 결합하는 표지물질에 의해 분류하는데, 부착되는 라벨은 방사성 immunoassay(RIA)에서는 방사성 원소, 효소 immunoassay(EIA 혹은 ELISA, Enzyme-linked immunoassay)에서는 효소, 형광 immunoassay(FIA)에서는 형광물질이다.

우유 속의 항생물질 검출에 사용되는 일반적인 immunoassay에는 주로 다음 3가지 형태가 있다.

① 효소결합 immunoassay(예 : LacTek test, Tetracycline 검사에 이용되는 SNAP, SMZ에 대한 Step Block)

② 효소가 연결된 수용체 결합 분석(Enzyme-Linked Receptor Binding Assay) (예: SNAP, Delvo-X-Press)

③ 방사성 immunoassay(Tetracycline과 Chloramphenicol에 대한 CHARM II)

11. 렌넷 활성도 시험

1) 응유시간 대 커드 절단시간

일반적으로 렌넷의 양은 산업에서 사용할 때에는 단일(single) 2중(double), 3중(triple) 활성도로 표현하고 있다. 단일 활성도란 30~32℃에서 30~40분 동안에 200 ml 렌넷으로 원유 1,000 kg을 응고시킬 수 있는 농도를 의미한다. 커드 절단시간이란 응고된 커드가 깨끗하게 짜개지면서 맑은 유청이 배어 나오는 시점을 말한다. 응유시간이란 얇은 철판주걱(spatula)이나 slide를 우유에 담갔다가 꺼냈을 때 그것의 표면에 응유물의 반점이 처음으로 나타난 시점을 말한다. 응유시간은 커드 절단시간의 약 절반 시점이 되는데 그래서 대체로 단일 활성도 렌넷을 사용한 응유는 총 정치시간 30~40분의 절반 정도가 되는 15~20분을 요구하는 것이다. 다음에 제시한 간편한 활성 시험법은 응유시간을 체크하는 데 사용할 수 있는데 이것은 커드 절단시간 측정보다 한층 정확하게 측정될 수 있는 방법이다. 이 시험법에서는 탈지유를 사용해야 하는데 시료에 유지방이 존재하면 지방구가 첫 번째 나타나는 응유 표지물을 관찰하는 데 혼란을 주어 곤란하게 하기 때문이다.

2) 응유시간의 측정

① 250 ml용 플라스크에 저온 처리한 10% 환원탈지유 200 ml를 준비한다. 0.02% 무수 $CaCl_2 \cdot 2H_2O$를 첨가(40 mg/200 ml)한다.

② 미리 조정된 항온수조 내에 넣고 32℃로 가온한다.

③ 매 시료마다에 5% 1배(one strength - 역주) 렌넷액 1.0 ml씩을 가한다.

④ 깨끗한 철판 주걱(spatula)이나 유리판을 우유 속에 넣어 봄으로써 우유 응고시간을 측정한다. 철판면이나 유리 표면에 생긴 우유의 얇은 막 속에 커드로 보이는 얼룩 반점이나 작은 조각 같은 것이 나타나 보이면 그때가 바로 응고가 일어난 시점이다.

3) 상대적인 우유응고 활성 시험법

보다 엄격한 응고 활성시험은 “상대적인 우유응고 활성시험(Relative Milk-Clotting Activity Test, RMCAT)”이다. 이 방법은 렌넷과 다른 응유효소들의 응유 활성을 검사하여 국제응유단위(International Milk-Clotting Units, IMCU)로 표시한다. 이 방법은 국제낙농연맹 표준 157:1992(International Dairy Federation Standard 157: 1992)에 잘 제시되어 있다.

12. 효모와 곰팡이 측정

효모와 곰팡이 수를 측정하기 위한 선택배지로서 산성화 배지와 항생제 배지가 있다. 아래에 산성화 감자 포도당 한천배지(acidified potato dextrose agar)를 사용한 측정방법을 기술하였다.

1) 재료 및 방법

① Potato dextrose agar
② 평판배양에 필요한 기구류
③ Tartaric 산 용액(10% 수용액)
④ 22～25℃로 맞추어진 항온기(incubator)

2) 실험과정

① 균질한 치즈를 준비하여 Section A에서 기술한 것처럼 10진 희석한다.

② 배지를 pH 3.5+0.1 정도로 산성화 할 수 있는 10% 멸균 tartaric산 용액량을 미리 시험해서 정해 둔다. 일정량의 배지를 작은 비커에 취하고 45℃에서 pH 3.5가 되기까지 적정한다. pH 메타 전극을 배지 가운데 직접 꽂고 배지를 배양온도까지 냉각시키어 정확한 pH를 체크한다. 이때 pH는 정확히 3.5+0.1이 되어야 한다. 이렇게 해서 평판 분주용으로 사용할 뜨거운 배지에 필요한 멸균 10%tartaric산의 양을 계산해 둔다.

③ 10배 희석(0.1 dilution)한 시료 5 ml와 필요로 하는 만큼 더 희석된 시료 1ml를 두 개의 평판(plate)에 첨가한다.

④ 희석시료가 첨가된 평판(plate)에 배지를 첨가하기 직전에 가온된 배지에

tartaric산을 첨가하고, plate당 15~20 ml를 붓는다.

⑤ 배지를 plate에 첨가한 후에 시료와 배지를 잘 혼합하고, 배지가 응고한 후에 뒤집어 22~25℃에서 배양한다.

⑥ 배양 3~5일경에 평판의 집락을 계수한다. 효모세포 집락은 크림색을 띤 윤기나는 모양으로 나타나 있을 것이다.

13. 대장균군(Coli form Bacteria)의 예측

① 먼저 균질된 치즈시료를 준비하여 Section A에서와 같이 10진 희석액을 만든다.

② 10배 희석한 시료 5 ml(=0.5 g의 원 시료 혹은 필요한 만큼 희석된 것)와 필요로 하는 만큼 더 희석된 시료 1 ml를 두 개의 평판 plate에 첨가한다. 그리고 녹인 VRB배지(주의: VRB배지는 멸균하지 말 것)를 평판에 가해 준다. 배지가 응고되면 여기에 다시 중층(重層) 배지로서 VRB 5 ml를 더 부어준다.

③ 5+1℃에서 18~24시간 동안 배양한다.

④ 최소한 집락의 직경이 0.5 mm 이상 되는 암적색 집락을 계수하고 시료 g당 대장균 균수를 기록한다.

카티지치즈나 다른 산성 유제품의 시료들은 제품의 산 증가로 인한 대장균군 수의 감소가 예상되기 때문에 제품제조 24시간 이내에 평판에 접종해야 한다. 대장균군의 수는 숙성과정 중에도 감소한다. 이 방법은 그냥 추정 수만을 제공하는 것임을 강조해 둔다. 만약 대장균군의 수가 지속적으로 높으면 그 균락이 어떤 미생물인가를 확인하는 실험을 해야 한다(표준법 참조).

캐나다 식품의약법과 동 규칙에서는 살균처리한 원유로 만든 치즈에서는 500개의 대장균군 집락/g, 살균처리하지 않은 원유로 만든 치즈에서는 5,000개의 대장균군 집락/g을 허용하고 있다. 허용되는 대장균 수는 $1.0 \sim 5.0 \times 10^2$ cfu/g이다.

14. 포도상 구균(Staphylococci) 검사

[과정 A]

포도상 구균 총 균수를 Baird-Parker 배지 위에 표면 평판배양에 의해 계측하는 방법을 제시한다. Coagulase시험은 개별적인 집락들이 *S. aureus*인지 아닌지를 식별하는 경우에 사용된다. 캐나다 식품의약법과 동 규칙에서는 살균한 우유로 제조한 치즈의 경우 1.0×10^2 cfu/g(100마리/g) 정도의 coagulase 양성반응의 *S. aureus*를, 살균하지 않은 우유로 제조한 치즈는 1.0×10^3cfu/g(1,000마리/g) 정도까지 허용하고 있다.

1) 재료 및 방법

① 평판 준비
② 유리 스프레더(spreader)
③ 37℃에서 배양
④ Baird-Parker(B.P) Agar

2) 과 정

① B.P 한천배지를 평판에 부어(15 ml/평판) 표면을 건조시킨다[무균상(sterile laminar airflow)에서 2시간 동안 건조].

② 균질된 치즈시료를 적절히 10진 희석한 것 0.1 ml을 건조한 평판배지 위에 주입하고 멸균된 유리 스프레더를 사용하여 표면이 건조되어 보이기까지 계속 문질러서 완전히 시료가 표면에 퍼지게 한다. 평판은 항상 2개씩 만들어야 한다. 시료는 10배, 100배, 1,000배 희석액을 사용한다.

③ 7℃에서 48시간 동안 배양한다.

④ 다음 그룹에 해당되는 것끼리 따로따로 집락수를 계수한다.

㉠ 볼록 튀어 나오고, 윤기가 나며, 검정색의 것, 집락 주위 경계 부위에 가느다란 회백색 경계선이 있거나 없는 것, 불투명한 배지 속으로 뻗어나간 투명대로 둘러싸인 집락.

㉡ 볼록 튀어 나오고, 윤기가 나며, 검정색의 것, 집락 주위 경계 부위에 가느다란 회백색 경계선이 있거나 없는 것, 배지 안쪽의 불투명한 부위가 있으면서 불투명한 배지 속에 까지 확장된 투명대로 둘러싸인 집락.

㉢ 볼록 튀어 나오고, 윤기가 나며, 검정색의 것, 집락의 경계 부위에 가느다란 회백색 경계선이 있거나 없는 것, 직경이 1 mm보다 크거나 같은 것.

[과정 B]

균질된 치즈시료를 적절히 희석한 것 1 ml 혹은 0.1 ml를 평판에 주입한다.

약 10 ml의 Baird-Parker배지를 첨가한다. 이 둘을 잘 혼합한다. 그대로 무균상위에 둔다.

배지가 응고되면 뒤집어서 37℃ 항온기에서 48시간 동안 배양한다. 집락계수는 과정 A에 있는 방식에 따른다.

※ 주의 : 평판에 붓기 전에 50℃의 Baird-Parker배지에 증식촉진제인 Ey Tellurite를 5 ml 정도 첨가하고 잘 혼합한다.

제 4 장

원유의 품질

1. 원유의 주요 구성성분

치즈는 유산양, 유용면양, 물소(buffalo), 순록, 낙타, 라마, 얼룩말, 야크를 포함한 각종 포유동물의 젖으로 제조할 수 있다. 반추동물의 젖은 치즈를 만들기에 가장 좋다. 왜냐하면 이것들은 유단백질인 케이신 함량이 높아서 적절한 응유물을 형성 할 수 있기 때문이다. 널리 사육되고 있는 반추가축 젖의 일반성분을 제시하고, 성분들의 치즈제조와 관련한 특성을 언급하고자 한다.

1) 일반성분 구성

식품의 구성성분은 일반적으로 지방, 탄수화물, 무기물(주로 칼슘 같은 것들), 수분 또는 총 고형분으로 분류한다. 젖소, 면양, 산양 젖의 대표적인 성분조성은 표 4-

표 4-1. 젖소, 유용면양, 유산양의 개략적인 유성분의 구성분 함량(kg/100 kg)
(Wong 등, 1988)

	젖소	유용면양	물 소	유산양
지방	3.9	7.2	7.4	4.5
총 단백질	3.3	4.6	3.8	3.2
케이신	2.6	3.9	3.2	2.6
유청단백질	0.7	0.7	0.6	0.6
유당	4.6	4.8	4.8	4.3
무기질	0.7	0.9	0.8	0.8
총 고형분	12.5	17.5	16.83	12.8

1에 제시되어 있다. 앞으로 추가하는 언급은 우유에 국한할 것이다.

2) 유지방

유지방 함량은 2.0～7.0 kg/hL*의 범위에 있다. 대략적인 평균 함량은 Holstein Friesian종 우유의 경우 약 3.9 kg/hL 정도 차지한다. 지방성분은 치즈제조와 품질면에서 아래와 같은 기능이 있어서 중요하다.

① 모든 천연 지방 중 가장 다양하다. 우리는 100가지 이상의 지방산을 분류하고 있는데 이들은 4～22개 탄소를 가지고 있다. 이 중에서 상당수가 동정되었다.

② 아직 정확하게 밝혀진 것은 아니지만 영양적으로 불리한 특성은 다음과 같다. ㉠ 지방산의 약 70% 정도가 포화지방산이다. ㉡ 콜레스테롤을 함유하고 있다.

③ 영양적으로 유리한 특성은 다음과 같다 : 낙산(항암물질), 포화지방이기는 해도 중간 또는 단쇄 지방산(항고혈압인자), rumenic산(항암물질)이 존재한다.

④ 단쇄 지방산들은 독특한 유지방취를 내는데 특히 낙산이 중요하게 기여한다.

⑤ 유지방에서 두 가지의 중요한 부패손상 반응은 ㉠ triglyceride가 분해되면서 낙산과 같은 저급지방산을 방출함으로써 썩은 냄새를 생성한다. ㉡ 불포화지방산의 산화는 산패취를 생성한다(밋밋하면서도 역한 종이박스 냄새).

⑥ 유지방은 응고과정에서 관여하여 치즈조직 형성에 중요하게 작용한다.

*hL=100 kg

3) 유단백질

유단백질의 함량은 2.5～5.5 kg/hL의 범위이다. Holstein Friesian종 우유의 평균 단백질 함량은 3.3 kg/hL 정도이다. 유단백질은 크게 두 그룹이 있는데 렌넷에 의해 응고된 치즈의 케이신(2.6 kg/hL)과 유청단백질(0.7 kg/hL)으로서 전자를 "치즈 단백질"이라 부른다. 후자는 그 이름이 암시하는 바와 같이 치즈 제조중 유청으로 소실되는 단백질이다. 케이신(casein)은 비수용성이기 때문에 젖소 몸체(유선세포)에서 물에 현탁될 수 있는 케이신 입자(粒子, casein micelle)를 형성한다. 케이신 입자는 케이신과 우유에 존재하는 대부분의 칼슘, 마그네슘, 인산염, 구연산염이 결합하여 형성된다(8장의 케이신 부분에 설명하고 있다). 유청단백질은 열에 매우 민감하여 가열에 의해 쉽게 변성된다. 케이신은 열에 의해 변성이 잘 안되지만, 열 변성된 유청단백질과 결합한다. 표 4-2에는 치즈제조상 가장 관련이 깊은 주요 케이신과 기능들을 정리해 두었다. 표 4-3에는 주요 유청단백질들의 몇 가지 기능들을 정리한 것이다.

표 4-2. 치즈제조에 있어서 주요 케이신과 그 기능들의 중요성

명 칭	표지	케이신(%)	특 성
알파-S_1 케이신	α_{S1}	33	• 칼슘과 강하게 결합 • 렌넷의 분해성에 민감함 • 우유 중 천연 단백질 분해효소인 플라스민 활성에 저항함
알파-S_2 케이신	α_{S2}	11	• 칼슘과 강하게 결합
베타-케이신	β	33	• 차가운 우유에서 부분적으로 용해됨 • 렌넷에 의해서는 분해되지 않고 플라스민에 의해 분해됨
카파-케이신	κ	11	• 케이신 입자를 안정화하여 응고되지 않도록 함 • 가열에 의해 변성된 유청단백질과 결합함

표 4-3. 치즈제조에 있어서 주요 유청단백질과 그 기능들의 중요성

명 칭	유청단백질(%)	특 성
베타-락토글로불린	40	• 65℃ 이상의 온도에서 카파-케이신과 반응하여 렌넷에 의한 응고작용을 방해 • 레-코타치즈의 주류 성분
알파-락트알부민	15	• 모유의 주 단백질 • 조제분유 제조시 활용
면역글로불린	6	• 초유에 많은 성분
열 반응 민감성 단백질	4.0	• 주로 소의 혈청 알부민이 포함됨
내열성 단백질	14	• 레-코타치즈 제조에서 산-열에 의해 응고되지 않아 회수되지 않음.
비단백태 질소 화합물	21	• 아미노산, 암모니아, 요소 및 짧은 펩타이드로 구성됨

2. 우유구성분 조성에 미치는 요인

1) 포유동물 종(種)

※ 표 4-1 참조

치즈제조의 원리는 모든 종의 포유류의 젖에서 동일하지만 물소나 면양과 같이 유고형분 함량이 높은 경우 변형된 방법을 이용한다. 소와 산양의 젖은 다음 몇 가지 특성들을 제외하면 치즈제조와 관련된 서로의 특성이 유사하다.

① 산양유로 만든 치즈는 우유로 만든 치즈에 비해 그 숙성이 지방분해(지방분의 분해)에 의해 이루어진다.

② 산양유는 작은 지방구를 갖고 있어서 지방이 치즈로 많이 이행하여 훨씬 부드러운 조직을 갖는다.

③ 우유는 일반적으로 산양유보다 응고가 더 잘 일어난다. 그것은 대부분의 산양 품종의 원유는 알파에스 케이신(α_{S1}-casein)의 함량이 낮은 것이 원인 중의 하나이다. 이러한 실용적인 효과는 우유보다 산양유가 페타와 같은 다른 치즈 종류 제조에 더욱 적합하다. 그러나 체다와 같은 류의 치즈 제조에는 거의 적합하지 않는데 이는 체다치즈의 대표적인 향미 발달이 렌넷에 의한 알파에스 케이신(α_{S1}-casein)의 분해에 의존하기 때문이다.

2) 유전적 특성

현대의 낙농업 역사를 살펴보면 낙농가들은 원유 생산성이 높거나 지방 생산성이 높은 혹은 둘 다 좋은 품종을 선택해 왔다. 최근에는 단백질의 지방에 대한 비율이 높은 쪽으로 선발하고 있다. 치즈제조에 가장 관련이 깊은 유전적 요인은 다음 세 가지이다.

(1) 단백질과 지방의 상대적 비율(P/F비)

지방과 단백질은 일반적으로 서로 같은 범위 내에서 동반하여 증가하거나 감소한다. 하지만 지방은 단백질보다 사료나 계절에 의해 더 많은 변화를 일으킨다. 품종에 따라서도 다르기 때문에 다음과 같은 실제적으로 효과를 나타내도록 근대 낙농 현장에서 유전적 선발을 해온 것은 사실이다.

① 지방률이 높은 우유를 생산하는 품종은 단백질/지방비율이 낮다. 예를 들어 전형적인 단백질/지방비율은 저지종은 0.7인데 비해 홀스타인종은 0.84를 나

표 4-4. 주요 젖소 품종들의 대표적인 지방과 단백질 성분 구성(여러 자료로부터 정리함)

품 종	지방(%)	단백질(%)	단백질/지방비율
저지(Jersey)	5.4	3.8	0.70
홀스타인(Holstein)	3.8	3.2	0.84
건-지(Guernsey)	4.9	3.6	0.73
에어셔(Ayrshire)	4.0	3.3	0.83

타낸다(표 4-4).

② 지난 100년 동안 유전적 선발은 높은 유생산과 단백질, 지방생산에 모두 좋은 품종을 중심으로 개량을 해왔기 때문에 유생산, 단백질 및 지방생산이 증가했다. 그러나 지방의 선발효과가 단백질 보다 높기 때문에 많은 지역에서 평균 P/F비가 점점 감소하는 결과를 낳았다. 캐나다 온타리오주를 예를 들어 P/F비가 1970년에는 약 0.88이던 것이 1995년에는 0.85로 감소하여 나타났다 (Guelph대학 내 Labortory Service Division제공 자료 분석치).

(2) 단백질/지방비와 다른 고형분의 상대적 함량비

P/F외의 고형분을 보면 회분(주로 칼슘, 마그네슘, 인) 함량은 단백질함량에 따라 변화하며, 유당함량은 비교적 일정하게 유지된다. 따라서 낙농가들 입장에서 보면 유당은 대부분 폐기성 성분이기 때문에 사료나 유전형질 선발을 통한 단백질, 지방의 생산증가를 꾀하여 사료의 고효율성 전환, 우유 운송비 그리고 목장 오폐수 처리 분야에서의 경제적 유익을 얻고자 하는 것이다.

(3) 비유기

비유기 동안에 우유생산량이 증가하면 유지방함량은 감소한다. 이런 경향 때문에 상대적인 P/F비는 비유 최고기(분만 후 60일경)에 가장 높고, 비유말기에는 가장 낮아진다. 단백질 구성도 비유기간에 변화하기 때문에 치즈의 숙성과 풍미에 영향을 미친다. 특히 비유 중 α_{S1}-케이신의 함량은 감소하고, β-케이신 함량은 증가한다.

(4) 사료

무지고형분에 대한 유지방의 상대적인 수요에 따라 상대적인 P/F비를 변화시킬 수 있다. 짧은 기간에 이러한 목적을 달성할 수 있는 방법은 사료를 변화시키는 것이다. 일반적으로 **조사료 급여량은 줄이고 에너지사료 급여량을 증가하면 지방함량**

은 낮아지고 단백질함량에는 거의 변화가 없기 때문에 P/F비를 증가시킬 수 있다.

(5) 계절

우유성분에 있어서 계절적인 변화는 치즈 생산수율과 치즈 구성분 조절상 가장 중요한 부분이다. 중요한 계절적 영향을 아래에 나타냈고 그림 4-1에서도 설명하고 있다. 이것은 캐나다 온타리오주의 데이터에 근거한 것이다.

① 지방함량은 8월에 최저, 10월에 최고를 나타낸다.

② 단백질함량은 대체로 지방함량과 비슷하게 변화하지만 그 변화량은 작은 편이다. 그러므로 겨울에는 단백질과 지방의 비율(P/F)이 낮고, 여름에는 단백질과 지방비(P/F)가 높다.

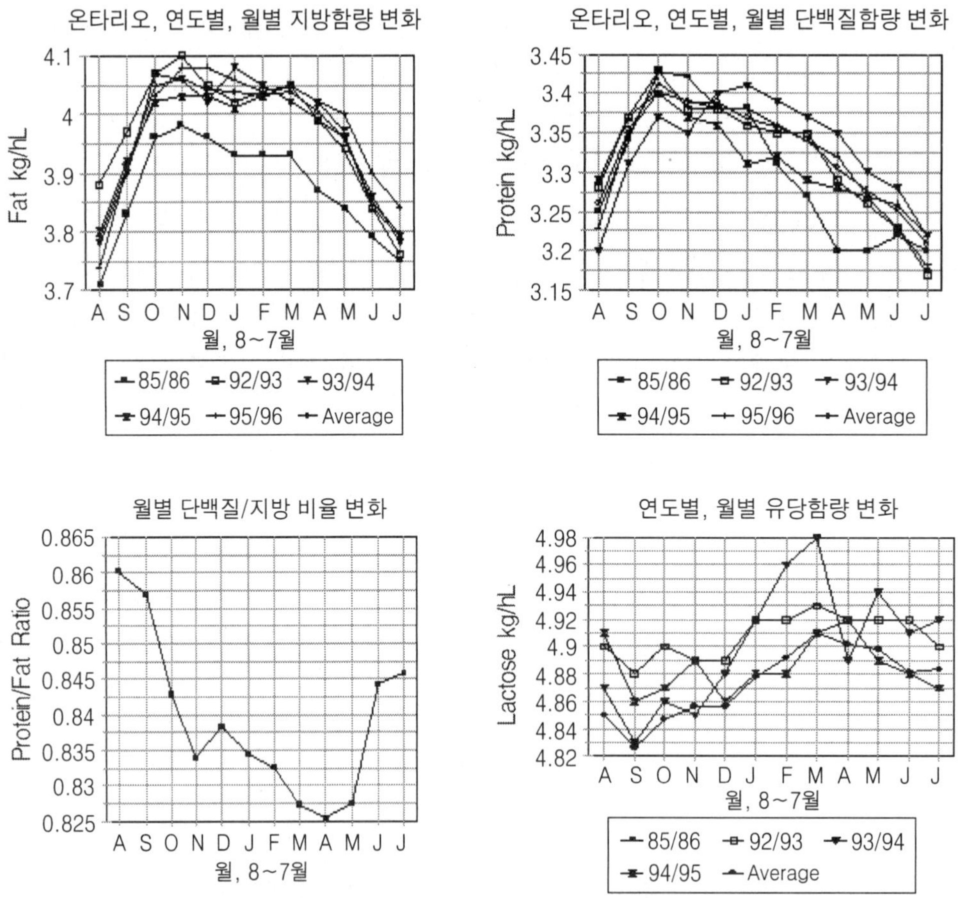

그림 4-1. 캐나다 온타리오 주에서 생산되는 원유의 지방, 단백질, 유당, 단백질/지방율(P/F ratio)의 계절적 변이

③ 케이신 함량(총 단백질 중의 케이신 %)은 비교적 계절에 따라 크게 변화하지 않는다. 즉 케이신 함량은 계절마다 변화하지만 총 단백질에 대한 비율은 변하지 않는다.

3. 미생물 성장 배지로서의 우유

치즈의 제조에서 세균증식에 의한 산의 생성, 그리고 세균이 생성한 여러 효소에 의한 숙성이 중요한 요인이다. 그렇기 때문에 세균의 증식배지로서의 우유의 특징을 이해하는 것이 중요하다.

1) 일반적인 영양분

우유는 탄소, 질소, 다량 무기질 등 모든 소요 영양소를 포함하는 좋은 세균의 영양원이 된다. 많은 미량요소 즉, 비타민과 미량 무기질과 같은 성분도 세균에게 유용한 성분이다. 하지만 우유에는 다른 곳에서 찾아보기 힘든 특별한 탄수화물인 유당이 존재한다.

2) 유 당

수크로오스(식탁용 설탕) 같은 단순 탄수화물은 지방이나 단백질보다 더 빠르게 에너지원으로 이용될 수 있다. 그러나 세포 내에서 가장 효과적인 에너지원은 포도당(glucose)이기 때문에 미생물은 가능한 한 탄수화물을 포도당(glucose)으로 전환시킨 후에 이용한다. 유당은 오직 자연계에서 포유류의 젖에만 존재한다. 대부분의 미생물들은 2당류인 유당을 포도당과 갈락토오스로 분해하는 유당분해효소(lactase)가 결핍되어 있다. 그러나 유산균은 유당을 쉽게 분해하는 락타아제를 가지고 있어서 포도당을 에너지원으로 사용한다. 따라서 유산균은 우유 중에서 유당으로부터 포도당을 얻어 신속한 증식이 가능하므로 그렇지 못하는 다른 세균들보다 유리한 경쟁적 이점을 가진다. 어떤 유산균은 갈락토오스를 글루코오스로 변환시킬 수 있다.

3) 산도(pH)

pH로 측정되는 우유 산성도는 치즈와 같은 발효식품의 식품안전 그리고 가공과

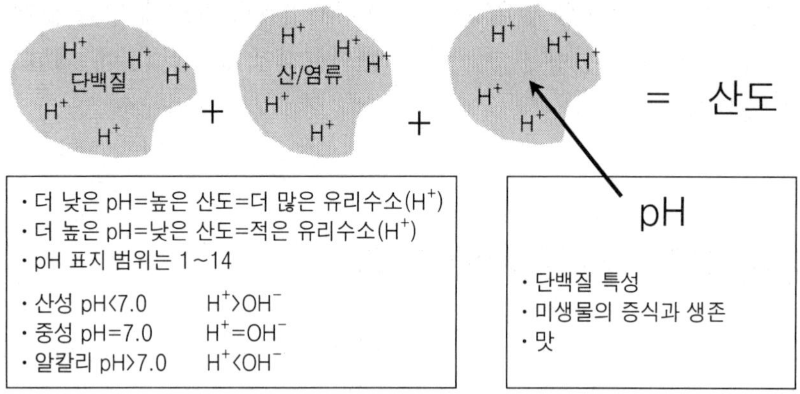

그림 4-2. pH 개념

단백질과 약산(유기산)은 수소이온(H^+)과 수산이온(OH^-)의 저장체로서의 기능을 가진다. 산을 첨가하면 수소이온이 단백질과 유기산과 결합하고, 반대로 적정산도를 측정하는 경우와 같이 염기를 첨가하면 단백질과 유기산에 존재하던 수소이온이 첨가된 염기의 수산이온과 결합하기 위해 유리되어 나온다. 이와 같이 수소이온과 수산이온의 저장체는 완충기능을 담당하기 때문에 산과 염기를 첨가할 때 pH의 변화를 완화한다. 다시 말해서 적정산도는 유리 수소이온과 저장체에 결합해 있는 모든 수소이온의 양에 의해 결정되며, pH는 결합되지 않은 유리상태의 수소이온에 의해 결정된다.

품질관리 면에서 모두 가장 예민한 지표로서 사용되고 있다. 이 산도와 pH의 개념은 3.5항에 설명되어 있다. 우유의 적정산도는 대체로 유산함량으로 환산해서 0.12~0.20%인데, 이는 특히 단백질과 같은 구성분 함량의 영향을 받는다. 우유의 pH는 생리학적인 pH값인 6.8에 가까운데 이는 아래에 제시한 점들 때문에 미생물의 번식에 적절하다. 그림 4-2를 참고하라.

① 대부분의 생명체들은 생리학적인 pH대인 6.8에 가까운 pH에서 가장 잘 증식하고 있다. 3.5항에서 설명하였듯이 적정산도(TA)는 미생물 증식이나 단백질 기능성과 같은 화학적 특성에 대한 산성효과를 예견할 수 있는 좋은 지표는 아니다.

② 식품보존 면에서 주요 미생물 군들의 내산성은 세균 < 효모 < 곰팡이의 순서로 높다.

③ 유산균에 의한 따뜻한 원유의 자연발효에 의해 우유의 pH를 병원성 세균이나 대부분의 부패성 세균이 생존하는 것을 막아주는 pH 4.0 이하로 낮출 수 있다.

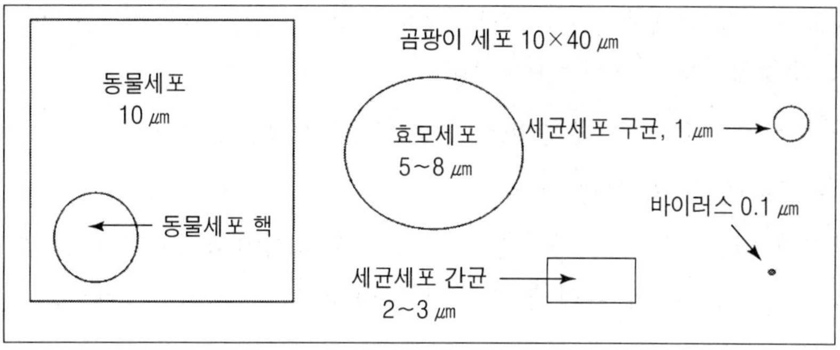

그림 4-3. 미생물들의 상대적 크기

4) 수 분

우유는 수분함량이 높으며(우유는 87%의 수분을 가지고 있다), 수분의 유용성이 높기 때문에 미생물에게 뛰어난 성장배지가 되는 것이다. 미생물의 증식과 관련한 수분함량은 총 수분함량이 아니라 수분활성도라는 점에 유의해야 한다. 수분활성도(a_w)란 미생물 증식에 가용한 수분함량을 나타내는 지표이다. 즉 식품 내 물의 이용도는 총 수분에 대하여 가용한 수분 부분이 어느 정도 되는가 하는 것으로 표현된다. 순수한 물의 수분활성도는 1이고, 수용액의 수분활성도는 1 이하의 숫자(0.9, 0.8, 0.7 ──)로 표현된다. 수분활성도는 물에 용해하는 물질의 농도가 증가하면 감소하는데 이는 용해한 물질의 총량 보다 숫자에 의해 좌우된다. 이러한 이유 때문에 단백질과 같이 상대적으로 큰 분자물질이 분자량이 작은 설탕과 소금 같은 물질에 비해 수분활성도에 더 작은 영향을 미친다. 예를 들어 잼은 높은 설탕농도 때문에 수분활성도가 낮아 저장성을 가진다.

미생물은 종류에 따라 증식할 수 있는 최소 수분활성도가 다르다. 예외가 있긴 하지만 주요 미생물 군의 번식에 필요한 최소 수분활성도는 다음과 같다.

① 대부분의 세균: 0.90~0.91

② 대부분의 효모: 0.87~0.94

③ 대부분의 곰팡이: 0.70~0.80

위의 수분활성도 계수를 우유, 치즈 그리고 몇 가지 식품들의 대표적인 a_w값을 비교해 보자.

① 우유와 신선한 과일과 야채류, 신선한 육류들의 수분함량은 60~98%이고, 수분활성도는 0.97~1.00이다.

② 대부분의 구운 제품, 몇몇 치즈류와 몇몇 저장용 육류의 수분함량은 60~98%, 수분활성도는 0.88~0.96이다.

③ 아침 식사용 시리얼과 같이 바짝 건조시킨 식품의 수분함량은 5%보다 낮으며, 수분활성도는 0.20~0.30이다.

시판 단계에 있는 몇 가지 종류의 치즈들의 대표적인 a_w는 아래와 같다(Eckand Gillis, 2000). 표 1-1에서 나타낸 치즈 부류별 a_w를 참고하기 바란다.

① 카테지 0.988
② 브리 0.980
③ 뮌스터 0.977
④ 생폴린 0.968
⑤ 에담 0.960
⑥ 체다 0.950
⑦ 파르메산 0.917

5) 산소의 유용성

산소 요구성에 따른 미생물 구분:

① 호기성균: 산소가 없으면 증식할 수 없다.
② 혐기성균: 산소가 없는 조건에서만 증식할 수 있는 것.
③ 미호기성균: 약간의 산소만으로도 증식할 수 있는 것.
④ 통성혐기성균: 산소가 있든 없든지 간에 증식할 수 있는 것.

곰팡이는 증식에 산소를 요구하므로 진공포장하거나 가스를 충전한 포장을 함으로써 곰팡이를 제거할 수 있게 된다. 대부분의 효모들은 호기성(산소를 요구)이다. 그러나 몇몇은 혐기하(산소가 없는 상태)에서도 증식이 가능하다. 세균은 호기성이든 혐기성이든 어느 쪽 카테고리에 속하게 마련이지만 유산균은 미 호기성 혹은 혐기성에 속한다. 우유에는 착유, 저장, 취급하는 동안에 산소가 용존하게 된다. 그러나 이것들도 세균들의 증식 중에 신속히 소모되고 만다.

4. 우유 중에서의 미생물 유형과 활동

세균들이 우유 중에서 증식하면서 우유에 변화를 일으키는 기능에 따라 아래에 7

개 유형의 세균군으로 구분하여 목록을 만들어 두었다. 이들은 흔히 부정적인 변화(변패)를 일으키기도 하지만 뒷부분에 가서 살펴보면 이들 세균 중 상당수가 치즈 향미의 발생에는 중요한 역할을 한다. 목록을 살펴보기 전에 다음의 정의들을 반드시 파악해 두기 바란다.

- 저온균(Psychrotrophic)속이란 : 7℃ 이하의 온도에서 증식 가능한 것들이다. 저온저장 원유와 저온운송 원유에서는 일부 저온균들이 단백질 분해와 지방분해를 일으키기도 한다. 우유 중의 일반적인 저온균류는 *Micrococci, Bacilli, Staphylococci, Lactobacilli, Pseudomonas*종과 대장균 군들이다. *Pseudomonas* 종이 대부분을 차지하며 원유 품질에 가장 특이한 영향을 미친다. 2~4℃ 이하의 우유 중에서 이루어지는 세균 증식은 주로 *Pseudomonas flourescens* 균주에 의해 이루어진다. 2℃ 이하의 온도에서는 세균 증식이 최소화 된다.
- 포자를 형성하는 세균류(아포형성균) : 포자라고 불리는 형태를 가지고 있어 열에 아주 안정적으로 생존을 할 수 있다. 포자 상태로 있을 때 이런 세균들은 아주 극심한 산과 온도 건조상태 하에서도 생존할 수 있다.
- 효소(Enzyme) : 생체에서 생화학적 반응을 촉진시키는 생체 촉매 역할을 한다. 세균의 효소는 우유의 변패와 치즈 숙성에 매우 중요한 역할을 한다. 하지만 그것은 효소의 종류와 그 효소가 유래한 미생물(생물체)을 분명하게 하는 것이 중요하다. 예를 들어 많은 저온균류는 내열성 효소를 생성해 내는데, 이 효소들은 살균에 의해 세균이 사멸된 후에도 우유와 치즈 중에 활성이 잔존한다.

위에 열거한 몇 가지 정의들을 마음에 담아 두고 아래에 우유 품질에 영향을 미치는 양태에 따라 분류한 세균류의 그룹들에 대해 유의해 주기 바란다.

① 유산균은 유산과 다른 최종 생성물을 생성하게 된다. 유산균(LAB)은 치즈제조상 중요한데, 이는 제7장에서 좀더 상세하게 논하게 될 것이다.

㉠ 첫 부분에서 강조해둔 바이지만 LAB는 재빨리 유당을 분해하여 버리므로 다른 미생물을 능가하는 경쟁적 우위에 속하게 된다.

㉡ LAB가 유당의 대사능력이 높긴 해도 30℃보다 높은 온도에서 잘 번식하기 때문에 초발균수에 따라 다르긴 하지만 30℃보다 낮은 실온에서는 대장균군과 *Pseudomonas*균을 포함한 저온균이 LAB보다 훨씬 능가하여 번식할 수 있다.

② 단백질 분해균은 단백질을 분해하며 부패와 쓴맛의 원인이 된다. 치즈원유의 개념에서 가장 중요한 종은 다음과 같다.

㉠ *Pseudomonas*는 저온성 균으로 내열성 지방분해효소도 생성한다.

㉡ *Bacillus*는 내열성 포자를 형성하고 저온살균 후에도 생존한다.

③ 지방분해 세균은 지방을 분해하여 고약한 지방 분해취를 생성한다. 다시 한번 언급하지만 가장 보편적인 예를 들면 *Pseudomonas*속이다. *Pseudomonas*속 중에서 몇 가지 저온성 세균은 내열성 단백질 분해효소와 내열성 지방 분해효소를 함께 생성한다.

④ 미생물에 의한 가스 생성은 치즈의 짜개짐과 카티지 치즈에서의 부유성 커드, 가스가 차 있는 우유의 원인이 된다.

㉠ 효모는 우유에 상존하고 있어서 치즈를 가공하는 과정에서 일반적인 오염원이 된다. 효모는 치즈가 찢어지게 하는 원인이 되기도 하지만 치즈의 표면 숙성에 기여한다.

㉡ 대장균군은 우유에 상존하고 있는데 좋은 위생시설에서 위생관리를 잘 하면 그 수를 줄여 나갈 수가 있다. 대장균군은 유산균이 잘 자랄 수 있는 온도에서는 경쟁력이 약하기 때문에 유산균 증식이 신속하게 진행되면 대장균수는 급속히 줄어든다.

㉢ *Clostridium tyrobutyricum*은 내열성 포자형성 균으로서 치즈 제조자들 사이에서 유명한 균이다. *C. tyrobutyricum*은 치즈 내에 가스(CO_2)를 형성하여 스위스형 치즈와 네덜란드형 치즈의 숙성 후기에 팽화를 일으킨다. 그 결과 치즈에 "후기 결점"으로 불리는 조악한 구멍들과 짜개짐 현상(팽화)이 생긴다. 유럽 치즈 제조자들은 원유 중에 치즈의 후기 가스 결점을 유발할 정도의 내열성 균이나 포자형성 균이 함유되어 있는지 여부를 가늠해 보기 위해 그러한 포자수를 자주 점검하고 있다. 후기 가스결점을 유발시키는 수준은 포자수가 우유 1리터당 500개 정도이다.

㉣ 스위스형의 치즈에서 *Propionibacterium*은 바람직한 가스를 형성한다.

㉤ 몇몇 유산균 스타터 균주는 이상 발효균으로써 CO_2 가스를 생성한다. 제7장을 참조하라.

⑤ 점질균은 우유를 점질화시키는데, 이는 끈적끈적한 다당류(polysaccharide)를 균체 외로 분비하기 때문이다. 항상 *Alcaligenes viscolactis*와 같은 점질균은 바람직하지 않다. 그렇지만 일부 발효유제품의 경우 점질성 유산균, 이를테면 *Lactocoocus lactis*균의 일부 아종들은 발효유제품에서 제품의 조직성을 좋게 하는 데 사용된다.

⑥ 감성 응고세균(Sweet curding)은 렌넷과 같이 우유를 응고시키는 효소를 생성하는데, 일반적인 예를 들면 저온성 포자형성 균으로서 *Bacillus subtilis*와 *Bacillus cereus* 같은 것이 있다.

⑦ 특정한 우유 오염균들이 얽혀서 수많은 이상취(off flavours)들을 생성하는데 그 예를 들면 다음과 같다.

㉠ 엿기름 냄새 : *S. lactis var. maltigenes*
㉡ 쓴맛(苦味) 취 : ②항의 단백질 분해균을 보라.
㉢ 부패취 : ③항의 지방 분해균을 보라.
㉣ 불결취 : 대장균군
㉤ 생선취 : *Pseudomonas*
㉥ 과일취 : *Pseudomonas*

5. 병원성 세균

본서에서는 치즈제조에 있어서의 식품 안전성에 관련한 자세하고 깊이 있는 내용을 제공할 엄두를 내지 못한다. 그렇지만 본서의 진행 주제 내용 중에서 몇 가지 식품안전 원리들에 대해 논의가 이루어질 것이다. 예를 들면 산성의 조절, 그리고 식품공장의 위생 등과 같은 것이다. 여기서 우리는 치즈 제조상 특별히 관련된 몇 가지 병원균의 주요 특성들에 관한 것들만을 논하고자 한다. 우리는 먼저 '식품의 오염'과 '식중독' 간의 개념을 분명히 구별하기 위하여 그 정의를 내려 두고자 한다.

식품오염은 사람의 장관 내에서 증식하는 세균이 원인이 된다. 사람의 질병이란 그의 건강 조건이나 개인상태에 따라 다르지만 대개는 질병을 일으킬 만한 양이 감염된 무언가를 섭취한 후에 나타나는 것이다.

식중독은 세균에 의해 생성된 독소가 일으킨 결과이다. 독소(Toxin)란 세균의 균체내(내독소, endotoxin)에 존재하거나 세균이 균체 밖으로 분비하는 것(외독소, exotoxin)일 수 있다. 미생물들은 비록 죽고 살아 있지는 않더라도 질병을 일으키는 원인(독소)은 여전히 존재하게 된다. *Staphylococcus aureus*균이 하나의 좋은 실례가 된다. 아래에 제시한 모든 병원균들과 마찬가지로 *S. aureus*균은 살균처리에 의해 사멸된다. 그러나 그 균이 생성한 내독소는 살균 이후에도 여전히 살아있다.

1) 병원균 : 1940년대 이전

① *Corynebacterium diptheriae*: 디프테리아의 원인

② *Brucella abortus*: 소의 유산병(流産病)의 원인과 사람에게는 파상열

③ *Mycobacterium tuberculosis*: 사람의 결핵의 원인

④ *Coxiella burneti*: 사람의 Q열병의 원인

2) 1940~1970년대 동안의 병원균의 출현 과정

① *Staphylococcus aureus*: 대부분 내독소 A라는 열 안정성 내독소에 의해 유발되는 식중독증이다.

② *Salmonella*종: 살모넬라증은 살모넬라속의 많은 종과 여러 균주들에 의해 감염되어 나타난다. 살모넬라증은 낙농업에 매우 관련이 깊은데 특히 치즈분야와 분유분야에서 그렇다. 감염유발 수준은 매우 낮은데 단 한 마리만 감염되어도 식중독이 일어날 정도로 낮다.

③ 장관 병원성 대장균(*Escherichia coli*)은 내독소를 생성하는데 어떤 것은 내열성이 있다. 매우 많은 종과 균주 중 가장 유명한 것은 *E. coli* O157 : H7으로서 원유 중에서 빈번히 발견된다. *E. coli* O157과 H7은 특별한 주의를 요하는데, 왜냐하면 내산성이 아주 뛰어나고 냉장온도에서도 증식할 수 있기 때문이다.

3) 최근에 출현한 병원성균

① *Yersina enterocolitica*는 저온성 오염원이다.

② *Campylobacter jejuni*는 세계 모든 곳에서 발생하는데 살모넬라 설사가 지나고 난후 일어나는 설사 원인물이다.

③ *Listeria monocytogenes*는 저온성 오염원이며 특별한 주의가 필요하다. 왜냐하면 이 균은 어떤 병원균의 것보다 내산성과 내열성이 강하다.

④ *Bacillus cerues*는 부패성 오염원으로써 가장 중요한 균이다. 그렇지만 몇몇 균주들은 약한 병원성을 갖고 있어서 문제를 일으킬 수 있다. 왜냐하면 *B. cereus*는 내열성 포자를 형성하여 살균온도에 죽지 않고 냉장온도 하에서는 증식을 할 수 있기 때문에 문제성을 띠는 요인이다.

6. 항생제

유산균 스타터는 항생제에 매우 민감하다. 그래서 당국은 법적인 벌칙을 가장 무겁게 부과함으로써 우유내 항생제 잔류량을 강력히 줄여 나가고 있다. 당국에서 그런 조치를 취하고 있음에도 불구하고 모든 치즈원유에 대한 항생제 잔류량 검사가 여전히 권장되고 있다. 제 3장 10항에는 신속한 항생제 잔류량 검색법이 소개되어 있다.

7. 유방염유

유방염은 유방의 세균감염에 의한 것으로 우유 품질에 부정적인 영향을 미친다. 여러 목장에서 모아진 원유는 한 마리의 유방염 감염우 젖의 부정적인 영향을 희석시키기는 해도 법은 유방염의 누적적인 영향 때문에 가장 무거운 벌칙을 가하고 있다. 특히 준임상형 유방염이 매우 중대한 부분이기 때문이다.

Eck과 Gills(2000)의 책에서 Olson이 언급한 바에 따르면 만일 준임상형 유방염우의 젖이 치즈원유에 10%만 혼합되어도 치즈 생산수율은 1% 정도나 손실되는 것으로 추정하고 있다. 나아가 아래에서 강조한 바와 같이 유방염유가 치즈의 품질에 미치는 영향이 치즈수율에 미치는 영향보다 경제적 중요성이 훨씬 크다는 것이다. 유방염의 원인균에는 사람에게도 병원성을 가지는 *E. coli*와 *Staphylococcus aureus*도 있다. 비 세균성 유방염 중 프로토테카(prototheca, 일반적으로 비 녹색조류로 간주되고 있고 광범위하게 분포되고 있는 효모상 미생물로서, 둥글거나 난원 또는 타원형 세포로 존재하며, 피막이 두터운 포자 함유. 사람과 동물에 감염됨 - 역주) 감염과 같은 것에 의한 유방염도 높은 체세포수의 원인이 된다.

자동화된 기계설비에 의해 이루어지는 세균수 측정 방식에 따른 캐나다의 온타리오주 낙농가들의 원유 성적 데이터가 보여주는 바로는 prototheca 감염이 일반적인 유방염원이며, 높은 체세포수와 총 세균수가 나타나게 하는 빈번한 원인이 되고 있다.

1) 체세포수의 전형적인 범위

체세포는 우유 중의 어떤 형태든 '몸' 유래 세포들을 포함하고 있는데, 이를 테면 유방 유래의 피부세포(상피세포)와 몇 가지 형태의 백혈구와 같은 것들이다. Leucoeytes는 백혈구로서 유방감염에 대한 면역반응의 결과물이다. 그래서 백혈구의 숫자는 유방염이나 유방감염의 지표로서 사용된다. 유방염 감염에 관련되어 나타나는 몇 가지 관찰사항을 살펴보면:

① 건강한 소의 우유에는 체세포수가 10만 개/ml 이하로 함유되어야 한다. 그 보다 높은 수치가 나타났다면 이는 준임상형 유방염에 감염(유방내 감염)된 것임을 나타낸다.

② 임상적인 유방염은 100만 개/ml 이상으로 나타난다.

③ 캐나다의 온타리오주에서 생산되는 원유는 평균 20만 개/ml로서 우군관리를 보다 철저히 하여 10만 개/ml 이하로 속히 낮추어 나가야 할 것이다.

2) 원유 품질 면에서 바람직하지 않은 점들

체세포수가 10만 개/ml 정도로 낮은 경우에도 치즈 생산수율에 영향을 미치게 된다는 보고가 있으며(Barbano 등, 1991.J. Dairy Sci. 74:36), 초고온 살균우유와 같은 유제품 품질에도 영향을 미친다. 체세포수가 25만~50만 개 범위가 되면 우유 구성분을 변화시키며 치즈 생산수율 감소가 나타난다. 체세포수가 100만 개/ml 이상이 되면 우유의 품질과 치즈 생산수율의 감소가 현저하게 나타난다.

3) 구성성분에 대한 효과

체세포수가 약 25만 개/ml 이하에서는 유방염 감염에 의한 원유 총 구성성분에는 큰 영향을 미치지 않는다. 체세포수가 위의 수준보다 많은 경우에 관찰되는 원유 구성분의 변화 경향을 보면 다음과 같다.

① 유지방분 함량에는 거의 변화가 없음.

② 무기질의 증가, 그 중에서도 염소(Cl)의 증가

③ 유당함량이 감소한다. 이는 유방염에 걸리면 무기질 함량이 증가하는데, 삼투압의 균형이 유지되기 위해서는 유당함량이 낮아야 하기 때문이다.

④ 단백질 효과

㉠ 케이신의 감소

㉡ 유청단백질의 증가, 특히 면역글로불린의 증대

㉢ 비단백태 질소화합물의 증가

⑤ pH의 상승(**평균 6.7이 정상인데 반해 7.5까지 올라간다**)

4) 세균학적인 특성들

높은 체세포수는 대체로 우유 내에 *E. coli*와 *Str. aureus*을 포함하는 인체 질환 유발 병원균들을 수반한다. 근본적으로 유방염의 원인미생물이 무엇이던 간에 조류와 prototheca가 존재한다. 게다가 체세포수가 높은 원유에는 *E.coli*와 *S. aureus*의 증식을 촉진시키는 성장인자가 존재하고 있다는 점이 유방염을 심화하는 요인으로 작용한다(Amer. J. Vet. Res. 45 : 2504). 유산균 스타터도 증식에 영향을 받는데 *Str. salivarius* ssp. *thermophilus*는 증식이 빨라지고, *Lactobacillus acidophilus*는 증식이 억제된다.

5) 치즈 원료우유에 대한 영향

치즈 생산수율은 여러 가지 측면에서 영향을 받는다.

① 유방염우유는 plasmin을 많이 함유하는데, 이것은 단백질 분해효소로서 유단백질(특히 β-케이신)을 분해시켜 유청 쪽으로 많은 단백질이 손실되게 하는 원인이 된다.

② 케이신 함량이 감소하여 치즈수율에 직접적으로 영향을 미친다.

③ 커드형성이 불량하여(응고시간 지연, 커드가 견고하게 되는 속도의 저하, 그리고 총체적인 커드 견고성 감소) 커드가루(curd fines)의 손실로 이어져 치즈 생산수율 감소를 가져온다.

유방염유가 수율을 감소하는 것보다 더 중요한 준임상형 유방유가 치즈품질에 아래와 같은 나쁜 영향을 미친다는 것이다(J. Dairy. Sci. 53 : 645).

④ 유청단백질 함량 증가, 낮은 케이신량, 높은 pH와 바뀐 칼슘-인-카제이네이트 균형의 변화 등으로 인해 커드의 굳기가 감소한다. 위에서 언급하였지만 이러한 변화들은 치즈 생산수율에 영향을 주고 치즈 품질에 심각한 영향을 미친다.

⑤ 커드 내 유청 방출이 방해를 받으므로 인한 고수분형 치즈

⑥ 연약하고 낮은 탄성, 끈적거리며 치즈조직의 작은 알갱이 모음 같은 모양

⑦ 냄새가 진해지는데 대개 나쁜 냄새이다.

6) 액상유에 미치는 영향

매우 높은 체세포수(2백만 개/ml 이상)는 우유의 짠맛의 원인이 되고, 여러 가지 품질 문제를 야기한다. 30만 개/ml 정도의 낮은 수준이라 해도 plasmin 함량의 증

가로 인해 쓴맛취가 증대한다. **특히** UHT우유에서 심각한 문제가 발생할 수 있는데, 이는 plasmin이 내열성이 크고 이 효소가 단백질을 분해할 수 있을 정도로 장기간 보관하기 때문이다.

8. 원유의 품질검사

다음에 열거한 내용들은 원유 품질검사에서 가장 중요한 것을 요약해 놓은 것이다. 원유의 품질검사는 제 3장에서 설명해 두었다.

① 관능검사

② 총 세균수: 3,000 cfu/ml 이하일 때 양호, 최대 허용치 100,000 cfu/ml

③ 대장균수: 10 cfu/ml 이하일 때 양호, 25마리 이상에서 저품질이 우려됨. 최대 허용치 100 cfu/ml

④ 저온균(7℃ 이하에서 증식 가능), 1,000 cfu/ml 이하일 때 양호

⑤ 체세포수: 10만 개/ml 이하인 경우는 양호, 30만 개/ml 이상일 때 저품질 우려

⑥ 항생제 잔류량 검사를 위한 신속검사

⑦ 디스크 검사(항생제 잔류량 공인검사)

⑧ 가수검사: 최대 빙점 -0.505℃(-525H)

⑨ 성분검사: 지방, 단백질, 유당, 총 고형분, 가능하다면 케이신까지 검사

제 5 장

치즈제조용 원유의 준비

1. 청정화

청정화는 원유로부터 이물질(異物質)을 제거하는 간단한 작업이며, 미생물 세포와 포자들까지도 제거함으로써 우유 중의 미생물 구성을 표준화하는 효과도 있다.

1) 청정화/표준화의 중요 과정

① 여과포는 목장에서 유입된 각종 이물질들을 제거하는 데 일반적으로 사용하지만 유가공장에서는 꼭 필요한 것은 아니다.

② 중간 속도의 원심력을 이용하는 청정기로 여과기를 빠져 나가 제거되지 않는 입자들까지도 제거할 수 있다. 크림분리기에서 보올(bowl)의 외각 부분에 이물질들이 모이고, 이들은 슬러지 형태로 밖으로 배출되기 때문에 크림분리기는 원심형 청정기의 2배 효과가 있다. 이러한 과정에서 유고형분이 손실되기는 하나 그 양은 대단히 적기 때문에 문제가 되지 않는다.

③ 박토휴지(bactofuge)로 청정화하면 고속원심분리에 의해 세균세포와 포자들이 제거된다. 박토휴지 처리는 보통 유럽의 네덜란드형이나 스위스형 치즈에서의 뒤늦은 숙성 후기의 가스형성(후기 팽화)을 막기 위해 일반적으로 사용되고 있다.

④ 박토휴지 처리를 하면 치즈제조 후기에 *Cl. tyrobutyricum*의 발아와 성장으로 인해 유발되는 치즈의 후기 팽화의 원인인 포자의 95%를 우유로부터 제거할 수 있다. 그러나 숫자가 감소하는 것이지 완전히 제거되는 것은 아니다.

⑤ 우유 고형분의 1～2%는 박토휴지 수거물(bactofugate)로 바뀐다. 치즈 수율

감소를 피하기 위해 고형분 12∼16%를 함유하는 박토휴지 수거물은 초고온 멸균처리한 다음 우유에 다시 넣어준다.

⑥ 막 분리에 의한 미세여과(microfiltration)가 1985년 이후 유럽의 몇몇 치즈공장에서 사용되었다. 막 분리 여과는 하나의 초미세형 체(sieve)와 유사하다.

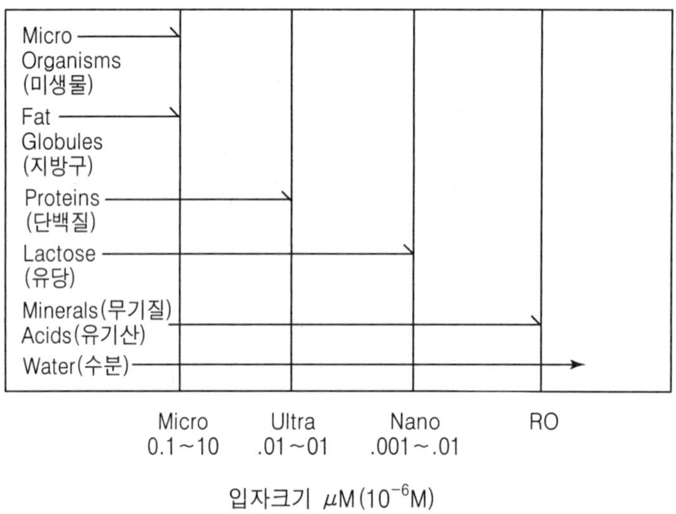

그림 5-1. 막 분리에 의한 농축/분획구배

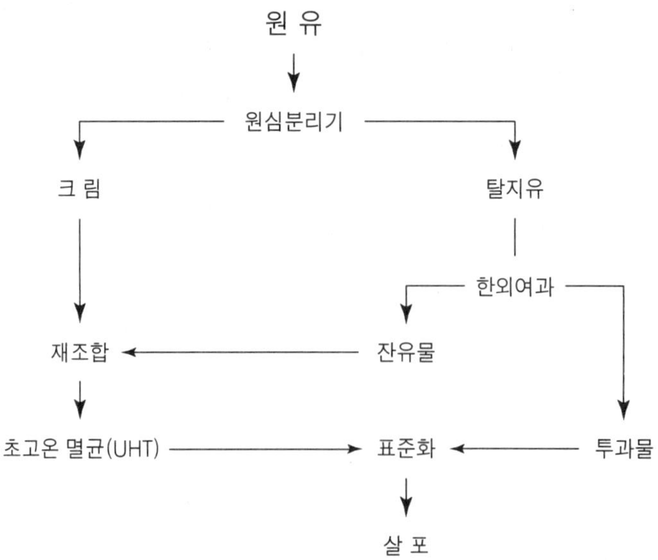

그림 5-2. 미세여과법의 흐름도

미세여과와 관련된 막 분리 성분과 과정을 그림 5-1과 그림 5-2에 제시하였는데 제21장에서 더 자세히 설명해 두었다. 박토휴게이션에 의해서는 포자의 95%를 제거할 수 있는 반면 미세여과는 약 99%를 제거할 수 있다. 지방구는 너무 커서 여과막을 통과하기 어렵기 때문에 미세여과는 탈지유에만 적용할 수 있는 단점이 있다(그림 5-2).

2. 치즈원유 구성분의 표준화

유구성분의 표준화의 중요한 목적은 우유 구성분이 효율적으로 치즈로 이행되도록 하여 최대의 경제적 수익을 얻는 데 있다. 실제적으로 이 말은 원유의 성분이 조정되면 투입된 원재료 비용들을 가장 경제적으로 바람직한 균형을 성취해 낼 수 있고, 치즈의 품질을 적절히 유지하면서 원유의 유고형분이 치즈로 효율적으로 이행될 수 있다는 것을 의미한다.

치즈의 생산수율은 주로 단백질과 지방의 회수정도(이것은 곧 치즈원유로부터 치즈 쪽으로 이행된 유단백질과 유지방율을 뜻함)와 치즈의 수분함량에 의해 결정된다. 그러나 다른 성분들도 치즈수율에 기여한다. 치즈수율에 관한 내용은 제12장에서 논의된다. 제6장은 작업자가 직접 실시하는 표준화에 필요한 계산방법을 포함한 우유 표준화에 대하여 상세하고도 실제적인 안내를 해 줄 것이다. 이 항은 단지 일반적인 표준화시의 고려사항만 설명하였다.

1) 원유 표준화에 있어서 일반적으로 고려해야 할 점들을 요약하면 다음과 같다

정부 산하 식품규제 기관들은 식품의 성분규격과 품질이 정해진 표준규격에 일치하게 지켜지도록 감독하고 있다.

농산물법과 제 규정은 28조 표에 치즈 46종의 최대 수분함량과 최소 지방함량(중량%)에 대한 규제사항을 고지하고 있다. 그러나 다른 성분이나 품질 규격은 고지되지 않기 때문에 각 치즈들의 고유한 특성이 보호받지 못한다. 예를 들면, 미국산 모짜렐라는 이탈리안 스트레칭 모짜렐라와 같은 파스타 필라타(pasta filata, 고열처리형)치즈가 아니지만, 캐나다의 농산물 규격에 의하면 이들은 모두 모짜렐라로 구분된다.

2) 치즈의 고형분함량에 대한 지방함량

표 6-1에 캐나다 농산물 법령에서 규정하는 수분함량과 지방함량의 범위를 충족할 수 있는 표준 지방과 수분함량에 대한 목표치가 제시되어 있다. 이 규정에는 건물량 대비 지방함량(fat in dry matter, FDM)에 관한 칸(column)도 하나 포함되는데, 이는 요구 목표 총 고형분량에 대한 목표 치즈 지방함량을 나타낸 것으로 총 고형분량은 '100-수분함량'으로 계산한다. 치즈의 무지고형분 중 주요 성분이 케이신(casein)이기 때문에 목표 FDM 값은 치즈원유가 가지고 있어야 할 지방과 단백질 함량을 추정하는 데 유용하게 사용할 수 있다. 예를 들면 치즈 제조회사는 최대 지방함유(full fat) 치즈는 FDM이 50%이고, 이 치즈를 만들기 위해서는 치즈원유의 단백질 지방비(P/F)가 0.94～0.96 정도이어야 하는 것으로 인정하고 있다. 이 기준에 따르면 체다치즈와 Feta치즈 모두가 함수분인 상태에서 지방함량이 31～22%에 불과한데도 FDM 50%인 full fat치즈로 인정한다.

3) 단백질/지방비율(P/F)

P/F(지방에 대한 단백질 비율)는 표지 문자가 암시하는 바와 같이 지방에 대한 단백질의 비율이다. 이는 지방과 단백질의 상대적인 함량비를 나타내는 것이기 때문에 단위가 없다. P/F값이 지방과 단백질의 절대량을 나타내주는 것이 아니라는 점을 명심해야 한다.

P/F비 값은 일반적으로 지방율이 낮은 우유에서는 낮게 나타나고, 지방율이 높은 우유에서는 높게 나타난다. 예를 들면 저지종 우유는 치즈 만들기에 홀스타인종 우유에 비해서 P/F비가 더 낮다. 그러나 저지종의 우유는 casein값(총 단백질에 대한 casein 백분비)이 높아 P/F비가 불리한 점이 부분적으로 보완된다.

4) 단백질/지방비율을 목표로 한 표준화

표준화란 일반적으로 지방량에 대한 단백질량을 증가시키고자 탈지유나 탈지분유를 더해 주거나 크림을 제거해 주는 것이다. 몇몇 실제적인 요인들은 서로 연관관계를 가진다.

① 유대는 여러 성분들을 고려하여 계산함으로써 개별 성분들의 비용을 계산해 낼 수 있다. 이때 단백질과 지방의 상대적인 가격, 원유의 단백질과 지방이 치즈로 이행하는 비율, 지방을 크림의 성분으로 사용하는 경우와 치즈의 성분으로 이용하는 경우의 가치들을 종합하여 최적의 P/F비율을 결정할 수 있다.

② 치즈 구성분 수율의 경제적 가치는 반드시 치즈의 품질 수준과 균형을 이루어야 한다.

③ 적정한 수분과 지방함량을 가지는 치즈를 제조하기 위한 P/F비율은 치즈로 이행하는 지방, 케이신, 유청고형분(serum solid)에 의해 결정된다. 여기서 유청고형분(serum solid)은 우유의 가용성 성분, 즉 유당, 유청단백질, 비단백태질소화합물 그리고 무기물들을 의미한다.

④ 특히 유청고형분(serum solids)의 치즈제조와 관련한 원리는 다음과 같다.

㉠ 유청고형분(serum solids)이 치즈로 많이 이행하는 경우, 치즈의 목표 FDM을 얻기 위하여 치즈원유의 P/F가 낮아야 한다. 즉 지방량을 높여 주거나 단백질량을 낮추어 주거나 해야 한다.

㉡ 수분함량이 높은 치즈에서는 수분이 가용성 성분들을 포함하고 있기 때문에 유청고형분(serum solids)이 치즈로 이행하는 양이 증가한다.

㉢ 치즈 제조과정에서 커드세척(washing)을 실시해 주면 치즈의 serum solids 양이 감소한다.

㉣ 원유를 살균하면 치즈 내 유청고형분(serum solids) 함량이 증가한다(다음 절에서 원유 열처리에 대한 설명이 상세히 다루어짐).

5) 케이신/지방비율의 표준화

원유 성분을 P/F비보다 케이신/지방비로 표준화하는 것이 치즈 제조과정과 치즈의 성분을 관리하는 데 훨씬 좋은 방법이다. 그러나 케이신/지방비를 표준화하기 위해서는 케이신 함량을 정확하게 측정할 수 있어야 하는데, 대부분의 치즈공장들은 케이신 함량을 측정할 수 없다. 이에 관해서는 제6장과 제12장에서 좀 더 심도 있는 논의가 있을 것이다.

6) 우유단백질의 공급원

표준화는 원유에 단백질의 첨가 또는 지방의 제거를 통해서 이루어진다. 단백질을 첨가하는 것이 원유로부터 생산할 수 있는 치즈보다 더 많은 치즈를 생산할 수 있기 때문에 지방을 제거하여 표준화하는 것보다 더 유리하다. 이는 캐나다와 같이 신선원유 공급량이 부족한 나라나 원유 쿼터가 제한되어 원유 확보가 곤란한 지역에서 확실히 유리한 점으로 부각된다. 치즈원유 표준화에 사용하는 우유단백질 공급원에는 여러 가지가 있다.

① 탈지분유는 소규모 치즈공장이나 시골 벽지 소재 치즈공장에서 편리하다. 그것은 다음과 같은 한계점이 있지만 효과적으로 사용될 수 있다.

㉠ 반드시 저온처리(유청단백질 계수 > 6)한 것으로 항생제 잔류량이 없는 것만을 사용할 것. 탈지분유를 물에 환원할 때 분말이 철저히 물에 분산되도록 하고 혼합된 환원 탈지유를 치즈원유에 붓기 전에 반드시 여과를 해서 아직 분산이 안 된 작은 분유 덩어리들을 제거해야 한다. 불완전한 탈지분유 용해는 스위스치즈에서는 제조공정 지연(유산발효나 렌넷응고 지연)의 원인이 될 수 있고, 열과 산으로 제조하는 파스타 필라타형 치즈에서는 스트레칭이 잘 안 되는 원인이 될 수도 있다.

㉡ 치즈원유의 무지유고형분 양은 대략 11%(보통 수준은 9%이다) 이상이 되어서는 안 된다. 만약 이런 경우에는 물을 첨가한다.

② 탈지유나 연유는 액상상태로 쉽게 다룰 수 있고, 부피로 계산이 가능하기 때문에 편리한 유단백질 공급원이다. 다만 주의할 점은 열처리는 최소한의 저온살균조건으로 실시한 것이어야 하고 무지유고형분 함량이 11kg/100kg 되도록 해야 한다. 다시 한번 강조하지만 환원 탈지유 제조 시 무지유고형분 함량은 물을 첨가하여 조정할 수 있다.

③ 원유 표준화 시에 스타터 배양액 내에 함유된 무지유고형분 양을 반드시 고려해야 한다. 예를 들면, 벌크 스타터 배양액을 제조할 때 고온처리를 하면 스타터 배양액의 유청단백질을 포함하는 거의 대부분의 단백질이 치즈로 이행되기 때문이다.

④ 단백질 농축물, 분리단백질 등 치즈 우유단백질원 보충 재료들은 여러 가지가 있다. 그 중 극히 일부의 목록이 아래에 제시되어 있다. 이들 제품 중에서 어떤 것을 사용할 수 있는가는 무엇보다 치즈의 종류가 어떤 것인가에 달려 있다. 예를 들면 다른 여러 치즈들에 비해 Feta치즈는 유청단백질을 많이 사용해도 품질에는 큰 문제가 없다.

㉠ 탈지유를 한외여과를 거쳐 얻어진 액상 혹은 분말 상의 농축우유는 우유에서 존재하는 케이신과 유청단백질의 비율을 그대로 갖는다.

㉡ 특수하게 제조된 케이신과 유청단백질의 혼합물

㉢ 탈지유를 한외여과(microfiltration)에 의해 제조한 농축 액상 케이신 혹은 건조 케이신

㉣ 대개 렌넷 케이신으로부터 얻어진 소디움 케이신(sodium caseinate)이나 수

소 케이신(hydrogen caseinate)

㉤ 변성시킨 유청단백질 농축액

7) 유지방 공급원

법적으로 치즈에는 비유지방성 지방분의 사용을 금지하고 있다. 유지방을 사용하는 방법은 다음과 같은 방법들이 있다.

① 저온살균, 중력 차에 의하거나 원심분리 한 것 외에는 다른 처리를 하지 않은 우유와 크림

② 탈지유와 버터오일을 섞어서 만든 환원크림. 환원크림을 제조하기 위해서는 균질을 해야 하는데, 일반적으로 Feta, 블루, 크림치즈를 포함한 몇 가지 치즈류를 제외하고 다른 치즈들에 환원크림을 사용할 때에는 균질작업을 해주는 것이 바람직하지 않다. 최근 연구에 따르면 균질처리에 의해 발생하는 품질의 문제는 우유는 균질을 하지 않고 크림을 균질하여 사용함으로써 해결할 수 있다고 한다. 치즈원유의 균질효과에 대해서는 아래 제5장 4절에서 좀 더 다룰 것이다.

③ 비유지방성 크림을 첨가해야 하는 경우는 다음과 같은 문제가 있다.

㉠ 치즈의 향미가 바뀐다. 특히 이런 지방에는 유지방에서만 발견되는 낙산과 같은 단쇄지방산이 없기 때문이다. 이런 향미의 결함은 유지방 향 첨가제를 첨가하면 보완될 수 있다.

㉡ 혼합 치즈원유(여기서 '혼합(filled)'이란 말은 치즈원유에 유지방이 아닌 다른 지방을 함유하고 있음을 말한다)를 준비할 때는 균질이 필요한데, 균질을 하면 이미 언급한 바와 같이 일반적으로 치즈 조직성이 나빠진다.

㉢ 사용되는 지방은 융점이 유지방과 유사해야 한다.

8) 수동식 표준화

맞춤 알고리즘을 갖추고 있는 온라인 시스템이 없는 경우에는 우유성분 배합비를 계산하고, 치즈 생산량을 모니터링하는 계산 양식을 준비해야 한다.

첫 번째 단계는 최적의 P/F비를 결정하는 것인데 이는 실험을 통해 결정된다. 표 6-1에 주어진 자료를 이용해서 우선 대강의 P/F를 결정하고, 치즈를 제조한 후 치즈를 분석한 자료에 근거해서 그 이후에 치즈를 제조할 때 조정해 나간다. 이를 위해서는 우유와 치즈의 성분, 치즈제조 공정상의 변수들을 일관된 방법으로 정확

하게 조사, 기록해 두는 것이 매우 중요하다.

수동 표준화를 위한 계산법을 포함한 상세한 과정을 제6장에서 설명해 두었다.

9) 자동 표준화

자동화된 원유 성분조정 시스템은 따뜻하게 가온한 우유를 크림과 탈지유로 분리하여 다른 파이프로 흐르게 한 후에 이들을 치즈제조에 적합한 P/F비율에 적절하게 자동적으로 혼합한다. 이렇게 표준화된 원유는 정확히 설정된 온도로 조정되어 치즈벳트로 이송된다. 이러한 자동 표준화는 두 가지 방법으로 실시할 수 있다.

① 근적외선(near infra red, NIR) 밀도 측정 혹은 광산란 방식 분석 기술에 근거하는 유성분 분석 장치를 이용해서 표준화하는 완전 자동화 방식

② 표준화 시설에 점도계를 설치하여 점도를 측정하고, 이를 다시 유성분 분석 함수에서 계산하여 우유의 성분을 추적하면서 표준화하는 반자동 방법

10) 환원유

위에서 언급한 바와 같이 단백질 및 지방 원료들이 모두 제한점을 가지고 있기 때문에 환원유를 원료로 하여 치즈를 제조하는 것도 괜찮다.

치즈수율을 최대화 할 수 있는 표준화를 하지 못하는 것이 많은 치즈공장에서의 경제적 손실의 주원인이다.

3. 열처리

많은 사람들은 캐나다에서 치즈를 포함한 모든 유제품이 살균된 우유로만 제조되는 것으로 추정한다. 그것은 그렇지 않다 ; 아래에서 제시한 바와 같이 살균과 관련한 몇 가지 방법들이 있기는 하지만 캐나다 식품・의약법과 규정에서는 치즈원유 열처리 방법으로 오직 두 가지 방식만을 인정하고 있다는 것에 유의해야 한다. 이른바 완전 저온살균 방식과 무살균 원유방식이 그것이다. 여기서 만약 우유가 온전하게 저온살균처리가 되지 않았으면 그 치즈는 무살균 원유치즈로 간주된다.

① 원유를 열처리하여 제조한 치즈는 무살균 원유로 제조한 치즈의 풍부한 향미를 갖지 못한다. 캐나다 식품・의약법과 제 규정 B.08.030과 B.08.043에 따르면 무살균 원유로 제조한 치즈는 반드시 치즈 제조하기 시작한 날부터 2℃에

서 60일 이상 두었다가 판매해야 한다(이 정도 기간이 경과하면 원유에 존재하던 병원성 미생물이 사멸하기 때문에 안전해진다). 무살균 원유치즈에 대해 소비자들과 감독기관이 모두 걱정을 많이 하고 있지만 살균된 원유로 제조한 치즈도 치즈원유의 살균에 관한 규정만으로는 위생적 품질을 완전하게 보장할 수 없기 때문에 살균 여부가 위생적 품질의 절대적인 지표가 되지는 않는다.

② 순간열처리(Thermisation, 63～65℃에서 순간가열)로 열처리를 하면 인산가수분해효소(phosphatase)가 양성으로 나타나는데, 이러한 우유는 치즈 제조 전에 완전히 저온살균을 해야 한다. 이러한 처리의 목적은 원유에서 산이나 단백질 분해 효소를 생성하는 세균이 원유를 부패시키는(특히 주말에 생산된 원유) 것을 방지하기 위하여 실시하는 것이다.

③ 저온살균(63℃, 30분 혹은 72℃, 16초)은 일반적으로 가장 안전한 방법으로 인정된다. 그러나 전통방식으로 제조 숙성된 치즈의 풍부한 향미는 기대할 수 없다. 과도한 저온살균은 유청단백질의 변성을 초래하여 그것이 케이신 입자 속으로 흡착이 되어 다음과 같은 영향을 미치게 된다.

㉠ 커드 응고시간이 길어진다.

㉡ 연약 커드 형성 또는 커드 형성이 안됨

㉢ 미세한 가루커드 발생으로 과도한 수율 저하

㉣ 커드의 유청 유출(수분방출)의 불량

㉤ 스트레칭, 맷트 형성, 용융성의 감소로 인한 푸석거리는 커드 조직

④ 준살균열처리(Heat treatment, 55～65℃에서 16초간 가열)란 치즈원유를 살균보다는 다소 약하게 준살균처리하는 상업상 용어인데, 이 조치는 대부분의 병원균은 사멸하고 일부 세균은 생존시켜 치즈숙성을 잘 되게 하는 응용방식이다. 이 열처리 과정은 무살균 원유 치즈보다 스타터 배양액의 증식조절(예: 산 생성)이 잘 되어 치즈의 풍미가 더욱 풍성해진다. 현재 규정으로 보면 이러한 열처리 원유는 무살균 원유로 간주된다. 대부분의 장기 숙성 캐나다 체다 치즈는 이러한 열처리 우유로 안전하게 제조한 것들이다.

4. 균 질

균질과정은 1～15 ㎛(1마이크로메터, 1/1000 mm) 크기의 지방구들을 2 ㎛ 이하 크기로 균일하게 작게 해주는 작업이다. 균질을 하면 지방구막에 단백질이 결합하

는데 주로 케이신이 결합한다. 그 결과 렌넷 응고물에서 지방구들과 케이신 입자들의 상호 결합이 증가한다.

다음과 같은 경우 균질이 바람직하다.

① 균질은 우유로 제조한 치즈에서 지방분해를 촉진하고 흰빛을 강화해 준다. 이러한 품질은 블루와 페타치즈와 같이 전통적으로 산양유, 면양유로 제조하는 치즈의 특성이다.

② 균질은 크림치즈에서 지방 회수율을 높여 주고 조직을 부드럽게 한다.

많은 치즈 제조자들이 대부분의 경질치즈에서 균질한 원유로 만든 치즈가 압착 후에 너무 조악하고 단단해진다는 것을 관찰하여 보고하고 있다. 그렇지만 체다치즈 제조에 있어서 균질을 해주면 어느 정도 유리하다는 보고도 있다. 만약 중간 정도 압력(6.9 MPa)으로 균질해 준다든지 오직 크림(35% 지방)만을 균질하고 바로 비균질 탈지유를 혼합하여 제조하면 다음과 같은 이점이 있다(Nair 등, 2001. Int. Dairy Journal 10 : 647).

① 커드 절단 시 커드 굳기가 단단해지고 gel의 응고성이 증대한다.

② 치즈 내 수분 함유율이 증대하고 지방, 단백질의 회수율 증대로 치즈 생산 수율이 증가한다.

③ 균질을 하면 치즈의 수분함량이 높다 하더라도 치즈 조직성이나 풍미가 나쁘지 않다.

5. 치즈우유의 첨가물

① 염화칼슘은 응유를 돕고 소요 렌넷량을 줄이기 위해 대략 0.02%의 수준으로 첨가하는데, 특히 우유가 저온살균 직후의 원유를 사용하는 경우에 첨가한다. 우유응고에 있어서 칼슘의 역할은 제 8장에서 논의될 것이다.

② 에담, 가우다 그리고 스위스치즈에서 *Clostridium tyrobutyricum*에 의한 가스 형성을 방지하기 위하여 질산염(질산나트륨이나 질산칼륨)이 200 ppm 수준으로 첨가된다.

③ 아나토(Annatto) 색소가 계절에 따른 색소를 표준화 해주기 위해 치즈색소로 첨가되고, 체다나 체이서와 같은 치즈에서 오렌지색을 띠게 하려고 첨가한다.

④ 아나토(Annatto) 색소※는 다음과 같은 특성이 있다.

㉠ 아나토 색소는 그 구조가 카로틴(carotene), 비타민 A와 유사한 carotenoid 이다. 그러나 그것은 비타민 A 효력은 없다.

㉡ 아나토 색소는 적색에서 노랑색이지만 보통 황색으로 나타난다. 이 색소의 pH가 6～4의 범위에서는 적색이 강하게 나타나 원래의 오렌지 색깔이 pink 색으로 변화한다. pH가 4.5 이하로 내려가면 pink색이 사라지면서 거의 백색으로 변화한다. 이러한 현상은 '산성화 치즈 절단'에서 나타난다.

㉢ 아나토 색소가 빛이 바래지고 분홍빛이 되는 현상은 구리, 철분, 염소 그리고 광선과 같은 인자에 의해 산화가 일어나는 경우에도 나타난다.

㉣ 아나토 색소의 산화는 열에 의해 촉진된다. 그래서 아나토 색소는 가공치즈 제조에는 적합한 색소가 아니다.

㉤ 아나토 색소의 대체물

- 베타카로틴(β-carotene)은 너무 색이 노랗고 치즈에서 당근 맛이 난다.
- Apo-8-carotenal은 아나토 색소보다 용해도 낮아 유청 쪽으로의 유실이 안 되는 이점이 있다.

※ Annatto : 열대지방 겨울철에 자라는 작은 관목인 *Bixaorellana*나무(Annatto 나무)의 열매로부터 추출한 카로티노이드계의 bixin이라는 색소이다. 보통 annatto 색소로 불린다. 색소가 카로틴계라고 하나 비타민 A 효력은 없다(역주).

⑤ 탈색제 : 산양유와 면양유는 카로틴 함유량이 낮아서 색깔이 없는 백색을 띤다. 우유를 산양유나 면양유처럼 보이려고 백색화하는 경우가 있다. 법적으로 허용한 탈색제는 다음과 같다.

㉠ 이산화 티타늄(Titanium dioxide)

㉡ 천연 황색소를 안 보이게 하는 클로로필 유도체. 그렇지만 클로로필을 과도하게 사용하면 녹색치즈가 된다.

⑥ 숙성 촉진 물질류 : 치즈의 숙성을 촉진하거나 광범위한 풍미를 갖게 하기 위한 다양한 물질들이 유용하게 사용되고 있다. 상당수의 전통적인 치즈들에서 다음과 같은 경우에 숙성 보완물질을 사용한다.

㉠ 비전통적인 치즈 제조법

- 살균 또는 열처리 우유의 무살균 원유에 대한 단점의 보완
- 우유를 다른 종(산양유)의 젖 대신 사용하는 경우

- 지방분해효소와 단백질 분해효소 등을 포함한 광범위 효소군을 함유한 전통적인 액상 렌넷 대신 순수 정제 렌넷 추출물(분말형-역주)의 사용
- 저온에서 장기간 저장했거나 장거리를 운송된 우유를 사용하는 경우 원래 원유와 미생물 구성물이 다르기 때문에 이러한 결점을 보완하기 위해
- 숙성기간을 단축하여 비용을 절감하고자 하는 경우
- 표준화된 품질 보증을 요구하는 시장의 압력

㉡ 라이페이스(lipases, 지질분해효소) : 전통적으로 산양유나 면양유로 제조되는 페타(Feta), 로마노(Romano), 케팔로티리(Kefalotyri), 그리고 파르미잔(Parmesan) 치즈와 같은 치즈를 우유로 제조할 때 라이페이스(lipase)를 전통적으로 첨가해 왔다. 왜냐하면 산양유와 면양유 특히 산양유가 우유보다 훨씬 많은 천연 지방분해효소(lipase)를 함유하고 있기 때문이다. 보통 상업적인 lipases는 새끼 염소로부터 추출된 것이다.

㉢ 효소 칵테일(cocktails) : 체다치즈와 같이 오래 숙성시키는 치즈에서 숙성을 촉진시키기 위하여 다양한 소스로부터 얻어진 각종 효소 혼합물을 원유에 첨가한다. 이러한 효소 칵테일은 lipase와 protease가 모두 포함되어 있는데, 체다치즈의 경우에는 단백질 분해효소가 지방분해효소보다 훨씬 더 많이 포함된 것을 사용한다. 유산균으로부터 추출한 세균성 효소 추출물도 역시 사용되고 있다. 제 10장에서 치즈 숙성 촉진에 대해 더 논의하기로 한다.

제 6 장

치즈제조와 원유의 표준화

치즈원유 표준화란 치즈의 품질과 치즈 고유성분 규격을 모두 준수하면서 원유로부터 최대의 경제적 수익을 얻어내기 위하여 치즈원유의 구성성분을 조정하는 것이다. 치즈의 고유성분 규격은 치즈 제조자가 스스로 규정한 것도 있고(예: 저지방치즈) 정부기관이 품질 규격화하여 규정한 것도 있다. 캐나다의 경우 46개의 다양한 치즈들에 대한 품질 규격을 정하여 시행하고 있다(표 6-1). 이러한 품질 규격은 최대 수분함량과 최소 지방함량만을 한정하고 있기 때문에 치즈의 다른 특성을 표준화하지는 못하고 있다. 예를 들면 미국식 모짜렐라는 이태리식 스트레칭형 모짜렐라와는 다른 제조공정으로 만들어지고 제품의 기능도 다르지만, 캐나다 모짜렐라치즈 품질 규격에서는 미국식 모짜렐라는 수분 52% 이하, 유지방 20% 이상을 함유하면 미국식 모짜렐라도 모짜렐라치즈로 간주하고 있다.

1. 성분과 관련한 주요 요인

치즈원유의 표준화는 대개 원유 중의 지방함량에 대비한 단백질 함량을 증가시키는 것인데, 이는 단백질을 첨가하거나 원유의 지방을 제거함으로써 맞출 수 있다. 원유 중의 단백질의 지방에 대한 상대적 함량을 단백질-지방의 비 또는 P/F라고 한다. P/F비는 치즈 중의 무지유고형분 함량에 대한 지방함량의 비를 결정하는 주요인이다. 치즈의 지방과 총 고형분량을 측정하는 것이 쉽기 때문에 치즈의 지방함량은 ① 함수상태에서의 치즈의 지방량, 혹은 ② 전체 치즈 고형분 중의 지방비율로 표현하는데 이를 '건물 중의 지방함량비' 또는 F/DM비라 부른다. 치즈의 F/DM은 우유의 P/F에 의해 결정되는데 치즈의 수분함량도 중요한 요인이다. 왜냐하면 치즈

표 6-1. 치즈 종류별 주요 특성, 성분조성 및 우유의 표준화시 권장 단백질/지방비율 (Protein/Fat, P/F)(치즈의 목표 성분함량은 캐나다 정부 규정에 따른 수준임)

종 류	조 직	수 세	가 염	껍 질	치즈의 목표 성분치					수율
					지방	수분	FDM	MNFS	P/F	%w/w
Stella Alpina	Semi-soft	온수	B 혹은 DS	Smear	27	46	50.0	63.0	0.90	11.5
Asiago	Firm to hard	-	B	Dry	30.0	40.0	50.0	57.1	0.93	10.5
Baby Edam	Firm	온수	B	-	21.0	47.0	39.6	59.5	1.56	8.7
Baby Gouda	Firm	온수	B	-	26.0	45.0	47.3	60.8	1.15	9.7
Blue	Soft to semi-soft	-	DC와 DS	Smear 혹은 none	27.0	47.0	50.9	64.4	0.87	11.9
Bra	Firm to hard	-	B 혹은 DS	Dry	26.0	36.0	40.6	48.6	1.40	7.6
Brick	Semi-soft to firm	온수	DC 혹은 DS	Smear 혹은 none	29.0	42.0	50.0	59.2	1.04	9.7
Brie	Soft	-	DS	곰팡이	23.0	54.0	50.0	70.1	0.86	14.0
Butterkase (Butter)	Semi-soft	온수	B	Smear	27.0	46.0	50.0	63.0	0.90	11.5
Caciocavallo	Firm to hard	열수 스트레칭	B	Dry	24.0	45.0	43.6	59.2	1.17	9.8
Camembert	Soft	-	DS	곰팡이	22.0	56.0	50.0	71.8	0.86	14.7
Canadian Muenster	Semi-soft	온수	B 혹은 DS	Smear	27.0	46.0	50.0	63.0	0.90	11.5
Cheddar	Firm	-	DC	-	31.0	39.0	50.8	56.5	0.91	10.0
Cheshire	Firm	-	DC	-	30.0	44.0	53.6	62.9	0.79	11.9
Colby	Firm	냉수	DC	-	29.0	42.0	50.0	59.2	1.03	9.7
Coulommiers	Soft	-	DS	곰팡이	22.0	56.0	50.0	71.8	0.85	14.8
Danbo	Firm, small eyes	-	B, DS 혹은 DC	Smear 혹은 none	25.0	46.0	46.3	61.3	1.04	10.6
Edam	Firm	온수	B	Dry 혹은 none	22.0	46.0	40.7	59.0	1.50	8.7
Elbo	Firm	-	DS 혹은 B	Dry 혹은 none	25.0	46.0	46.3	61.3	1.04	10.6
Emmentaler	Firm with eyes	-	B	Dry 혹은 none	27.0	40.0	45.0	54.8	1.13	9.1
Esrom	Semi-soft	온수	DS 혹은 B	Smear	23.0	50.0	46.0	64.9	1.04	11.5
Farmers	Firm	냉수	DC	-	27.0	44.0	48.2	60.3	1.11	9.7

(계속)

종 류	조 직	수 세	가 염	껍 질	치즈의 목표 성분치					수율
					지방	수분	FDM	MNFS	P/F	%w/w
Feta	Soft	–	DS	–	22.0	55.0	48.9	70.5	0.90	14.0
Fontina	Semi-soft to firm	온수	DS 혹은 B	Light smear	27.0	46.0	50.0	63.0	0.90	11.5
Fynbo	Firm, small eyes	?	B 혹은 DC	Dry	25.0	46.0	46.3	61.3	1.05	10.5
Gouda	Firm, small eyes	Yes	B	–	28.0	43.0	49.1	59.7	1.07	9.7
Guyere	Firm, eyes	No	B와 DS	Light smear	28.0	38.0	45.2	52.8	1.14	8.7
Havarti	Semi-soft	온수	B 혹은 DS	Smear 혹은 none	23.0	50.0	46.0	64.9	1.19	10.5
Jack	Semi-soft	냉수	DC	–	25.0	50.0	50.0	66.7	1.02	11.4
Kasseri	Firm to hard	열수 스트레칭	B	Dry	25.0	44.0	44.6	58.7	1.13	9.8
Limburger	Soft to semi-soft	온수	DS 혹은 B	Heavy smear	25.0	50.0	50.0	66.7	0.88	12.6
Maribo	Firm, small eyes	–	B 혹은 DS	Dry 혹은 none	26.0	43.0	45.6	58.1	1.09	9.8
Montasio	Firm	온수	DS 혹은 B	Dry	28.0	40.0	46.7	55.6	1.19	8.7
Monterey	Firm	냉수	DC	–	28.0	44.0	50.0	61.1	1.04	10.0
Mozzarella (Italian)	Semi-soft to firm	열수 스트레칭	B	–	20.0	52.0	41.7	65.0	1.22	11.1
Mozzarella (Canadian)	Firm	냉수	DC	–	20.0	52.0	41.7	65.0	1.22	11.1
Muenster	Semi-soft	온수	B 혹은 DS	Light smear	25.0	50.0	50.0	66.7	0.88	12.6
Parmesan	Hard, grating	–	B와 DS	Dry	22.0	32.0	32.4	41.0	2.02	6.1
Part Skim Mozz	Semi-soft to firm	열수 스트레칭	B	–	15.0	52.0	31.3	61.2	1.90	9.1
Part Skim Pizza	Semi-soft to firm	열수 스트레칭	B	–	15.0	48.0	28.8	56.5	2.20	7.9
Pizza	Semi-soft to firm	열수 스트레칭	B	–	20.0	48.0	38.5	60.0	1.42	9.5
Provolone	Firm	열수 스트레칭	B	–	24.0	45.0	43.6	59.2	1.17	9.8

(계속)

종 류	조 직	수 세	가 염	껍 질	치즈의 목표 성분치					수율
					지방	수분	FDM	MNFS	P/F	%w/w
Romano	Hard	-	B와 DS	Dry 혹은 none	25.0	34.0	37.9	45.3	1.58	7.0
Samsoe	Firm, few eyes	-	B와 DS	Dry 혹은 none	26.0	44.0	46.4	59.5	1.05	10.1
Tilsilter (Tilsit)	Firm	온수	B 혹은 DS	Smear 혹은 none	25.0	45.0	45.5	60.0	1.08	10.2
Tybo	Firm, few eyes	-	B	Dry 혹은 none	25.0	46.0	46.3	61.3	1.04	10.6

1. 모든 치즈의 성분, 생산수량은 중량에 따른 % 단위이다(표준화 원유에서도 마찬가지이다).
2. 추정 생산수량과 단백질/지방(P/F)비율은 Emmons, D.B., C.A. Emstrom, C. Lacrois and P. Verret(1990. J. of Dairy Sci. 73 : 1365)에 의해 제시된 원칙과 수량 예측 방정식에 근거한 것이다.
3. 환산상수 : 우유지방이 치즈지방으로 이행되는 비율은 0.93, 우유 케이신과 무기질이 치즈 쪽으로 이행되는 양은 케이신량×1,018, 케이신 계수(casein number/CN)는 76.5임.
4. 수세(Washing) : '온수'는 정상적인 치즈 Cooking 온도에 가까운 온도로 수세함(32~40℃)을 의미함. '냉수'는 수세에 사용하는 물의 온도가 20℃ 이하로서 커드를 세척하고 커드를 차게 만든다는 뜻. '열수 스트레칭'은 Pasta Filata형 치즈처럼 치즈가 열수(70~80℃)에서 가온되고 연압, 스트레칭되는 것을 뜻함.
5. 가염 : B : 염액(brine)에 침지, DS : Dry salted on cheese surface 치즈 표면에 건염법처리, DC : curd dry salted before hooping, 커드를 몰드에 넣기 전에 커드에 소금을 뿌려 혼합하는 방식으로 가염
6. FDM=Fat in the Dry Matter(F/DM); 치즈 고형분 중량대비 지방%
7. MNFS=Moisture as percentage of Non-Fat Substance ; 치즈 내의 무지고형분량에 대한 수분%
8. Prot/Fat=Protein-fat ratio ; 표준화된 우유의 지방에 대한 단백질 비율
9. 껍질 ; smear=점질성 표피, Dry=건조된 표피, '—'=무 표피, 곰팡이=곰팡이 표피

의 유청은 가용성 고형분을 함유하고 있는데, 이것은 치즈의 수분함량이 높으면 보다 많은 가용성 고형분(주로 무지고형분)을 함유하고 있다는 뜻이며, 이 말은 또한 치즈 내에 F/DM비율이 낮다는 것을 의미하기 때문이다.

치즈의 F/DM 목표치는 제조하는 치즈가 요구하는 지방함량을 가지기 위해 필요로 하는 원유 중의 대략적인 초기 P/F율을 결정하는 데 사용된다. 이에 관한 내용은 표 6-1을 참조하라. 표준화에서 제 3의 함량비가 있는데 그것은 소위 케이신 분량(casein number, CN)이라고 한다. 우리는 CN을 아래에서 제시한 표준화 과정에서 사용할 것인데, 여기서 먼저 CN이 무슨 의미가 있는지를 이해하는 것이 중요하다. 원유의 단백질 총량은 약 3.3 kg/hL 정도이고 그 중 케이신량은 약 2.6 kg/hL이

다. 나머지 약 0.7 kg/hL가 유청단백질이다. 유청단백질에는 단백질이 아닌 질소화합물이 0.1 kg/hL 포함되어 있는데 이를 비단백태질소물(Non-protein nitrogen, NPN)이라 한다(역주, 1 hL=100 L).

케이신은 치즈 쪽으로 대부분 회수된다(즉, 치즈를 제조하는 동안 원유로부터 치즈 쪽으로 이동한다). 유청단백질은 유청 내에 가용상태로 잔류하게 된다. 치즈 내 유청함량에 따라 치즈의 유청단백질 회수량도 결정되는데 사실 그 양은 미량이다. 따라서 우유의 케이신 함량은 치즈 생산수율에 가장 깊은 관련이 있다. 그래서 치즈 제조업자들은 단백질 함량을 기준으로 한 치즈원유 표준화 시 케이신 분량 지수(CN)를 총 단백질량으로 간주하고 사용한다. 여기서 케이신 직접 측정법이 더 좋다. 왜냐하면 총 단백질 내 케이신 함량은 품종, 계절, 지역 그리고 다른 여러 요인들에 의해 변이성을 갖기 때문이다. 그러나 대부분의 공장에서는 우유의 수분을 그대로 유지한 상태에서 즉 액상유 상태에서 케이신 함량을 측정할 수 없다. 아직은 신속한 기계식 측정방식을 개발 중에 있다. 총 단백질 중의 케이신 함량 백분비율을 케이신 분량(CN, Casein Number)이라 한다.

2. 표준화 방법

치즈원유의 표준화 방법에는 3가지 있는데, 이를 살펴보면

① 농축된 무지고형분 첨가(예 : 탈지분유 또는 농축된 탈지연유)

② 탈지유 첨가

③ 크림의 제거

이러한 방법들은 원유 성분 중에서 단백질에 비해 지방함량이 높다는 가정 하에 이루어지는 것이다. 일반적으로 우유에는 법적인 규격에 맞는 치즈를 생산하는 데 요구되는 지방함량보다 더 높은 지방분이 함유되어 있다. 예외적인 치즈도 있는데, 예를 들면 치즈 자체가 지방함량이 높은 치즈로서 크림치즈나 2배 지방크림치즈(double cream cheese) 같은 것들이다.

또한 단백/지방(P/F)율은 유단백질 농축물과 케이신염(caseinates), 케이신으로 표준화하여 증가시킬 수 있음을 유념하라.

치즈원유를 표준화하는 것이 항상 경제적인 것은 아니다. 치즈 제조업자는 항상 치즈원유 표준화로 얻어지는 추가 치즈의 경제적 가치와 크림으로 판매할 때의 이익을 비교해야 한다. 대부분의 치즈 제조업자들은 법규상의 치즈 조성분 규격에 맞

추기 위한 치즈원유 표준화만 제대로 하면 된다는 식으로 아주 단순하게 생각해 버린다. 그러나 치즈원유의 표준화 목적은 치즈 품질을 잘 유지하면서 법규정을 준수하여 치즈원유 성분을 치즈 성분으로 최대한 회수하는 데 있다고 봐야 한다. 유지방 가격이 유단백질 가격보다 낮은 경우, 유지방을 치즈의 품질에 문제를 야기하지 않으면서 치즈에 포함될 수 있다면 유지방을 크림으로 판매하는 것보다는 치즈 성분이 되도록 하여 치즈로서 판매하는 것이 경제적으로 더 유리하다.

3. 단 위

치즈 제조업자가 낙농가에게 원유값으로 지불할 목적으로 분석하는 원유 조성분 값은 4℃ 우유로서 1 hL(100 L)당 해당 성분의 kg 단위로 나타낸다. 이것은 부피당 중량(W/V, weight/volume) 측정치로 표시된다. W/V 단위 측정은 우유의 밀도에 따라 변화하는데 이는 구성성분과 온도, 두 가지 모두에 의해 영향을 받는다. 중량/중량(W/W, weight/weight) 단위(예: 100 kg당 성분의 kg단위)로 측정하면 중량/부피(W/V) 단위보다 적게 측정되는데, 이는 우유의 밀도가 1 kg/L보다 더 높기 때문이다. W/W를 사용하는 원유의 측정방식은 아래와 같은 장점을 가지고 있다.

① 대부분의 원유 분석기기에 쓰이는 함수 화학성분 분석치는 W/W로 나타낸다.
② 원유를 W/W 단위로 측정시 우유의 온도에 영향을 받지 않는다.

그러나 원유대 지불을 위한 단위는 원유에 잠기게 해서 측정하는 막대 자나 볼륨메터에 의해 부피를 쉽게 측정할 수 있기 때문에 W/V 단위로 나타낸다. 원유의 무게를 측정하기 위해서는 목장의 원유탱크를 고가의 무게 측정용 적하(積荷) 칸 위에 설치해야 하는 부담이 따른다. 치즈공장에서도 우유와 다른 액상물질을 부피로 재는 것이 더 편리하다.

어쨌든 정확한 원유 표준화를 위해 중요한 점은 모든 측정과 계산에 올바른 단위를 사용해야 한다는 것이다. 원유 조성분을 %단위로 나타낼 때에는 W/W(예: 원유 100 kg당 유지방 kg → 유지방 kg/원유 100 kg) 또는 W/V %(예: 원유 1 hL당 유지방 kg → 유지방 kg/hL)인가를 반드시 표시해야 한다. 본서에서 나타내는 각종 조성분의 값은 항상 중량/중량 %(W/W %) 값으로 표지되어 있다. 치즈의 조성분도 항상 W/W %(예: 유지방 30% 체다치즈, 단 치즈 1 kg당 300 g의 지방함량을 뜻함)로 서술될 것이다. 즉 유지율 3.3%의 우유는 100 kg의 당 3.3 kg의 유지방량을 의미한다. 만약 W/V의 단위를 사용하는 경우에는 그 단위를 '3.3 kg/hL'과 같이 제시할 것이다. 낙농가들이 생산한 원유의 성분 조성량은 치즈 제조업자들에게는 kg/hL 단위로 통지되고 또 원유의 양은 부피로 계량되기 때문에 항상 우유성분 조성을 kg/hL 단위로써 나타낼 것이다.

원유 분석기에는 적절한 단위가 입력되어 있어야 하고, 이러한 단위가 원유의 표준화 계산과 자동식 표준화 체제에서 사용되도록 하는 것이 매우 중요하다. 수분을 함유하는 성분의 화학적 분석은 무게 단위를 사용하기 때문에 우유 분석기를 중량 % 단위로(kg/100 kg)로 해 주는 것이 편리하다. 필요한 경우 W/V값은 다음 공식※을 적용하여 추정할 수 있다(예를 들면 kg/100 kg). 만약 필요하다면 w/v값은 아래 식을 사용하여 추정할 수 있다.

※ 이 공식은 미국 농무성이 펴낸 “Marketing Research Report 701, 1965”의 자료로부터 작성되었다. 주어진 온도 하에서 원유 밀도(성분들의 밀도) 값은 반드시 주어져야 함을 주의하라. 예를 들면, 만약 원유 조성분 값이 W/W단위로 주어졌고, 32℃에서 치즈벳트에 원유를 붓기 위해 W/V를 알고자 하면 32℃에서의 우유의 밀도를 알아야 한다. 평균 성분 조성(4.0% 유지방율)을 갖는 원유의 밀도는 다음 공식 계산에 따라 추정이 가능하다(이 공식은 Marketing Research Report 701, 1965, United States Departmet of Agriculture, Washington, DC로부터 유도된 것이다).

$$W/V = W/W \times P_T \tag{4}$$

여기서 P_T는 온도 T에서의 밀도이다.

$$P_T = 1.0366-0.00035\ T \tag{5}$$

평균 성분조성(4.0% 유지방율)을 갖는 원유의 각 온도 밀도는 다음과 같다.

온도(℃)	4	10	20	32	37	40
밀 도	1.0352	1.0331	1.0296	1.0254	1.0237	1.0226

4. 계 산

첨가해야 하는 탈지유나 탈지 분유량을 계산하거나 제거해 내야 할 크림량을 계산할 때 다음 단계들을 거쳐서 진행해야 한다. 가령 어떤 치즈 제조업자가 체다치즈를 제조하기 위해 10,000리터(100 hL)의 원유를 치즈벳트에 채웠다고 하자.

제1단계: 원유 자동 분석기를 통해 우유의 지방량과 단백질량을 측정한다. 만약 우유 분석기를 사용할 수 없다면 원유의 지방함량을 다음 공식에 대입하여 조단백질 함량을 구할 수 있다.

$$단백질\ kg/hL=(0.4518\times 지방의\ kg/hL)+1.521$$

예를 들어 계산하기 위해 공시우유는 3.5 kg/hL의 지방과 3.10 kg/hL의 단백질을 포함하고 있다고 하자.

제2단계: 체다치즈의 지방, 수분과 F/DM의 요구량을 결정한다. 캐나다 농산물 규격법(Agricultural Products Standards Act)에 따르면 체다치즈의 최소 요구 지방 함량은 30.0%이고, 최대 수분함량은 39.0%이다. 그러므로

$$FDM=지방\%/고형분\%=30.0/(100.0-39.0)=49.2\%$$

제3단계: 우유의 요구되는 단백질/지방(P/F)비를 결정한다. 체다치즈에서는 FDM이 50.8%이어야 하며, 이를 위해 요구되는 P/F는 약 0.96이다(표 6-1 참조).

제4단계: 첨가되어야 할 탈지분유량; 혹은 제거해야 하는 지방량 혹은 첨가되어야 하는 탈지유의 함량을 계산한다.

1) 탈지분유 첨가에 의한 원유의 표준화법

① P/F=0.96로 맞추기 위해 필요한 단백질% 계산

$$필요한\ 단백질\% = 0.96\times 지방\%=0.96\times 3.50=3.36$$

② 첨가해야 할 단백질량=3.36-3.10※=0.26 kg/hL

※우유 중의 단백질 함유량

③ 치즈원유 100.00 hL(10,000 L)에 첨가해야 하는 단백질량의 계산

$$단백질\ 필요량 = 0.26\ kg/hL\times 100.00\ hL=26.0\ kg$$

④ 탈지분유(SMP)의 단백질 함량을 35.0%(한국의 탈지분유 단백질 함유량은 58.3%임 - 역주)라고 가정하여 첨가해야 할 탈지분유 총량을 계산한다. 만약 탈지분유의 분석이 가능하다면 단백질의 함량을 정확하게 알아야 한다. 그러나 탈지분유 제조업자는 적어도 이 정도의 정보는 제공해 줄 것이다. 우유 분석기를 사용하여 측정할 수는 있다.

탈지분유 총 요구량 = 26.0 kg/0.35=74.0 kg

표준화 계산의 점검

우유 내 지방 중량	3.50 kg/hL × 100.00 hL=350.0 kg
우유 내 단백질 중량	3.10 kg/hL × 100.00 hL=310.0 kg
탈지분유 내 단백질 중량	0.35 kg/hL × 74.00 hL=26.0 kg
총 단백질량	310.0 kg/hL × 26.00 hL=336.0 kg
표준화 우유의 P/F비	336.0 kg/hL/350.0 hL=0.96

2) 지방제거에 의한 원유의 표준화

① P/F=0.96로 맞추기 위해 요구되는 지방량 계산

지방 필요량 = 단백질 kg/hL/0.96 = 3.1 kg/hL/0.96=3.23 kg/hL

② 피어슨 사각법을 사용하여 제거되어야 하는 크림량(L)을 계산한다. 크림 분리기는 30 kg/hL의 지방을 함유하는 크림을 생산한다고 가정하자.

표준화된 우유 3.23 kg/hL		30.00-3.50=26.50 parts 표준화된 우유량
	표준화 할 우유(원유) 3.50 kg/hL	
크림 30.00 kg/hL		3.50-3.23=0.27 parts 제거되는 크림량
		26.50+0.27=26.77 총량

이것은 제거되는 크림과 표준화된 우유의 부피비율이 0.27 : 26.50임을 나타낸다. 즉 표준화에 사용할 원유 총량은 26.77(0.27+26.50)임을 의미한다.

여기서 퍼센트(%) 개념으로 보면 각 성분들은:

표준화된 우유	100 × 26.50/26.77=98.99% w/v
제거해야 할 유지율 30% 크림	100 × 0.27/26.77=1.01% w/v

③ 3.23%의 지방을 함유하는 표준화 원유를 준비하는 데 있어서 10,000 kg 우유로부터 30% 지방의 크림을 얼마만큼 제거해야 하는지를 계산하자.

제거되어야 할 크림의 양 = 100 hL의 1.01% = 1.01 hL 또는 101L

④ 계산 점검

우유 내 지방 중량	3.50 kg/hL×100.00 hL=350.0 kg
크림으로 제거한 지방 중량	30.00 kg/hL×1.01 hL=30.3 kg
표준화 우유 내에서 지방 중량	350.0 kg-30.3 kg=319.7 kg
우유의 정미 부피(L)	100.00 hL-1.01 hL=98.99 hL
단백질 중량	3.10 kg/hL×98.99 hL=306.9 kg
P/F비	306.9/319.7=0.960

⑤ 제거해야 할 크림의 중량을 필요에 따라 조정한다. 만일 당신이 자기 치즈벳트 안에 그 벳트에 채울 수 있는 양만큼을 가득 채우고자 한다면 최초 추정한 크림 제거량에 근거하여 실제 제거해야 하는 크림량을 재계산해야 할 것이다.

표준화된 원유의 부피를 100 hL로 하고자 하는 경우에는 다음과 같이 계산할 수 있다.

신선원유의 대략적인 총 부피	100.00 hL+1.01 hL=101.01 hL(100/0.9899=101.02 hL)
제거되어야 할 크림의 중량	101.01 hL의 1.00%=1.01 hL(101.02×0.0101=1.02 hL)
표준화 우유의 최종 부피	100.00 hL-1.01 hL=99.99 hL(101.02-1.02=100 hL)

※ 괄호 밖의 계산법과 괄호 안의 계산법 두 방법으로 계산할 수 있는데, 괄호 안의 계산식이 더 합리적이다.

3) 탈지유 첨가에 의한 표준화

다음의 계산은 탈지유의 단백질 함량이 표준화하고자 하는 신선원유의 탈지한 부분의 단백질 함량과 같은 수준이라는 가정 하에 만들어진 것이다. 실제로 탈지유가 동일한 원유로부터 제조된 것이라면 이러한 가정은 옳다.

① 피어슨 사각법을 사용하여 위의 "2) ②"에서 계산한 것과 같이 지방함량 3.23%의 표준화 우유를 얻는데 요구되는 탈지유의 양과 우유를 계산해낸다.

탈지유 0.10 kg/hL		3.5-3.23=0.27 parts 첨가해야 할 탈지유량
	표준화된 우유 3.23 kg/hL	
표준화 할 우유 3.50 kg/hL		3.23-0.10=3.13 parts 표준화 할 우유 사용량
		0.27+3.13=3.40 총량

이 결과는 탈지유와 원유 혼합 비율을 0.27 : 3.13으로 해야 하는 것을 의미한다. 이것을 퍼센트(%) 개념으로 보면 다음과 같다.

탈지유	100×0.27/3.4=7.9%
표준화 할 우유	100×3.13/3.4=92.1%

② 탈지유 총량과 원유 요구량 계산법

표준화 할 우유 중량	100 hL의 92.1%=92.10 hL
0.1% 탈지유의 중량	100 hL의 7.9%=7.90 hL

③ 계산 점검

표준화 할 우유 내의 지방 중량	3.50 kg/hL×92.10 hL=322.4 kg
탈지유 내의 지방 중량	0.10 kg/hL×7.90 hL=0.80 kg
총 지방 중량	322.4 kg+0.8 kg=323.2 kg
단백질 중량	3.10 kg/hL×100 hL=310.0 kg
P/F비	310.0/323.2=0.959

5. 크림의 첨가

우유의 P/F는 지방함량이 낮은 우유에서 높다. 실제로 우유의 유지방함량이 3.0%보다 낮은 우유를 사용하여 P/F = 0.96로 조절하여 치즈의 FDM = 50%인 full fat 치즈를 만들고자 한다면 지방분을 첨가하는 것이 필요하게 될 것이다.

치즈에서 요구되는 FDM이 50% 이하인 경우에는 우유에 꼭 지방분을 첨가하지 않아도 된다. 우유의 P/F는 가을과 이른 겨울에 높다. 그래서 이 시기에 full fat치즈를 제조하기 위해서는 지방이 첨가되어야 한다. 더블크림 블루나 더블크림 하바티 같은 치즈에는 지방을 첨가해야 한다. 유지방함량을 알고 있는 크림을 사용하는 경우, 위의 예시에서 나타낸 방식과 유사하게 피어슨 사각방정식을 사용하여 요구되는 크림의 첨가량을 계산한다.

6. 표준화법의 일반적 지표

① 당신 치즈의 현재 성분조성을 파악한다.

② 우유의 지방과 단백질 함유량을 정확히 그리고 매일 파악한다.

③ 우유의 양이나 중량을 정확히 측정하고 정확한 기록을 유지한다.

④ 만약 치즈 제조시 탈지분유를 첨가한다면 단백질 함량이 알려진 고품질, 저온제조, 무항생제 분유만을 사용한다. 탈지분유의 유청단백질의 과도한 변성으로 인해 치즈의 응고에 지장을 초래하지 않게 하고 치즈조직상 결점이 되지 않도록 하기 위해 저온제조 탈지분유를 사용해야 한다. 저온제조 탈지분유를 확인하기 위하여 그 공급자에게 유청단백질 질소계수(Whey protein nitrogen index, WPI)가 6.0 이상인 점을 확증해 줄 것을 요청한다. 응고에 대한 열처리 효과와 치즈 품질에 관해서는 제8장에서 거론하겠다.

⑤ 원유에 첨가되는 탈지분유나 탈지유량 그리고 원유에서 제거해야 하는 크림량의 중량을 정확히 측정해야 한다.

⑥ 표준화 원유로 제조한 치즈의 조성분 함량을 측정하고 필요하다면 그 다음날 치즈원유에 지방량과 단백질 비율을 조정한다.

⑦ 스타터 배양액을 첨가하는 경우에는 치즈원유에 사용한 스타터 배양액에 함유된 단백질의 양을 계산하여 표준화 시에 첨가하는 단백질의 양에서 그 부분은 빼 주어야 한다.

⑧ 치즈원유 내의 무지고형분 물질의 최대 권장량은 11%이다. 정상적인 우유는 약 9%의 무지고형분을 함유한다. 그래서 탈지분유의 최대 첨가수준은 2%이다. 만약 P/F비율을 더 높여야 하는 경우에는 탈지분유를 첨가하는 것보다 지방을 제거하거나 탈지유를 첨가하는 것을 권장한다. 다른 대안으로는 약간의 분유를 첨가하고 나서 크림제거나 탈지유를 첨가함으로써 표준화를 완성한다.

⑨ 정밀한 계량 장비 없이는 정확한 표준화를 행하는 것은 곤란하다. 당신이 우유성분 분석기를 보유하고 있다면 우유를 벳트에 넣고 난 후 최종적인 우유구성 성분을 분석한 다음 그때 비로소 요구된 탈지분유와 크림을 첨가하여 P/F비를 적합하게 조정할 수 있다.

⑩ 제조된 치즈의 구성분 함량을 정확하게 예측하는 것은 거의 불가능하다. 그러나 치즈의 제조 조건과 원유의 조성분이 매일매일 똑같다면 매우 정확하게 치즈의 구성분 함량을 상당한 수준으로 예측해 낼 수 있을 것이고, 그때 비로소

치즈원유의 "매우 적합한 조정"도 뒤따를 수 있을 것이다. 그래서 정확하고 완전한 기록을 보존해 나가는 것이 매우 중요한 것이다.

⑪ 표준화 할 때 계산을 하고 중량을 재고 눈금을 읽을 때 정확한 단위를 사용하는 것에 주의하라. 분석 부분을 참조하라.

제 7 장

스타터 배양액

1. 치즈스타터 배양액의 일반적인 기능

유산균과 다른 미생물은 치즈원유에서 오염원으로 존재하고 있다. 치즈제조 중에도 환경에서 다른 미생물들이 오염된다.

치즈원유를 냉각하지 않은 상태로 가져다가 치즈를 제조하면 스타터 배양액을 첨가하지 않고서도 치즈를 제조할 수 있다(실제로 스위스의 일부 알프스 치즈 공장이나 이태리, 아시아 고지역에서는 스타터를 사용치 않고 원유에 함유된 유산균만으로 치즈를 제조하고 있다 - 역주). 그러나 통상적인 치즈제조에서는 원유를 사용하든 살균유를 사용하든지 간에 원유에 개량된 치즈스타터균을 사용하고 있다.

스타터 배양액이란 세균, 효모 그리고 곰팡이로서 치즈원유나 치즈에 인위적으로 접종할 수 있게 배양된 미생물 첨가물을 말한다.

가장 광범위한 용어개념으로서 스타터 배양액은 치즈제조에서 크게 두 가지 목적을 갖는다:

① 산 생성

② 숙성 촉진

유산균 배양액은 이 두 가지 기능을 달성하게 해주고 다른 수많은 특수 스타터 혹은 부가적인 2차 스타터는 두 번째 기능(숙성 촉진)을 돕게 하려고 첨가한다.

1) 산 생성

원유를 따뜻한 온도에서 방치하면 시간이 경과함으로써 pH가 변화함에 따라 미생물 분포가 바뀐다(그림 7-1 참조).

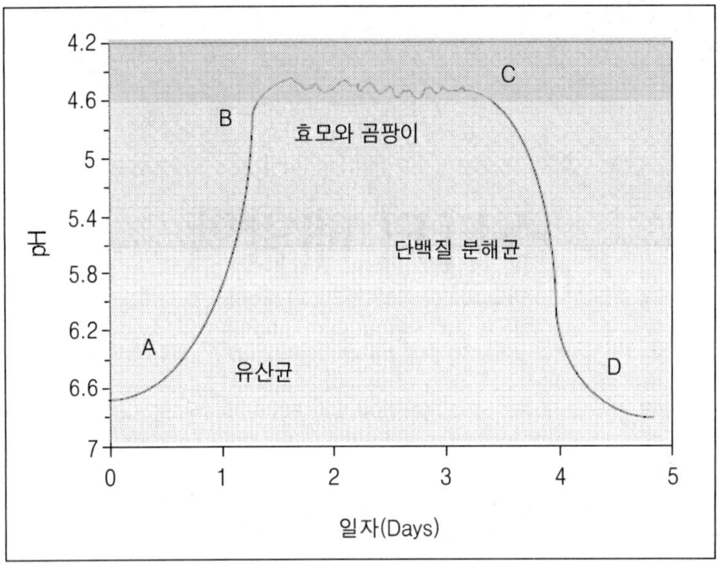

그림 7-1. 원유의 자연적인 발효과정 중의 미생물 분포변화

A-B : 원유의 자연적 pH(6.6～6.8)와 온도가 20℃ 이상인 상태에서 유산균은 신속히 유당을 분해시켜 유산을 생성한다. 대부분의 다른 세균류는 유당을 이용하지 못한다. 유산은 pH를 낮추어 주면서 대부분의 세균 생육을 억제하게 되고 종국에는 유산균의 생육까지도 억제한다.

B-C : 그때 내산성을 가진 효모와 곰팡이가 증식하기 시작하면서 유산을 이용하는데, 이 상태에서 유산균의 추가적인 증식이 이루어진다. 이와 같은 상호 보완 현상은 모든 유당이 소모되기까지 지속된다.

C-D : 효모와 곰팡이는 종국에는 단백질 분해균과 합세한다. 이들 그룹은 함께 유산을 소모하거나 단백질 분해물질에 의해 산이 중화된다. 색깔이 표시된 구역은 매우 일반적인 pH 내성, 병원성 세균으로서 pH 5.6～7.0(약산성)에서 증식하는데, 어떤 것들은 pH 5.6 이하에서(중산성) 증식할 수도 있고 또 이런 것들은 아주 낮은 수치지만 pH 4.6(강산성) 이하에서도 생존할 수 있다.

원유를 조절된 방법으로 발효유를 제조할 때 발효의 첫 번째 중요한 현상은 유산균에 의한 산의 생성이다. 산 생성은 치즈풍미, 조직, 위생적 안전성에 절대적으로 필요한 조건이다. 산은 다음과 같은 현상을 위해 필요하다.

(1) 응고 보조

pH가 낮을수록 응고가 빨리 되며, 산 응고에 의해 제조하는 치즈에서는 산이 응고를 유발시키는 유일한 요인이다.

(2) 수분방출 촉진

이것은 치즈의 수분함량을 조절할 수 있는 가장 결정적인 수단이다. 산도(특정 점으로 낮아진 pH)는 커드 내 단백질 매트릭스를 수축시키고 그 안에 있던 수분을 밖으로 짜내게 한다. 이렇게 단백질 구조의 수축에 의한 수분 방출과정을 “시네레시스(Syneresis)”라고 한다.

(3) 병원균과 부패성 세균 증식억제

적당한 속도의 산 생성과 산의 생성량은 자연치즈의 품질과 안전성 확보 면에서 가장 중요한 원칙이다. 유산발효 공정이 없는 치즈류, 그러니까 레-코타 같은 치즈들을 제외한 모든 치즈에서 벳트 내 원유의 적절한 배양과 산 생성이야 말로 치즈 안전 면에서 살균에 맞먹을 정도로 중요한 핵심요소라고 강조해 두고자 한다.

치즈의 조직, 향미, 색조 증진, 다음에 제시하는 일반적인 상호성은 모든 치즈류에서 나타나는 현상이다.

① pH가 높으면 부드럽고, 비누맛, 과일맛이 나고 쓴맛 치즈를 낸다.

② pH가 낮으면 부서지기 쉬운 조직과 얼룩덜룩한 색의 치즈를 낸다.

2) 치즈숙성에 기여함

유산균에 의해 생성되는 성장인자들은 치즈의 바람직한 풍미 형성, 조직 구성에 기여하는 비 스타터성 세균류의 성장에 필요하다.

유산균에 의해 생산되는 효소(lipases와 proteases)는 치즈의 내부 숙성에 기여하고, 향미 생성과 조직 발달 모두에 중요하게 작용한다.

특정의 스타터나 부가적인 스타터균들은 치즈눈 발생, 표면숙성 등을 일으킨다. 이에 대해서는 제 7장 5절을 참조하라.

2. 유산균의 일반 특성

유산균 배양액을 종종 “스타터”라고 부르거나, lactic acid bacteria의 두 문자 표시인 ‘LAB’로 나타내곤 한다. 아래의 내용은 LAB의 특징이며, 이러한 특징들은 동정에도 사용할 수 있다.

① 비운동성, 그람 양성(+)균

② 무포자 형성균

③ 카탈레이스(catalase, 과산화수소 분해효소) 음성, 간단한 카탈레이스 활성검사를 하여 유산균 배양액 내에 세균의 오염여부를 확인할 수 있다.
④ 미 호기성균, 이 말은 유산균은 오직 낮은 농도의 산소에만 견딜 수 있다는 뜻임.
⑤ 비 내냉균, 이 말은 유산균을 저온에 보관하면 신속하게 세균수가 감소되고 제 4장에서 언급한 대로 부패성 세균의 증식이 유발된다는 뜻임(부패성 저온성 균의 증식이 진행됨을 의미함).
⑥ 직경 1 ㎛ 정도의 구균(구형의 세포) 혹은 폭 1 ㎛에 길이 2～3 ㎛ 크기의 간균(막대모양의 세포)이다.

3. 유산균의 분류

유산균의 분류는 복잡하다. 그 동안 많은 LAB의 균명이 재명명되었기 때문이다. 표 7-1에는 일반적인 유산균 스타터 균주들의 신・구 학명들이 정리되어 있다.

유산균 스타터 균주들을 일반 기술적 측면과 성장 특성에 따라 구분 지으면 유산균 이용에 유용하다. 이러한 견지에서 LAB는 이른 바 다음과 같이 4개 기준에 의해 4그룹으로 구분될 수 있다:

주요 대사산물(발효의 최종 생성물)

① 최적 증식온도: 중온균 대 고온균
② 스타터 균주의 구성에 따라:
③ 순수균종으로 유지되면서 혼합하여 사용하는 것들
④ 혼합균주로 사용하는 것들
⑤ 순수(단일) 균주들
⑥ 접종방식에 따라:

1) 주요 대사산물

대사산물에 의해 정상발효 유산균과 이상발효 유산균으로 분류할 수 있다. 정상발효란 가스(CO_2)나 풍미성분은 미량 생성하고 유산이 주요 대사산물이 됨을 의미한다. 이상발효란 유산이 주요 최종 대사산물이기는 해도 기술적으로는 한두 가지의 다음과 같은 생성물을 뚜렷한 용량으로 내놓는 형식의 발효를 말한다.

이산화탄소(CO_2)는 하바티, 가우다 그리고 다른 치즈류에서 소형의 치즈눈을 형성한다. 가스 생성은 대부분의 치즈에서는 결점 요인이다.

① 초산과 프로피온산과 같은 단쇄 지방산
② 요구르트향의 주성분인 알데하이드(aldehyde)
③ 발효크림, 버터밀크, 네덜란드형 치즈류와 하바티치즈의 주요 향미 성분인 다이아세틸(diacetyl)
④ 에틸알코올(효모가 함유된 혼합 배양에만 적용됨)

2) 최적 생육온도

최적 생육온도에 따라 중온유산균, 고온유산균으로 분류할 수 있다. 중온균이란 저온(저온균) 혹은 고온(고온균)보다는 중간 범위 온도를 더 좋아하는 균들이다.

① 중온성 균의 최적 증식온도 범위는 30~35℃이다.
② 20℃ 이하에서는 산 생산성이 느리거나 산생성이 안 된다.
③ 39℃ 이상 온도에서 증식이 억제된다.

일반적으로 커드를 고온에서 가온하여 유청을 배출시키는 치즈가 아니면 중온성 균을 사용한다.

여기에는 체다, 연질 숙성치즈, 대부분의 신선치즈 그리고 커드 세척을 하는 모든 치즈들이 포함된다.

여기에는 정상발효균과 이상발효균 모두가 포함된다(표 7-1).

고온균 유산균은 40℃ 이상에서도 증식이 가능한 유산균이다.

치즈제조 공정상 고온균이 나타내는 주요 특성들

① 39~50℃의 범위 안에서 최적 성장을 한다.
② 55℃ 혹은 더 높은 온도에서도 생존한다.
③ 고온성 균의 최적 증식온도는 대략 20℃ 이하인데, 이 온도 이하에서는 총 세균수가 급격히 감소한다. 그러므로 고온성 균 벌크스타터는 20℃ 이하에서 보관해서는 안 된다.
④ 고온균 스타터는 통상적으로 구균과 간균의 혼합물이고, 벳트에 접종 당시에는 두 균의 수가 동일한 수준을 유지하고 있다. 구균/간균 혼합균은 전체적인 증식과정에서 상호협력 관계가 형성되어 증식을 하기 때문에 이들을 따로 증식시킬 때보다 증식속도나 산 생산성이 매우 빨라진다. 간균은 구균의 증식에 필요한 아미노산과 펩타이드를 생산 공급하고, 구균은 간균이 필요한 formic

acid를 생산 공급한다.

⑤ 간균과 구균 사이의 균형은 온도와 pH에 의해 조정될 수 있다.

㉠ 구균은 간균(최적온도는 대략 39℃)보다 높은 온도(최적온도는 대략 46℃)를 선호한다.

표 7-1. 치즈 제조에 일반적으로 사용되는 유산균 스타터의 주요 특성

중 온 균		
구 학명	신 학명	주요 특성
Streptococcus cremoris *Streptococcus lactis*	*Lactococcus lactis* ssp. *cremoris* *Lactococcus lactis* ssp. *lactis*	· 가장 보편적인 중온균이며 정상 발효균으로서 두 균주가 혼합된 혼합균주로 사용됨 · 많은 중온성 치즈류, 신선치즈, 체다, 미국형 치즈류의 스타터로 쓰임
Leuconostoc citrovorum *Leuconostoc lactis*	*Leuconostoc mesenteroides* spp. *cremoris* *Leuconostoc lactis*	· 이상발효 유산균: 구연산 발효: CO_2와 diacetyl을 함께 생성한다. · 흔히 전통적인 발효버터와 버터 밀크생산을 위해 *L. lactis* ssp. *cremoris/lactis*와 혼합하여 사용된다. · 작은 치즈눈 형성 치즈를 위해 사용되기도 한다.
Streptococcus diacetylactis	*Lactococcus lactis* ssp. *lactis biovar. diacetylactis*	· 이상발효 유산균: 구연산 발효: CO_2와 diacetyl을 함께 생성한다. · 작은 치즈눈 형성 치즈들의 제조에서 정상 발효균인 lactoccoci(유산구균)와 혼합하여 사용한다.
고 온 균		
구 학명	신 학명	주요 특성
Streptococcus thermophilus *Lactobacillus helveticus*	*Streptococcus salivarus* ssp. *thermophilus* *Lactobacillus helveticus*	· 보통 고온에서 제조하는 스위스 이태리 계통 치즈제조시 고온구균/고온간균의 혼합 배양액이 사용된다. · *L. helveticus* 균주로서 galactose 발효균은 모짜렐라 치즈 갈색화와 체다치즈 단백질분해 촉진을 위해서 사용된다.
Lactobacillus bulgaricus	*Lactobacillus delbrueckii* ssp. *bulgaricus*	· 일반적으로 요구르트 생산을 위해 *S. salivarius* ssp *thermophilus*와 혼합하여 사용한다. · 고온 치즈에서 *L. helveticus* 대용균으로 사용됨
Lactobacillus lactis	*Lactobacillus delbrueckii* ssp. *lactis*	· 프로바이오틱 요구르트나 마일드 한 요구르트 생산에서 요구하는 저 산성 제품 생산시 *L. helveticus*나 *L. bulgaricus*균의 대용균으로 사용됨

ⓛ 간균은 구균보다 내산성이 높다. 그래서 일반적으로 구균은 초기 산 생성을 주도하고 간균의 증식을 돕는다. 그러나 산도가 증가함에 따라 간균이 구균보다 빠르게 증식하기 시작한다.

⑥ 어떤 고온성 간균류는 포도당(glucose) 뿐만 아니라 갈락토오스(galactose)도 발효에 이용하는데, 이는 모짜렐라 치즈와 같은 종류에서 유용한 성질이다.

⑦ 요구르트 스타터는 간균과 구균을 함유하고 있기 때문에 요구르트의 특징적인 향미 성분인 아세트 알데하이드(acetaldehyde)를 생성하지만, 어떤 고온성 LAB에서도 이런 성분을 생성하는 이상발효성을 갖고 있지 않는 것으로 알려져 있다(표 7-1).

3) 스타터 균주의 구성

순수 스타터 균주(Pure defined culture)로 정해진 것들은 자연계의 혼합 균들로부터 특별한 기능 즉, 단백질 분해성이나 박테리오페이지(세균성 바이러스, 이하 페이지)에 대한 저항성을 가진 것으로 인정된 것들이 단일 균주로서 선발된 것들이다.

① 페이지의 감염을 피하기 위하여 이들 단일 균주들이 돌려가며(로테이션 식으로)사용되기도 한다.

② 이들 균주를 사용하면 산 생성과 향미물질의 생성이 항상 일정하게 유지되는 장점이 있다.

③ 페이지 감염을 피하기 위하여 이들 혼합체들을 돌려가며(로테이션 식으로) 사용되기도 한다. 산 생성과 향미물질 생성이 항상 일정한 장점이 있다.

④ Mixed culture(혼합 스타터 균주)는 자연 생태계와 비슷하게 불특정 균주들이 혼합되어 있다. 혼합균주는 복합적인 페이지 내성 시스템을 갖추고 있다. 아직까지는 혼합균주(mixed culture)는 중온균 혼합 스타터가 일반화되어 있고, 고온균 스타터의 경우는 순수 균주 혼합균주(mixed defined culture)로 사용된다. 치즈 제조하는 벳트 마다에서 산 생성이나 향미물질 생성이 다른 것이 단점이다.

4) 접종방식

스타터균은 다음 세 가지 일반적인 형식 중 하나로 치즈원유에 접종될 수 있게 유통되고 준비된다.

① 전통적인 스타터균은 몇 차례에 걸친 증균을 위한 계대배양이 필요하다. 이런 계대배양 시스템에는 미생물학적인 설비가 필요하고 전문가가 필요하기 때문에 주로 규모가 큰 공장에서 이용한다. 혼합 스타터를 사용하는 소규모 공장에서도 이를 사용할 수 있다.

② 치즈벳트에 바로 접종하는 벌크스타터 : 이 시스템은 스타터 공급업체가 균주의 순수배양, 계대배양과 벳트에 바로 접종, 사용할 수 있는 벌크배양액(bulk culture) 제조에 접종할 수 있는 벌크스타터(bulk set starter) 완제품까지를 완성하여 공장까지 운반하는 등을 모두 담당해 준다. 이 방법은 비용이 확실하게 절감되기 때문에 중규모나 대규모 공장에서 적합하다(스위스의 마을단위 치즈 공장들은 연방낙농연구소 지부에서 공급하는 치즈용 벌크스타터를 주문하여 택배로 배달받아 직접 벳트에 투여한다 - 역주).

③ 직접 벳트 접종용 스타터(Direct Vat Set, DVS)는 공장에서 더 이상 증균작업을 하지 않아도 된다. 치즈원유에 직접 접종시킬 수 있도록 농축 건조한 스타터 분말은 스타터 균주 공급업체에 의해 직접 공급된다.

4. 유산균 스타터의 치즈제조와 관련한 기타 특성

위에서 언급한 스타터균들의 제 기능에 더하여 치즈제조에 중요한 기술적인 다른 기능들을 다음 목록에 정리하여 두었다. 여기서 말하는 기술적인 제 특성의 많은 것들의 유전자는 염색체 외 유전물질인 '플라스미드(plasmids)'에 배열되어 있다는 점에 주목해야 한다. 플라스미드 역시 불안정한 존재이다. 플라스미드가 갖고 있는 장점 중의 하나는 이것이 원하는 유전자를 다른 세균체 내로 옮겨줄 수 있다는 점인데, 미생물학자들은 어떤 LAB가 갖고 있는 기술적인 기능들의 유전자를 plasmid를 이용해서 다른 LAB에 쉽게 옮겨 넣을 수 있다.

① 유당의 대사 : 전부는 아니지만 거의 대부분의 LAB가 유당을 대사 할 수 있다.

② 갈락토오스 대사 : 갈락토오스 발효능력은 이태리식 치즈의 후기 유산생성에 중요하고 모짜렐라 치즈의 갈 변화를 조정하는 데 중요하다.

③ 치즈 향미 증진에 결정적인 단백질분해 특성

④ 페이지(세균성 바이러스)에 대한 저항성

⑤ 치즈 향미 증진(다이아세칠 혹은 버터밀크 향미)과 가스형성에 영향을 주는 구연산 대사 능력

⑥ 박테리오신 생산, 이 물질은 세균에 의해 생산되어 다른 세균의 증식을 억제하거나 사멸시키는 항생물질이다.

⑦ 박테리오신에 대한 저항성

⑧ 항생물질에 대한 저항성

※ 플라스미드(plasmids) : 세균의 염색체 외 세포질에 존재하는 유전자. 세균의 숙주 염색체와는 독립하여 존재하고 스스로를 복제할 수 있는 유전자 - 역주

5. 보조 스타터균

유산균 스타터 균주 외에 추가적으로 특수한 기능 발현을 위해 부가적인 스타터가 사용되는데, 주로 치즈 숙성시 특별한 기능(치즈의 향미 증진과 조직 발달)을 촉진시키고자 사용된다.

① 치즈의 큰 눈 형성 : *Propionibacterium freudenreichii* subsp. *shermaniee*

② 백화피(白化皮) 곰팡이 : *Penicillium camembertii, P. caseicolum*, 그리고 *P. candidum*

③ 청/녹색 맥(脈) 형성 곰팡이 : *Penicillium roqueforti, P. glaucum*

④ 점질성 표면 숙성

㉠ 효모와 곰팡이류

㉡ *Brevibacterium linens*를 포함한 여러 가지 코리네형 세균류, 몇 가지 종류의 구균류, 그리고 몇 가지 종류의 포도상 구균류

⑤ 숙성촉진 물질류

㉠ 정규의 유산균 스타터에 첨가물로서 다른 세균이나 효모 배양물이 추가된다.

㉡ 그 활력을 약화시킨 스타터 배양물이 증식 목적이 아닌 그 스타터가 보유한 효소활용을 위해 추가된다.

㉢ 치즈 숙성중의 증식과 그 균의 생성 효소를 이용하기 위하여 유산간균류나 페디오코쿠스(Pediococci) 균류가 추가된다.

6. 스타터의 생산, 유통 그리고 보존

1) 상업적인 스타터 제품

현대의 유전공학 기술은 특정의 기술적 제 기능 발현을 위한 진보적인 스타터균들을 개발할 수 있는 기회들을 제공한다. 그러나 상업적인 수준에서의 스타터 제품화는 상당히 간단히 이루어진다.

① 유산균 스타터는 유산에 의해 저해를 받지 않고서 최대로 증식할 수 있는 완충배지 안에서 증식된다.

② 증식된 세포들은 원심분리에 의해 농축된다.

③ 농축된 세포들은 신속하게 동결되거나 동결건조(냉동건조)된다. 동결 또는 동결건조(-40℃)된 스타터균은 활력 부차적 손상 없이 수개월 동안 저장할 수 있다. 동결건조된 스타터균을 다시 증식시키는 경우 접종 후 대수기에 들어가기 전의 유도기(lag time)가 길다.

2) 치즈공장에서의 스타터 사용요령

벳트 직접 접종식(DVS) 스타터는 무균적 조건하에서만 벳트에 첨가되어야 한다. 치즈공장에서 벌크 스타터를 제조하는 과정은 다음과 같다.

① 스타터는 격리된 제조실에서 제조해야 한다. 스타터 제조실은 2 ㎛ 헤파 필터(∅0.2 ㎛ 여과막)로 여과된 공기에 의해 양압이 유지되어야 한다.

② 스타터 작업실의 모든 벽면, 천정은 멸균처리 될 수 있는 재질로 설비되어야 한다.

③ 멸균 피펫사용은 물론 200 ppm 농도의 염소 소독액을 사용하여 작업실의 모든 표면과 기구들을 소독해 주어야 한다.

④ 스타터균 배양용 대체 배지: 산패유, 유방염유, 항생제 잔류 우유 그리고 총 세균수가 많은 우유가 아니면 스타터 배지로 가능하다. 10~12% 환원탈지유가 적합한데, 이때 사용하는 탈지분유는 반드시 항생물질 함유여부가 검증되고 확인되어야 한다.

⑤ 유청과 유청분말로 환원시킨 유청액이 사용될 수는 있다. 그러나 완충능이 부족하기 때문에 환원탈지유를 사용하여 생산한 스타터만큼의 세균수를 얻기는 불가능하다.

⑥ 여러 가지 상업적인 스타터 배양용 배지제품들이 있다. 이들 제품의 대부분이 유단백질 분말을 기본으로 사용하고 있다.

⑦ 스타터 배양 배지에는 세균수를 증대시키기 위해 인산을 첨가하여 완충능을 갖게 하는데, 어떤 균주들 특히 *Lactobacillus bulgaricus*에서는 인산에 의해 저해된다.

⑧ 인산을 배지에 첨가하면 유산균에게 페이지 내성을 부여하게 되는데, 이는 인산이 배지 중의 칼슘과 결합함으로써 페이지가 세균 세포벽에 흡착하는 데 필요한 칼슘을 제거하기 때문이다.

⑨ 칼슘이 감소된 환원탈지유에 무수 암모니아 첨가 역시 벌크스타터에서 페이지 증식을 억제해 준다.

⑩ 스타터 배지는 다른 세균을 사멸시키고 증식 억제성분을 불활성화하기 위하여 열처리해야만 한다(88℃ 이상에서 1시간). 가열처리는 산화환원 전위를 낮추어줌으로써(배지 내 산소농도 감소) LAB의 증식을 촉진한다.

⑪ 배양 후 냉각하기 직전의 최적 pH 즉, 발효 정지점(endpoint)은 배양한 균주의 내산성에 의해 4.5와 5.5 사이이다. 만약 이 때 pH가 너무 낮다면 저장기간 동안 균의 수는 감소될 것이다.

⑫ 세포수 증대 요령

㉠ 완충능을 가지는 배지를 사용하여 배지 자체에서 pH가 적절하게 유지되도록 한다.

㉡ NaOH나 수산화암모늄을 첨가하여 pH 5.0～5.5가 유지되도록 한다.

㉢ 중온균과 고온균 배양의 최적의 저장온도는 4～20℃이다. 그렇지만 최적의 저장온도는 특정 균주에 따라 다르다. 이에 대해서는 균주 공급업자와 협의한다. 그러나 단일 벌크스타터(single bulk set culture)를 일 주일간 저장하면서 성공적으로 잘 사용하는 유가공 공장이 많이 있다.

7. 박테리오페이지(세균성 바이러스)

박테리오페이지는 치즈 제조업자들에게 있어서 악몽과도 같은 존재이다. 모든 바이러스에서와 같이 박테리오페이지(이하 페이지)들은 살아있는 세포에 기생성인데, 이것들의 생애주기 한 부분이 세균세포 숙주에 의존되어 있다. 여기에 페이지의 몇 가지 특성과 어떻게 하면 이들을 제어할 수 있는지는 다음과 같다.

① 균체 외 페이지, 이것은 세균 숙주로부터 분리되어 존재하는 페이지 입자로서 성숙페이지 또는 휴면페이지 입자라고 부른다.

② 휴면페이지 입자의 길이는 1 ㎛ 이하 크기로 꼭 정충모양이다.

③ 휴면페이지 입자들은 전체가 DNA(유전물질)와 단백질로 구성되어 있다. 기본적인 구조는 하나의 DNA 중심이 단백질 껍질로 둘러싸여 있는 상태이다.

④ 페이지의 기본적인 생애주기, 즉 용균성 사이클(lytic cycle)은 다음과 같다.

페이지는 세균 세포벽에 꼬리로 흡착을 하고 자신의 효소의 도움을 받아 세포벽에 구멍을 뚫는다. 그 구멍을 통해 세포 내에 DNA를 주입한다. 단백질 껍질은 세균세포 밖에 남아 있다.

⑤ 이렇게 침입이 이루어진 순간부터 세균은 자신의 것 뿐만 아니라 페이지의 DNA와 단백질을 생산하기 시작한다.

페이지 핵산과 단백질 조각들이 스스로 새로운 페이지 입자로 조립하고, 결국 숙주 세균벽을 용해(파쇄하고 개방)하고 배지나 우유 속으로 새로운 페이지 입자들을 방출하게 된다. 이렇게 해서 생산된 새로운 세대의 휴면페이지들은 페이지의 생활주기인 용균 사이클을 반복할 수 있는 상태가 된다. 간혹 페이지에 의해 감염된 세균의 세포벽이 분해되지 않아 페이지를 포함한 상태로 증식하고, 페이지에 감염된 딸 세포를 번식하면서 생존하는 용원균(lysogenic culture)의 형태로 페이지가 감염되는 경우가 있다. 그래서 치즈스타터 균주들은 페이지 감수성과 관련하여 다음 세 가지 중에 한 가지에 해당한다.

㉠ 유전적 내성 혹은 후천적 내성에 의한 무감수성

㉡ 페이지를 함유하고 있는 용원균의 상태. 이 상태에 있는 세균은 다른 페이지 감염에 내성을 갖게 된다.

㉢ 페이지 감수성 균인 경우 페이지는 스타터 배지 안에서 신속히 증식되어 결국 그 스타터 균의 증식을 끝내버릴 것이다. 페이지의 숫자가 $10^3 \sim 10^7$ pfu/mL에 도달했을 때 그 스타터의 증식이 중단된다.

⑥ 페이지는 짧은 잠복기(매 30～50분마다 번식할 정도로 증식속도가 매우 빠르다)를 가지고 대량의 페이지를 방출(한 세균세포 용균 시 50～100개의 새로운 페이지를 방출)한다.

⑦ 페이지는 숙주 특이성(한 바이러스가 한 종류 세균만 공격하는 특성)이 매우 뚜렷하다. 그래서 이것이 치즈공장에서 스타터 균주를 로테이션으로 돌려가며

교대로 사용하는 이유이다. 10종 이상의 다른 스타터 균주들을 확보하여 이들을 매일 로테이션으로 사용한다.

⑧ 페이지에 의한 스타터 배양액의 실패는 초기에는 정상적으로 산이 생성되다가 후반기에 유산균 증식이 느려진 후에 중지되는 형태로 나타난다. 이것은 항생제 잔류로 인한 증식 저해와는 다르다. 항생제가 존재하면 초기부터 유산균 증식이 느리거나 증식이 안 된다 ; 만약 항생제에 의한 저해가 심하지 않으면 항생제 내성이 있는 유산균은 시간이 지나면서 증식과 산 생성이 증가한다.

⑨ 페이지 제어방법 개요

㉠ 최적의 배양실에서 무균적 접종기술을 사용하라.

㉡ 매일 균주를 교대하며 사용하거나 페이지 저항성 내성 균주를 사용하라.

㉢ 스타터 배양에는 페이지 내성용 배지를 사용하라.

㉣ 계대배양 시 페이지 오염을 피하기 위하여 DVS 스타터를 사용하라.

㉤ 유사한 특성을 가지는 두 개의 균주로 혼합균주를 만들어서 사용하라.

㉥ 매일 생산되는 유청을 확실히 제거하라.

㉦ 현재 공장에서 사용중인 스타터의 활력도 검사를 하여 페이지의 감염 여부를 정기적으로 조사하고, 가장 최근 치즈벳트으로부터 나온 유청을 검사하여 페이지 존재 여부를 일상적으로 점검하라.

제 8 장

우유의 응고

1. 우유의 구조

우리는 제 4장에서 우유의 화학적 성질을 살펴보았다.

지금 우리는 우유 응고작용의 이해를 돕기 위해 우유의 물리적 성질에 대해 간단히 살펴보기로 한다. 그림 8-1에서 나타낸 바와 같이 우유 구성성분은 다음과 같이 정리해 볼 수 있다.

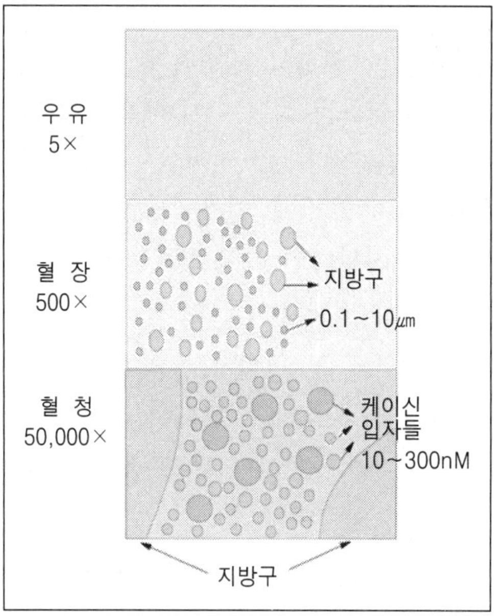

그림 8-1. 우유의 구조적 요소

(After Walstra and Jenness in Dairy Chemistry & Physics, P.4 Wiley & Sons, N.Y)

① 우유는 지방입자(지방구)가 수양액(물이 많은 상태)의 환경 속에 현탁되어 있는 유탁액이다.

② 이 지방구들은 서로 합쳐져 분리된 층(지방구 부상에 의한 지방층 분리나 쳐닝작업)을 형성하지 않는데, 이는 수액 상으로부터 지방입자가 분리되어 존재하도록 지방구 피막에 의해 보호되고 있기 때문이다.

③ 우유단백질의 주요 그룹인 케이신은 물에 녹아있지 않고 마이셀(micelles)이라고 하는 작은 입자(300 nm 이하) 형태로 존재한다.

이제 우리는 다음의 용어들에 대한 정의를 해두고자 한다.

① 우유: 지방구(지방입자)와 케이신 마이셀(단백질 입자들)이 물, 당분(유당) 그리고 무기질 성분 등이 연계 상을 이루는 계(界)속에 현탁되어 있는 것이다.

② 유장(乳漿, milk plasma): 우유에서 유지방구를 분리해 내고 남은 것을 말한다. 실제적으로는 탈지유와 동일하다.

③ 유청(milk serum): 우유에서 지방구와 케이신 마이셀을 함께 제거하고 남은 것이다. 가장 실제적으로는 치즈유청과 같은 것이다.

④ 우유 침출액(milk permeate): 우유에서 지방구, 케이신 입자 그리고 유청단백질을 제거하고 남은 것이다.

응고는 케이신 마이셀이 서로 얽히고 밀접하게 접착되었을 때 일어난다(집합). 케이신 입자는 소수성(물을 싫어하는 성질)이기 때문에 이것의 본래 성질은 엉키려고(서로 덩어리 짐)하는 경향을 띤다.

정상적인 우유에서는 두 가지 요소에 의해 서로 덩어리가 되는 것을 막아준다. 만약 이 요소 중 한 가지가 제거된다면 마이셀들은 덩어리를 만들게 되고, 마치 젤리와 같은 gel상을 형성하게 될 것이다.

① 케이신 마이셀을 안정시키는 첫 번째 요인은 카파 케이신(κ-casein)이다. 이 단백질은 마이셀 표면에 털 모양으로 존재하는 표면활성 기능이 있는 단백질이다. 이 층은 마이셀이 마이셀끼리 너무 근접하여 서로 엉켜 덩어리가 되는 것을 방지해 주는 것을 도와준다.

② 두 번째 요인은 케이신 마이셀 표면이 음전하(-)인 것이다. 우유의 pH 하에서 케이신 마이셀들은 표면이 음전하이기 때문에 마이셀끼리 서로 밀어서 엉키지 않게 된다.

따라서 기본적으로 우유가 응고되는 데에는 두 가지 방식이 있다.

첫째는 마이셀로부터 '털 모양'으로 된 마이셀 표면 활성층(κ -casein - 역주)을 제거하는 것이다. 우리는 이것을 효소적 응유작용이라고 부른다.

두 번째는 마이셀 표면에 배치된 음전하를 없애는 것이다. 그것은 산성화하는 것이다. 유산균에 의해 유산을 생성시키거나 유산, 구연산, 초산 같은 유기산류를 직접 첨가한다(유기산류가 해리한 수소이온(H^+)에 의해 음전하가 감소함으로써 음전하(-)끼리 밀던 힘이 약해져서 전하의 반발력(균형)이 무너져 응고가 일어난다).

가열과 산성화를 동시에 처리하는 방법이 있는데, 이는 산 응고에 있어서 변형방법으로서 레-코타치즈의 경우 뜨겁게 가온된 우유에 산을 첨가하여 케이신(casein)을 응고시킨다.

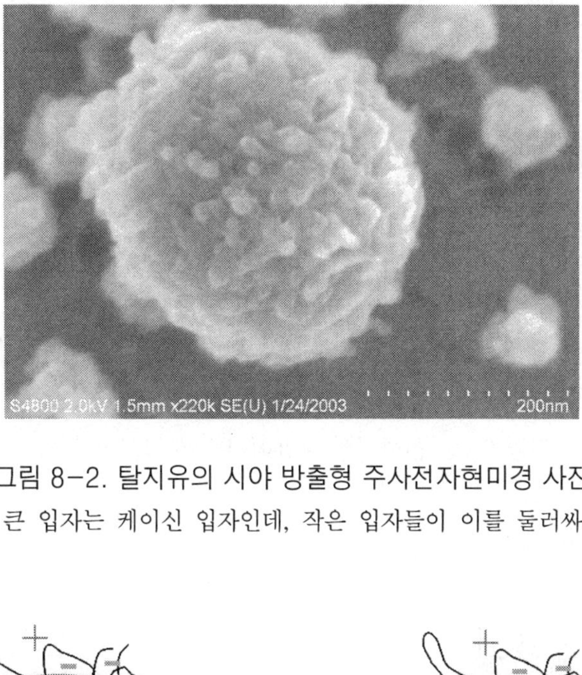

그림 8-2. 탈지유의 시야 방출형 주사전자현미경 사진
(전면의 큰 입자는 케이신 입자인데, 작은 입자들이 이를 둘러싸고 있다)

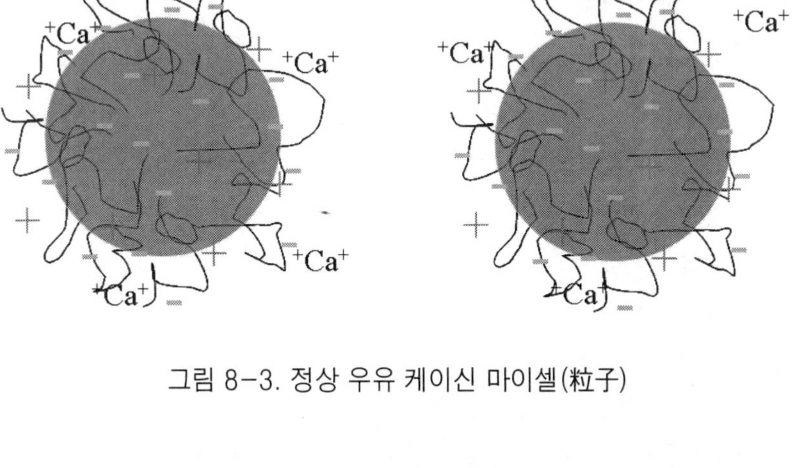

그림 8-3. 정상 우유 케이신 마이셀(粒子)

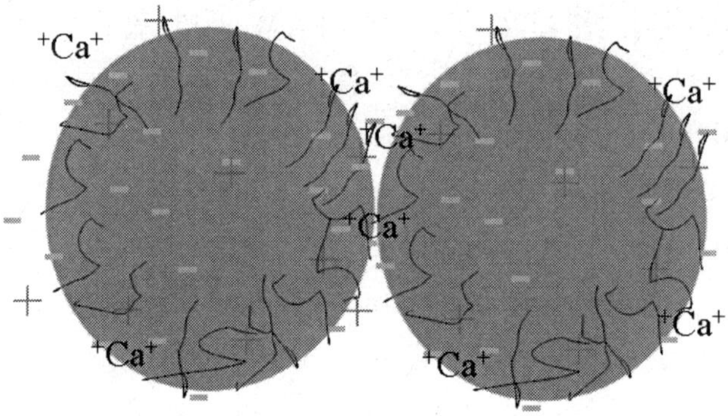

그림 8-4. 렌넷 처리한 우유 중의 케이신 마이셀

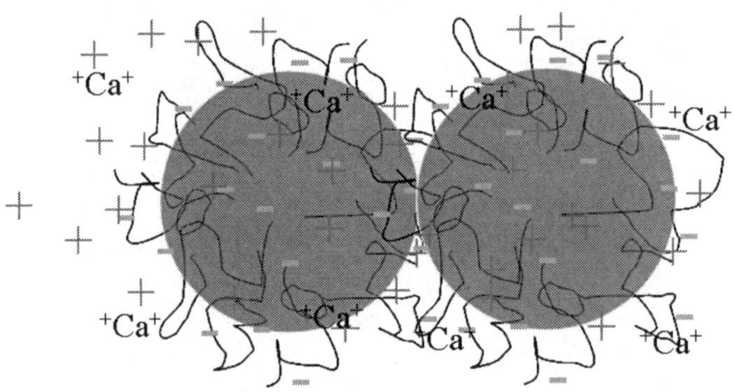

그림 8-5. 산성화된 우유에서의 케이신 마이셀

2. 우유의 효소응고

케이신이 효소, 즉 렌넷에 의해 분해되면 응고한다. 유산균에 의해 유산이 생성됨으로써 응유를 촉진하고 치즈의 최종적인 조직 발달에 중요한 영향을 미친다. 그렇지만 근본적인 응유작용을 일으키는 것은 렌넷이다.

본 교재 제 1부의 치즈 대종(大種) 2, 그리고 4~7의 치즈는 렌넷에 의해 커드가 형성되어 제조된다.

효소 응고는 다음과 같은 3단계에 걸쳐 일어난다.

1) 효소적 응고의 3단계

(1) 1단계

1단계에서 효소(rennet)는 한 가지 케이신, 이른 바 카파 케이신(κ -casein)의 특정 부위만을 절단한다. 우유의 천연적인 pH에서 casein이 응고되기 위해서 80% 정도의 카파케이신이 분해되어야 한다. 주의 : κ 라는 것은 그리스어에서 kappa이다.

(2) 2단계

다음 단계는 케이신 입자(micelles) 집성체가 젤모양으로 덩어리가 되는 물리적인 과정이다. κ -케이신의 가용성 연결부가 소실되면 κ -케이신은 더 이상 케이신 입자들이 분리된 상태로 존재하는 데에 기여하지 못하기 때문에 케이신 입자들은 서로 연결되어 덩어리(cluster)를 형성하기 시작한다. 이 클러스터들은 점점 커져서 마침내 내부에는 수분을 끌어안은 3차원 구조의 네트워크를 형성하고 마치 젤리 같은 gel을 형성하게 된다.

(3) 3단계

Gel 네트워크는 계속 증대가 진행된다. 어떤 치즈류(주로 경질 - 역주)에서는 gel 네트워크가 굳어지자마자 바로 커드 절단에 들어간다. 그러나 연질 숙성치즈와 같

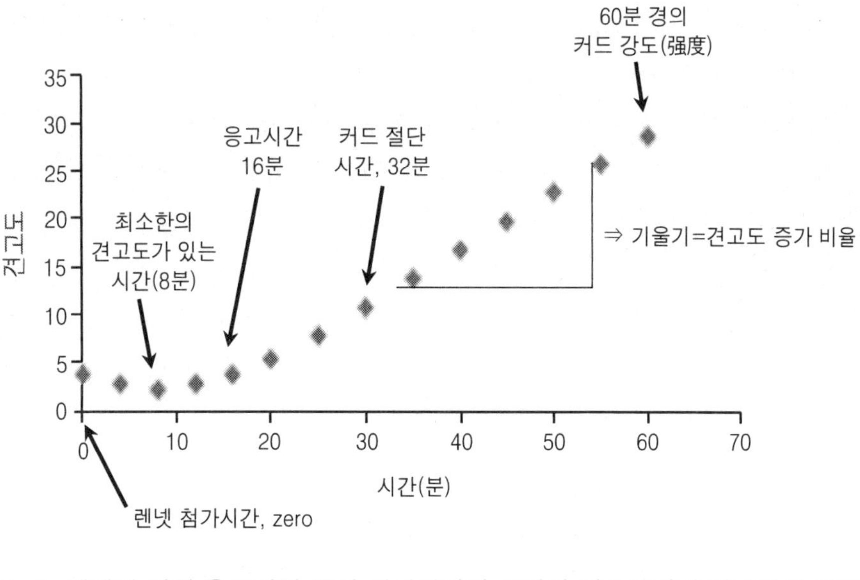

그림 8-6. 렌넷에 의한 응고과정 중의 경과시간과 조직의 견고도와의 일반적인 관계
커드 절단시간은 모든 치즈에서 절단에 적절한 조직(견고도)에 도달한 시기이다.

은 류에서는 gel이 계속 강화되어 단단해진 후에 절단한다.

2) 효소응고에 영향을 미치는 공정조건

렌넷응고는 단계적으로 일어나기 때문에 각 단계별로 영향을 주는 조건을 이해할 필요가 있다. 우리는 주로 1, 2단계에 논의에 초점을 맞출 것이다.

① pH의 영향: 낮은 pH는 효소활성을 증가시키고 마이셀 사이에서 전하 간의 반발력을 무력화한다. 그러므로 응고의 1, 2단계는 낮은 pH에서 더 신속히 진행된다.

② 칼슘의 영향: 1단계(즉, κ-케이신은 효소가 가수분해할 때)에서 칼슘은 필요하지 않다. 그러나 칼슘은 케이신 마이셀의 덩어리(집성체, cluster) 형성에는 필수적인 물질이다. 저농도 칼슘에서도 1단계 반응은 완성된다. 그 후에 염화칼슘을 충분히 첨가하면 순간적으로 응고가 일어날 수 있다.

③ 온도의 영향: 37℃에서 응고하는 스위스치즈를 제외하고는 대부분의 치즈의 최적 응유온도는 30~32℃이다. 30℃ 이하의 온도에서 gel은 연약한데, 이때 절단하면 커드가 미세(fines)하게 되어 과다한 수율 손실을 가져올 수밖에 없다. 20℃ 이하의 온도에서는 응고가 일어나지 않지만, 1단계는 완성되기 때문에 우유를 따스하게 해주면 빠르게 응고가 일어난다.

④ 열처리의 영향: 저온살균 방식과 같은 온화한 열처리는 2단계의 진행률을 감소시킨다. 열처리 동안 칼슘과 인산은 가용성에서 콜로이드(불용성) 형태로 변환됨에 따라 응유를 도와줄 수 있는 칼슘의 양이 낮아진다. 이런 원유를 냉각하면 가역적인 현상이 나타난다. 저온살균에서 과도한 열처리는 젤 형성이 약해지고 응고시간을 지연시킨다. 과도한 열처리를 하면 케이신 입자에 유청단백질이 흡착된다. 그러면 케이신 입자들은 단단한 gel을 형성할 수 없다.

⑤ 균질의 영향: 치즈원유 전부가 균질되면 다음과 같은 영향이 나타난다. 제 5장에서 강조한 바와 같이 만일 크림만을 균질하고 나서 탈지유에 혼합하면 그 결과는 다르다. 균질은 기본적으로 2단계 응고에서 영향을 미친다. 또한 몇몇 치즈의 품질에 대한 영향도 언급했다.

㉠ 케이신 입자의 집성체 형성 감소
㉡ 커드 중의 수분방출(syneresis) 감소
㉢ 작아진 지방구로 인해 생긴 미세한 gel 네트워크
㉣ 연질치즈의 조직감 개선

ⓜ 치즈에서의 지방 회수(치즈 제조시 우유로부터 치즈로 이행되는 지방량(%)의 증가) 주의: 열 응고나 열/산 응고치즈에서도 동일하다)

ⓗ 경질치즈는 고무조직 같이 된다.

ⓢ 균질된 지방구 피막 위에 단백질에 의한 피막이 덧씌워지기 때문에 노랑색 지방구는 가려져서 치즈의 색깔이 더 희게 된다.

3) 응유효소

렌넷 불순물이 많이 포함되어 있는 조효소이며, 이 중 응유기능이 있는 효소는 카이모신(chymosin)이다. 카이모신을 렌닌(rennin)이라고도 한다. 전통적인 응유효소는 포유 중인 송아지의 제4위에서 추출한 렌넷(rennet)이다. 맨 초기의 치즈제조는 아마도 누군가 송아지 위로 만든 자루에다 우유를 저장하다보니 감성커드(sweet curd)가 만들어진 것을 발견하면서부터 시작되었을 것이다.

치즈제조에 사용되는 rennet 외의 단백질 분해효소는 다음과 같다.

① 돼지, 소 그리고 닭으로부터 얻은 pepsin

② 미생물의 단백질 분해효소(곰팡이인 *Mucor miehei, Mucor pusillus, Endothia parasitica*)

③ *Esherichia coli* (대장균), *Kluveromyces lactis* (효모), 혹은 *Aspergillus niger* (국균) 등이 생산한 유전자 재조합 카이모신이 치즈제조 현장에서 사용 중에 있다. 숙주세포 안의 플라스미드에 카이모신의 유전자가 재조합되어 있어 이 플라스미드의 유전자가 카이모신을 생산하는 주형(鑄型)으로 사용된다.

4) 응유효소의 조건

① 단백질 가수분해 활성에 대한 응유활성의 적절한 비율(C/P, clotting/proteolysis→응유활성/단백질 분해 활성 - 역주)이다. C/P비율은 응유효소가 분해하는 κ-케이신의 Phe105-Met106 펩타이드 결합에 대한 특이성에 의존한다. 대부분의 렌넷 대체 효소들은 렌넷보다 단백질 분해 활성이 더 높아서(예로서 낮은 C/P율) 케이신과 지방의 회수율을 낮게 할 뿐만 아니라 숙성 시 쓴맛을 생성한다.

② 단백질 가수분해의 특이성. 숙성 치즈의 조직과 향미는 치즈 숙성기간 중의 응유효소에 의해 일어나는 단백질 가수분해 형태에 의존한다. 높은 온도에서 쿠킹하는 스위스치즈나 파르메산 치즈와 같은 경우 높은 열에 의해 대부분의

렌넷 활성이 불활성화되므로 이러한 치즈에서는 예외이다. 숙성하는 동안 카이모신(chymosin)은 케이신 중의 하나 즉, 케이신 중에서 가장 많은 양을 차지하는 α_{s1}-케이신을 다른 케이신보다 더 많이 분해시킨다.

③ 적정 pH가 높아야 함. 렌넷의 활성은 pH가 낮아지면 활성이 증가하기는 해도 정상적인 우유 pH에서도 안정하고 우유를 잘 응고시킨다. 대부분의 펩신과 미생물 단백질 분해효소는 정상우유의 pH에서 불활성화 된다. 이 점이 곧 대용 응유효소 물질의 개발에 있어서 가장 큰 장애 요인이다.

④ 효소 불활성화 온도는 두 가지 이유 때문에 중요하다.

㉠ 고온 쿠킹을 하는 스위스치즈나 이탈리안계 치즈 같은 것을 응유효소로써 숙성시키려 하는 것은 바람직하지 않은 방법이다. 렌넷은 이런 치즈들의 높은 쿠킹 온도에서 불활성화하지만 미생물 계통의 대용 응유효소는 그렇지 않다.

㉡ 유청으로 만드는 치즈는 살균할 때 단백질의 가수분해를 방지하기 위해 응유효소를 불활성화해야 한다. 몇몇 미생물계 렌넷은 살균을 해도 그 활성이 살아있다.

⑤ 커드와 유청에서의 렌넷의 분포 : 커드 내에 잔존하는 렌넷량에 영향을 주는 중요한 요인들은 다음과 같다.

㉠ 쿠킹처리

- 위에서 강조한 바 있지만 렌넷은 높은 온도로 쿠킹하는 치즈류에서는 활성을 유지하지 못한다.
- 체다와 같이 낮은 온도에서 쿠킹하는 치즈의 경우, 쿠킹하는 동안의 온도와 가열시간이 렌넷 활성에 영향을 미친다.

㉡ 유청 배제시의 pH. 낮은 pH 하에서는 렌넷이 잘 녹지 않기 때문에 유청 배제 시에 pH를 낮추어 주면 커드 내에 잔존되는 렌넷의 활성도가 증가하게 된다. 또한 숙성과 준비기간이 연장된다. 그러나 미생물계 대용 응유효소는 유청 배제 시의 pH와는 상관이 없다.

㉢ 렌넷의 원료가 바뀌면 커드 내의 렌넷 잔존 양과 치즈숙성에 대한 영향도 다르다.

㉣ 소스가 다른 렌넷들이 똑같은 응유 특성을 가졌다 하더라도 온도에 대한 내성이 다르고 단백질 분해 특성이 다를 수 있다.

⑥ 표준 활력과 지속성 : 렌넷 한 단위당 활력은 200 ml 렌넷 액이 원유 1,000 kg

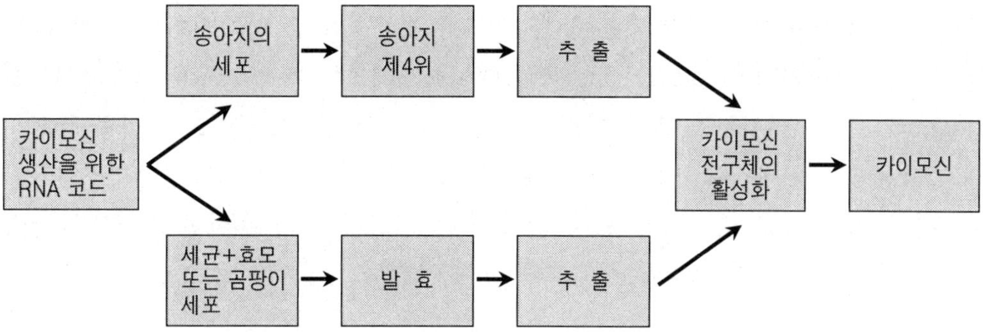

그림 8-7. 송아지 카이모신(렌넷)과 미생물유전자 재조합에 의한 카이모신(렌넷)의 제조과정

- 추출은 염석이나 한외여과에 의한다.
- 표준화는 카이모신 전구체가 활성화 된 후에 실시한다.
- 송아지와 미생물로부터 각기 생산된 카이모신의 활성은 IDF 157A 방법(1997)에 의해 측정한다.

을 30~40분 안에 응고시킬 수 있도록 표준화 되어 있다. 통상적인 상업용 렌넷 제품은 50% 송아지 카이모신(송아지 렌넷)과 50%의 소의 펩신(bovine pepsin)으로 구성되어 있는데, 그 혼합비에는 많은 변이를 줄 수 있는 가능성이 열려 있다. 상업적인 송아지 렌넷은 94~96%의 카이모신(렌넷의 순수 성분, chymosin)으로 구성되어 있다. 유전자 재조합형 렌넷의 사용하는 경우 상업용 렌넷은 위에 열거한 렌넷으로서의 필요한 모든 기능, 단백분해의 특수성과 내열성 등이 일정해야 한다.

3. 산 응고

응고의 두 번째 방식은 산에 의해 유발되는 케이신 응고이다(본서의 제1장 부분을 보라). 유산균의 발효에 의해 산을 생산하거나 산을 서서히 방출하는 glucono-deltalactone(GDL은 수분 존재 하에서 글루콘산을 서서히 가수분해한다)을 사용한다.

본서 제1장의 치즈의 대종 종류에서 설명된 신선치즈는 20~35℃ 범위의 온도에서 산 응고가 될 것이다. 이러한 온도범위에서 산 응고는 4.9보다 낮은 pH가 요구된다. 그렇지만 몇몇 신선치즈에서는 pH가 4.4 이하로 낮아지기까지 발효된다. 산 응고는 카티지치즈(cottage cheese), 베이커스치즈(bakers cheese) 그리고 크박(quark)과 같은 신선치즈 뿐만 아니라 요구르트, 상업용 버터밀크, 케피어 등과 같은 발효유제품을 생산할 때에 이용하는 방법이다. 카티지치즈와 크박제조의 경우 부스러짐(dusting)을 방지하고 보다 탄성 있는 커드를 얻기 위하여 카이모신(렌넷) 같은 응유효소를 극히 소량(2 ml/1,000 L) 사용한다.

4. 열-산에 의한 응고

응고의 세 번째 방식은 두 번째와 비슷한데, 근본적으로 이 응고는 산에 의해 유발되지만 발효과정이 전혀 없다. 단지 산을 75~100℃ 범위의 뜨거워진 원유에 첨가하는 것이다.

이런 응고과정에는 독특한 속성들이 있는데 그것은:

① 열처리는 유청단백질의 변성을 일으키는데, 이 변성은 유청단백질이 케이신과 함께 응고되게 해서 치즈로 회수되게 해준다. 이는 치즈의 단백질 회수를 78%에서 90%로 높임으로써 부가적인 이익을 가져다 준다.

② 치즈 쪽으로 회수된 유청단백질은 수분을 결합하는 큰 용량을 갖고 있어서 수분함량이 높아진다. 그렇지만 단단한 치즈가 얻어질 수 있다. 이것은 또 다른 치즈생산 수율상의 이점 요인이다.

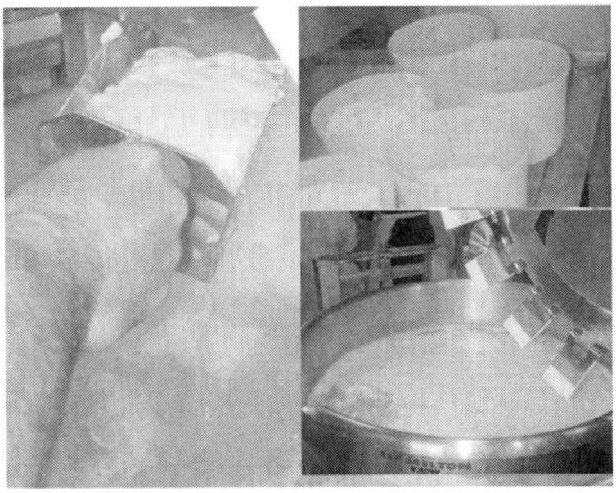

그림 8-8. 레-코타치즈 커드 건지기

그림 8-9. 카이소 블랑코 치즈 응고, 가염, 성형

③ 높은 온도에서 산 응고는 산을 많이 필요로 하지 않는다. 그래서 이런 치즈제품의 최종 pH는 5.2~6.0 범위로 산 함유량이 매우 낮은데, 이는 제1치즈 대종 치즈들에서 pH 4.4~4.8 요구 범위보다 높은 편이다.

④ 이런 치즈에는 유청단백질의 포함됨으로써 치즈의 용융성이 낮다. 그래서 ricotta나 paneer 그리고 라틴 아메리카의 전통 치즈 종류와 같이 요리하거나 튀겨내는 요리에 사용될 수 있는 것이다.

⑤ 열-산 응고의 기본적인 공정

㉠ 원유와 원유-유청 혼합물을 최소한 80℃로 가온하고, 이 온도에서 최소한 5분 유지함으로써 유청단백질이 완전히 변성되게 하고, 유청단백질과 케이신 입자들이 결합되도록 한다.

㉡ 계속 가온상태를 유지하고 산을 서서히 첨가하면서 느리게 교반한다. 이 때 유청단백질과 케이신이 함께 응고되면서 덩어리를 만들어 가라앉거나 커드가 떠다닐 것이다.

제 9 장

치즈제조의 제 단계

이 장에서는 치즈제조에 있어서 중요한 단계들을 설명하고자 한다. 표 9-1과 표 9-2는 제조공정과 품질 관리에 필요한 양식 견본이다.

1. 우유의 숙성

이 용어는 다소 혼란을 주는데 치즈를 숙성할 때도 이 용어가 사용되기 때문이다. 여기서의 숙성이란 표현은 원유에 렌넷을 첨가하기 전에 산이 생성되도록 스타터 배양액을 접종하여 실질적으로 배양이 이루어지도록 시간을 주는 것을 말한다. 이렇게 하는 데는 두 가지 이유가 있다.

① 렌넷 첨가 전에 스타터 배양액이 활성이 있는지를 확인하기 위해서 한다. 우유가 응고된 뒤에는 스타터 배양액의 접종이 불가능하다. 통상적으로 pH 단위로는 0.01 units 낮아지고, 적정산도로는 0.005～0.01% 증가하도록 배양하는데, 이러한 산이 생성되는 데는 45～60분이면 충분하다.

② 산성화가 좋아지면 응유과정을 돕게 되고, 특별히 원유의 2단계 응고를 좋게 해준다. 가염형 브릭과 스위스치즈와 같이 소금물에 담그는 몇몇 치즈에서는 적은 양의 스타터 배양액을 사용하는데, 스타터 첨가 후 배양을 하지 않거나 약간만 배양한 후 렌넷을 첨가한다.

2. 치즈벳트에 정치(定置)하기

1) 렌넷의 처리

① 렌넷량을 정확히 계량해야 재현성이 좋아진다. 대부분의 치즈는 보통 30~40분 안에 응고되도록 렌넷을 첨가해 준다. 렌넷량은 매우 정확히 측정해야 하고, 매일 응고율이 일정하게 유지되도록 매 제조시마다 모니터링을 실시해야 한다.

② 렌넷은 물에 희석(약 20배)해야 하고, 벳트에 넣을 때는 렌넷이 일정하게 분산되도록 잘 섞어 주어야 한다.

③ 치즈벳트에 희석해 놓은 렌넷을 첨가하는 경우에는 일관성을 개선할 수 있도록 매일 동일한 희석액을 사용해야 한다.

④ 염소(chlorine) 성분을 조심해야 한다. 렌넷은 염소가 함유되지 않은 물에 희석해야 한다. 오직 2 ppm 정도의 염소가 들어 있는 물도 3분 안에 렌넷 활성의 40%를 파괴시키고 만다. 이와 비슷한 경우로서 렌넷을 담는 용기도 염소(Cl)가 함유된 물로 세척해서는 안 된다.

⑤ 또 하나의 물 관련 문제는 물의 pH이다. 일반적으로 경수(비누가 잘 녹지 않은 물) 또한 pH가 7.0보다 높으면 렌넷의 활성이 감소된다.

⑥ 마지막으로, 치즈벳트에 렌넷을 첨가하기 직전에 희석하여 첨가하도록 한다. 소금물에 용해되어 있는 렌넷은 물에 희석하면 그 활성은 급속하게 떨어진다.

2) 벳트 정치와 관련한 요인들의 최적화

① 치즈우유 준비는 제 5장에서 언급했다. 여기에서 중요하게 고려해야 할 사항들을 고려해 보자:

㉠ 살균온도: 온도가 높으면 유청단백질의 커드 이행 증가로 치즈의 회수율이 증가한다. 그러나 커드의 품질을 고려해서 최대 75℃에서 16초 이내의 조건이 제한되어 있다.

㉡ 가열처리 경과: 만약 우유가 살균 즉시 제조할 벳트로 보내지면 염화칼슘($CaCl_2$)을 첨가하여 무기질의 균형 조정을 해주는 것이 필요하다.

② 응유효소제를 이것저것 달리 선택하고자 해도 거의 대부분 결과는 나쁘다. 확신하는 것은 아니지만 고온성 쿠킹을 하는 치즈류(예: 스위스, 이태리형 치즈

류)에는 미생물 유래의 응유효소 사용을 권장하지 않는데 이는 열 안정성 문제 때문에 그렇다. 치즈벳트의 정치조건이나 제 여건 관리가 완벽하지 않으면 다른 치즈류에서도 미생물 응유효소 사용을 권장하지 않는다. 렌넷이나 유전자 재조합 렌넷을 사용하는 것이 대부분 나은 선택이다.

③ 렌넷의 사용량은 조심스럽게 결정되어야 한다. 왜냐하면 렌넷은 비싸고, 되도록이면 적게 사용하는 것이 바람직하기 때문이다. 하지만 만족스러운 커드 형성과 치즈의 품질이 담보되지 않은 렌넷 절약은 오히려 경제적 손실을 초래할 것이다. 커드가 너무 연약하면 미세한 커드가 발생하여 단백질과 지방이 소실되기 때문이다. 여기서 응유효소 또한 숙성유발 물질임을 잊지 말아야 한다.

④ 벳트의 온도 조절은 전체적으로 균일하고 정확하게 해야 한다. 왜냐하면 응유효소 활성과 케이신 입자의 응결과정 모두가 온도에 매우 민감하기 때문이다. 응유시간 동안 온도가 정확하지 못하거나 균일하지 않으면 벳트의 어떤 부위에서는 너무 연약하거나 혹은 단단해져서 절단하는 동안 미세가루 커드(fine curd)의 손실이 야기된다.

⑤ 연약 커드 발생원인

㉠ 과도한 살균

㉡ 응유시간 동안의 낮은 벳트 온도

㉢ 균질

㉣ 초유나 유방염유 혼입 함유

⑥ 단단한 커드 발생원인

㉠ 높은 칼슘 농도

㉡ 낮은 pH

㉢ 단백질 함량을 너무 높게 표준화

3. 커드 절단

커드를 적절하게 절단하는 것은 품질과 치즈 수율면 모두에서 대단히 중요하다. 잘못된 절단과 커드의 취급은 미세가루 발생과 커드의 손실을 초래한다. 미세한 커드의 입자는 치즈 쪽으로 회수되지 않는다. 미세 커드 안에 끼어버린 이 지방분은 유청 지방과는 달리 유청 크림을 분리할 때에도 회수되지 않는다. 그래서 산산이 부서져 버린 커드는 그 알갱이가 치즈 쪽으로 회수되기에는 너무 작아서 결국 지방과 단백질의 손실을 함께 가져온다.

1) 커드 절단시간의 결정

커드가 약할 때 너무 일찍 절단을 하거나 너무 늦어 커드가 깨지기 쉬울 때 절단하면 부스러기 커드가 되어 모두 미세 커드가루(fines)를 초래하고 만다.

절단시기를 결정할 때 사용하는 방법이 몇 가지 있다.

① 수동으로 하는 테스트: 평평한 판으로 커드를 45° 각도로 5~7 cm 길이로 쪼갠 뒤 그 위를 수평으로 찔러서 표면 위로 천천히 들어 올렸을 때 깨끗하게 갈라지면 커드를 절단하기에 적당하다.

② 진동점도계, 열전도 계수 그리고 초음파 등에 근거한 기계들이 실험적 차원에서 시도된 바 있다.

③ 어떤 공장에서는 일정한 시간을 정해 두고 절단한다. 이렇게 하는 것은 조건이 날마다 일정하다면 괜찮을 것이다(그렇다고 매일의 공장조건이 똑같을 수가 있는 것일까?). 그리고 우유의 성분조성이나 특성의 변화에 맞추어 조금씩 조정하면 될 것이다.

④ 만약 스위스 타입의 치즈처럼 높은 온도에서 응고시킨다면 커드가 신속히 굳어지므로 과도한 응고를 막기 위하여 커드가 어느 정도 연약한 상태에서 일찍 절단해 주어야 한다. 커드의 덩어리짐을 막기 위해 교반은 바로 느린 속도로 해주어야 한다.

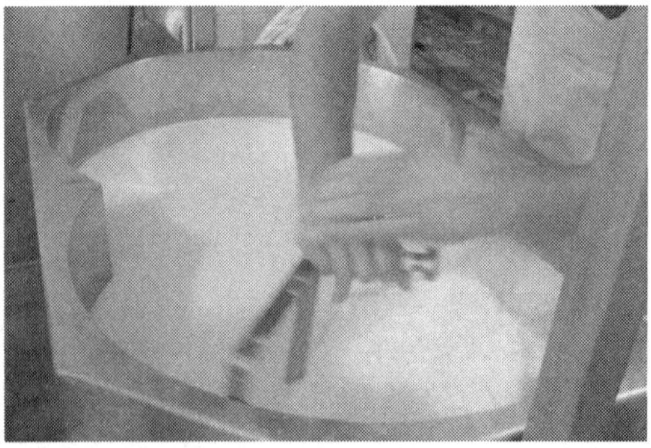

그림 9-1. 커드 절단

2) 커드 크기

커드 크기는 치즈의 수분함량에 큰 영향을 미친다. 그러므로 치즈 수분함량과 커드 크기는 명백한 관련이 있다.

① 이탈리아 경질치즈와 같은 높은 온도로 쿠킹하고 수분함량이 낮은 경질치즈류들은 가장 작은 커드 크기를 요구한다. 쌀알(rice grains) 크기가 될 때까지 절단을 계속 해준다.

② 커드 세척을 해주는 대부분의 치즈들과 체다치즈 같이 중간 정도 수분을 함유하는 치즈는 1/2 cm 크기의 입방체로 되게 절단해 준다.

③ 연질 숙성치즈와 같이 수분을 많이 함유하는 치즈는 커드 나이프 간격이 2 cm 정도 되는 것으로 절단해 주거나 치즈 몰드(mould)에 넣을 수 있는 크기로 간단히 절단한다.

커드 크기가 작으면 지방과 무지고형분(Non Fat Solids, NFS)의 회수량이 매우 높아지는데, 이는 큰 커드들은 부스러지면서 '미세가루'의 손실을 초래하기 때문이다. 작은 커드는 매우 빠른 속도로 수분방출이 되기 때문에 쿠킹온도와 교반 정도와 같은 조건들을 커드 크기에 맞추어서 적절히 조정해 주어야만 한다.

3) 수동 절단

수동 절단은 스테인리스 틀에 스테인리스 철사가 길게 뻗은 하프모양의 커드 나이프를 사용해 절단을 한다. 총 절단 소요시간은 10분을 초과해서는 안 된다(5분 이내가 좋다). 왜냐하면 커드는 절단하는 동안(커드의 응고상태 - 역주) 계속 변하기 때문이다(과도한 커드 응고시간). 커드 나이프를 신속히 끌어 당겨서 커드를 깨끗이 절단해야 한다(커드 나이프를 밀어서 절단해서는 안 된다). 벳트의 가장자리를 따라 커드 나이프를 밀어내는 방법보다 수월하다.

4) 자동 절단

기계식 커드 나이프로 절단하게 되는 경우 커드의 크기는 벳트의 형태와 교반기 그리고 절단하는 동안의 커드 절단 속도(rpm)에 의해 결정된다.

체다치즈와 미국형 치즈류 제조에 쓰이는 2중 원형 벳트(Doulbe 'O' vats)에서의 커드 절단은 대개 4 rpm의 속도로 7～13분에 걸쳐 절단하는데, 이는 두 개의 나이프가 총 30～50회전 하는 것이다.

커드 나이프가 예리해서 절단 시 부분적인 커드 파쇄나 일부 덩어리들을 송두리째 놓치지 않고 깨끗하게 절단하는 것이 무엇보다 중요하다. 기계화된 체다치즈 제조에서 유청 배출시의 커드 입자의 크기는 절단 시간, 절단 속도, 그리고 이어지는 교반에 의해 결정되었다는 보고(Johnston. et al. 1991, J. Dairy Res. 58 : 345)가 있는데 그 구체적인 내용은 다음과 같다.

① 짧은 절단 시간과 저속교반은 유청 배제시 작은 커드 입자가 되게 하여 많은 미세가루 커드 손실이 나타난다.

② 장시간의 커드 절단(보다 많은 회전 횟수)을 하면 유청 배제시의 커드가 크게 형성되어 지방 회수량을 최대화시켜 준다.

③ 커드 절단 시간을 너무 길게 하면 유청 배출시 커드 입자 크기가 작게 되지만 지방 회수에는 거의 영향을 주지 않는다.

5) 커드의 치유(Healing)

이제 막 잘라진 커드의 외면은 매우 연약하여 깨지기 쉬우므로 커드 표면 가장자리 부분이 잘 마무리 되도록(예리한 칼에 상처를 입은 커드의 치유) 하여 유청쪽으로 지방과 단백질이 빠져 나가는 것을 방지하기 위해 잠시 동안 시간을 줄 필요가 있다. 절단 직후 신선 커드 역시 서로 엉키려는 경향이 있는데, 이는 바람직하지 않은 현상이다(너무 오랫동안 정치하지 말 것 - 역주). 그래서 커드 절단 후 치유시간을 짧게 주고 바로 교반에 들어가야만 한다. 다만 커드끼리 엉켜 맷트를 형성하지 않을 정도의 시간이면 충분하다(3분 정도 - 역주).

6) 커드 절단 기술 지수

미세한 커드의 손실량은 유청 지방함량의 정확한 분석으로 가장 잘 모니터링 할 수 있다. 50% FDM을 가진 치즈의 유청 지방량은 0.3% 미만이어야 한다 ; 커드를 효과적으로 절단하면 유청 지방량은 0.2%에 가까운 수준으로 줄일 수 있다.

4. 가온처리(cooking)

치즈 제조중 가온처리와 산 생성(pH 하강)이 함께 진행되면 커드가 수축하면서 커드로부터 수분, 유당, 산, 가용성 무기질과 염류 그리고 유청단백질이 배출된다.

따라서 가온 스케줄에 정확하게 가온처리를 해주는 것이 매우 중요하다. 가온처리 속도가 너무 빠르면 커드를 쉽게 부서지게 하고 커드 입자의 표면을 딱딱하게 굳혀서 커드로부터 수분 배출을 방해하고 압착할 때 매끈한 조직이 되는 것을 방해한다.

5. 유청 빼기

대부분 치즈는 유청 pH가 6.1～6.4 범위가 되면 유청을 뺀다(커드 pH 6.0～6.3). 유청 빼는 시간은 벳트마다 매번 변동됨을 방지하기 위하여 아예 20분 간격으로 일정하게 정해 두어야 한다. 체다형의 경우 요구되는 커드 수분을 얻기 위해 1～3회의 교반과정이 필요하다.

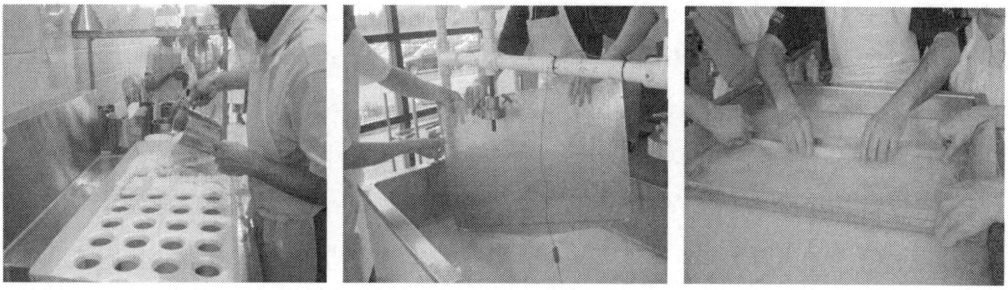

그림 9-2. 유청 빼기
(순서대로 커드와 유청을 함께 카망베르 치즈 성형틀에 퍼붓는 장면, 체다치즈의 유청 빼기를 위해 출구에 스테인리스 망을 집어넣는 장면, 유청 아래의 스위스형의 치즈커드를 모아 예비압착하고 후프에 넣을 준비를 하는 장면)

6. 커드 세척(또는 수세)

커드 내 유당함량은 수분제거(시네레시스: syneresis), 발효 혹은 물로 씻어 녹여내기 등으로 조절할 수 있다. 세척을 하여 유당을 제거함으로써 수분함량이 높은 치즈(브라인 브릭이나 뮌스터)를 만들 수 있다. 세척으로 유당이 제거되긴 하지만 최종 pH가 5.0～5.2에 도달할 수 있다. 세척하는 물의 온도는 커드의 수분함량을 결정한다. 가끔 상당히 뜨거운 물(예: 가우다)을 사용하여 커드의 수분함량을 대폭 낮추면서 커드가 말랑말랑해지고 조직이 잘 발달하게 한다. 전통적으로 세척은 유청의 50~65%를 제거하고 물을 대신 채워서 교반을 약 15분간 해주는 방식으로 실시된다. 이런 과정은 농축한 후 폐기물로 버려져야 할 유청을 더 희석함으로써 대용량이 되게 하여 처리과정에 문제가 될 수 있다. 또한 유청 배제용 커드 작업대가 커드가 들어 있는 벳트보다 커드 수용능력이 작은 경우 새로운 문제가 발생한다. 그런 때는 세척하기 전에 세척하는 물의 양을 줄이고 유청을 많이 제거하고 물은 적게 첨가함으로써 해결한다.

7. 커드처리

대부분의 가염처리나 표면에 소금처리하게 되는 치즈류에서는 치즈 몰드(mould)에 커드를 직접 퍼넣거나 유청 안에서 압착하기도 한다. 소금이 없는 상태에서는 커드가 서로 융합하여 유연한 조직을 형성한다. 이는 다른 요인에 따라 물리적인 틈새를 만들거나 만들지 않을 수 있다. 유청 제거 시 커드 안에 유청이 갇혀 치즈 내부에 존재하다가 치즈 외부로 배출되면 물리적 틈새가 형성된다. 치즈가 담긴 성형틀을 규칙적인 간격으로 뒤집어 줌으로써 보다 유청이 균일하게 배제되고, 균형 잡힌 외형이 형성되면서 치즈의 표면을 매끈하게 뽑아낼 수 있도록 한다.

가우다와 스위스 같은 류의 치즈들은 벳트에서 유청을 빼기 전에 유청 안에서 압착한다. 이는 물리적인 틈새를 방지하고 부드럽고 탄탄한 조직을 발달시킨다. 이로써 이상적인 치즈눈 형성 발달을 돕는다.

체다치즈, 미국식 치즈 그리고 파스타 필라타형 치즈류의 커드는 벳트 안에서 따뜻하게 유지해 주거나 유청 배제용 작업대 위에 두고서 pH가 5.2~5.4가 되도록 발효시킨다. 그리고 나서 파스타 필라타형 치즈류는 따뜻한 물 속에서 다음 작업을 해나가는 반면 체다나 미국식 치즈류는 벳트 내에서 가염을 한다.

8. 압 착

압착방식은 다양한데 연질치즈에는 하지 않거나 약간만 가해주고, 경질 체다치즈는 172kPa※로 압착한다. 커드의 온도가 높을수록 더 낮은 압력으로 압착한다. 압착

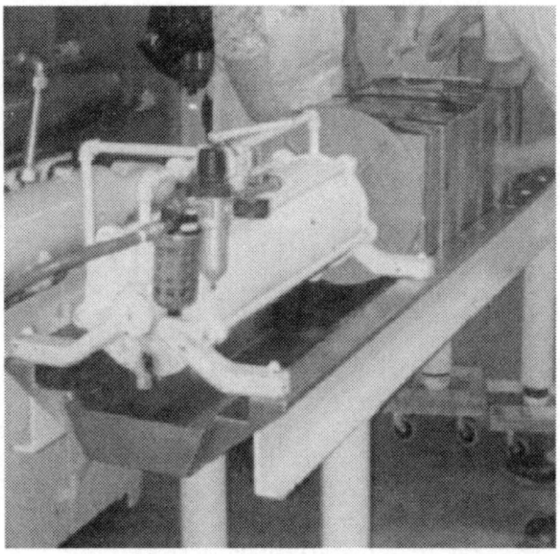

그림 9-3. 압착

한 후, 혹은 압착 중에, 혹은 압착 전에 커드를 진공처리 해주면 물리적인 틈들이 감소될 수 있다.

※ kPa = kilo Pascal(1.033227 kgf/cm^2 = 1.013250 bar)

9. 가 염

거의 모든 치즈는 다음 세 가지 방법 중 한 가지 방법으로 가염한다 ; 체다나 미국식 치즈와 같이 압착하기 전에 벳트 안에서 실시하거나, 압착 후에 표면에 문질러 주는 방식 그리고 압착 후 20% 정도의 소금물에 침지하는 방식이다.

1) 가염의 목적

① 추가적인 커드 수축에 의한 유청 방출 촉진
② 스타터균 증식 억제로 산성화 지연
③ 부패성 세균의 성장 억제. 유산균류는 병원균이나 부패성 세균보다 내염성이 더 강하다.
④ 숙성 속도를 조절하거나 향미 증진
⑤ 소금의 고유 향미 부여(양념효과)

2) 소금물 침지

① 16~25% 농도의 염화나트륨(NaCl)액

② 시간: 20 kg의 치즈는 5일 이상 혹은 몇 주 동안
3~5 kg의 치즈는 24시간 정도
250~350 g의 치즈는 1~4시간 정도

③ 새로 제조한 소금물은 0.1%의 $CaCl_2$를 첨가하여 칼슘과 수산화 카제이네이트가 소디움 카제이네이트 쪽으로 전환하는 것을 방지해야 한다. 후자는 높은 수분 수용력을 갖고 있어서 치즈가 소금물로부터 많은 수분을 가져오기 때문에 치즈의 표면은 부드럽고 끈적거리게 된다.

④ 소금물의 pH는 치즈 pH와 동일하도록 조정해야 한다. 일반적으로 소금물의 pH는 5.2~5.6이 적당하다.

㉠ 만약 pH가 너무 높으면 이온교환이 일어나 소디움 카제이네이트가 증대한다.

㉡ 만약 pH가 너무 낮으면 Ca/Na 교환이 불충분하여 치즈는 너무 단단해지고 조악한 조직이 된다.

⑤ 소금물은 정기적으로 여과해 주되 막여과가 좋을 것이다. 여과처리와 함께 자외선 멸균(UV-sterilization)을 해주는 것이 좋다.

⑥ 소금물은 소금물의 농도구배(윗쪽의 소금농도가 낮다)가 생기는 것을 방지하고 치즈 주변의 소금농도가 낮게 유지되는 것을 방지하기 위해 지속적으로 교반해 주어야 한다.

⑦ 만약 치즈가 소금물에 가라앉기 보다는 떠 있으면 노출된 부분에는 건염을 뿌려 둔다.

그림 9-4. 소금물 침지

3) 벳트 내에서의 가염

① 벳트에서 가염하는 치즈는 소금치기 전의 커드 무게를 정확히 추정하고, 그에 따라 소금 무게를 정확히 칭량하여 일관된 조건과 방식에 의거하여 가염작업을 해줌으로써 균일한 소금농도로 가염이 이루어진다.

② 소금 흡수와 관련한 요인은 다음과 같다 :

㉠ 치즈 커드에 산이 많을수록(pH가 낮을수록) 소금이 많이 흡수된다.

㉡ 커드 분쇄와 가염 사이의 시간이 길면 커드 분쇄시 잘려진 커드입자 표면이 치유되어 소금 흡수가 감소한다.

㉢ 커드 수분함량이 증가하면 소금 흡수도 증가한다.

㉣ 커드가 크게 절단되면 소금 흡수가 감소한다.

③ 다양한 체다와 미국식 치즈류에서는 수분에 대한 소금농도(SM, Salt Content as % of Moisture－역주)가 4.0% 이상이 되어야 한다.

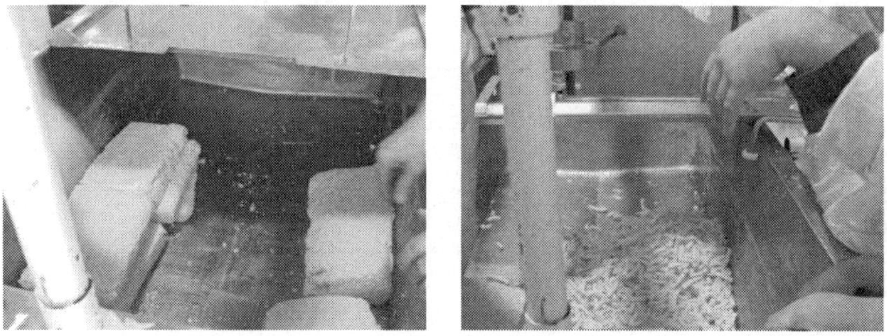

그림 9-5. 가염 : 체다치즈

표 9-1. 치즈 제조기록

제조자 ________	치즈명 ________	벳트 번호 ______	일시 _____

원 유 kg ______ 탈지유 kg ______ 분 유 kg ______ 스타터 kg ______ 총 량 kg ______	원유 지방 ________ 단백질 ________ 표준화 지방 ________ 단백질 ________	스타터 산도 ________ pH ________ 기간 ________ 배지 ________ 박테리오페이지 _____

제조과정 진행	시간	온도	산도	pH	커드 pH	기록사항
열처리						
살균						
기본 스타터						Type, 사용량,
부가 스타터						Type, 사용량,
첨가물						Type, 사용량,
렌넷 첨가						Type, 사용량,
응고						응고 소요시간
커드절단 시작						스타터 접종
커드절단 종료						
가온 시작						
가온 중단						
유청제거						절단-유청 배제시간 :
가수/세척						온도, 사용량,
유청제거						
커드분쇄						유청배제-밀링시간 :
커드처리						
가염						커드 중량, 소금량,
성형						성형시 중량,
가압						가압 후 중량,
포장						

표 9-2. 치즈 품질관리 기록부

제조자 ______	치즈명 ______	벳트 번호 ______	일시 ______

치즈 성분(%)	수 율	pH 구배
지방 ______	예측치 ______	절단 ______
수분 ______	실제량 ______	유청배제 ______
단백질 ______	수요효율 ______	커드분쇄 ______
염분(NaCl) ______	지방 회수율 ______	가염 ______
칼슘 ______	원유 ______	1일째 ______
인 ______	치즈지방 ______	7～10일째 ______
건물중 지방량(FDM) ______	지방 회수량 ______	3개월 ______
무지고형분 중 수분(MNFS) ______	유청지방 ______	6개월 ______
수분에 대한 소금 농도(S/M) ______		1년 ______

유 질	치즈 품질 일자
단백질/지방 ______	대장균균 추정치 ______
케이신/단백질 ______	대장균(*E.coli*) ______
체세포수 ______	포도상구균 추정치 ______
총 세균수 ______	황색포도상구균(*S. aureus*) ______
저온균수 ______	효모와 곰팡이 수 ______
향 미 ______	살모넬라(*Salmonella*) ______
	리스테리아(*Listeria*) ______

등급 심사자 ______

숙성기간(일시, 치즈 Age)	조직 점수	향미 점수	총 점수	특이사항

〈 평가 〉 :

$$\text{예상수율} = \frac{(0.93F+C-0.1)\ 1.09}{1.00-M}$$

약호 = F : 유지율(%) P : 유단백질 함량(%) M : 치즈 수분함량 C : 케이신

케이신 함량은 8302×단백질함량 - 0.1999 = 케이신 함량을 추정할 수 있다.

제 10 장

숙성과 포장

1. 숙성과정 : 화학적 · 물리적 변화

치즈의 숙성은 단백질, 지방, 탄수화물(유기산과 당류)이 분해되어 향미물질이 생산되고 치즈의 조직이 형성되는 복잡한 과정을 수반한다. 치즈 숙성과 관련된 생화학적 생물물리학적 사실들은 단지 제한적인 부분만 밝혀졌다. 여기서는 치즈 숙성의 실용적인 원리와 관련한 몇 가지만 제시한다.

1) 일반적 원리

① 치즈의 숙성은 숙성을 전혀 하지 않는 신선치즈로부터 숙성을 5년 동안 하는 경질치즈에 이르기까지 그 정도가 다양하다. 훌륭한 품질의 와인처럼 잘 숙성된 치즈는 숙성기간이 길어질수록 품질이 더 우수한 치즈가 된다.

② 숙성 과정은 크게 내부 숙성과 표면 숙성으로 구분된다.

③ 주로 내부 숙성에 의존하는 치즈(체다치즈나 이탈리안 계열치즈와 대부분의 경질 숙성치즈)들은 껍질을 형성하거나 인공적으로 숙성에 들어가기 전에 필름으로 진공포장하여 숙성한다. 예를 들면 전통적으로 제조되는 이탈리아계 치즈들은 항상 껍질 형성을 해서 숙성한다. 체다와 미국식 치즈류는(저자의 견해이긴 해도) 필름으로 진공 포장하여 숙성하지만 필름포장이 크게 영향을 미치지 않는 유일한 숙성치즈들이다.

④ 표면 숙성치즈는 점질 표면이 형성되거나 곰팡이에 의해 숙성된다.

⑤ 치즈 풍미의 요인은 크게 세 가지로 분류할 수 있다.

㉠ 천연 유지방 냄새와 사료 냄새처럼 원래 원유로부터 유래하는 냄새

㉡ 미생물 효소, 원유 유래 효소, 추가한 효소에 의해 분해된 유단백질, 지방, 당류의 분해산물

㉢ 스타터 균주의 대사산물과 오염되어 있는 미생물의 대사산물, 단백질, 지방, 당의 미생물 이화작용으로부터 생성된 산물을 포함한다.

⑥ 향미와 조직의 형성에 다음 요인들이 대단히 중요하게 영향을 미친다.

㉠ pH 구배

㉡ 성분

㉢ 가염처리

㉣ 온도

㉤ 습도

㉥ 숙련도(많은 경험)

⑦ 일반적인 규제 요인들로서 치즈 숙성도 증가, 이상취 발생 위험성 증가, 그리고 치즈가 판매 가능한 상태가 되기까지의 치즈 숙성시간 단축 등에 영향을 미치게 된다.

2) 단백질 분해(Proteolysis)

단백질의 자연분해는 '부패'라 하는데 이것은 꼭 '감자 썩은' 냄새를 풍긴다. 이 냄새는 특별히 동물성 단백질과 같이 고품질 단백질이 함유되었을 때 더 심하다. 이것은 동물성 단백질이 황함유 필수 아미노산들을 함유하고 있기 때문이다. 그런데 이러한 '부패성 성분'들 또한 유용한 풍미를 만드는 원료가 된다. 치즈가 숙성된다는 것은 단백질의 분해가 직접적인 분해과정을 거쳐 유용한 풍미 물질인 단백질 분해물을 생성해 낸다.

① 치즈의 부적절한 분해나 과도한 단백질 분해에 의한 이취는 쓴맛, 톡 쏘는 자극적인 냄새, 매우 불쾌한 냄새, 미생물 배지와 같은 냄새 등이다.

② 단백질이 분해되면 고무 조직감과 탄성이 감소하면서 쉽게 녹을 수 있고 부서지기 쉬운 단단한 조직을 갖는 치즈가 되게 한다. 예를 들면 체다치즈에서 풍미와 조직의 발달에는 주로 단백질 분해가 크게 영향을 미치고 지방분해는 그에 비하면 훨씬 그 영향이 낮다.

③ 단백질 분해는 일반적으로 세 가지 유형으로 진행된다.

㉠ 단백질 분해효소는 단백질을 작은 펩타이드로 분해하는데, 이 중 일부가 풍미 물질이다. 쓴맛이나 미생물 배지와 같은 냄새의 원인이 되는 펩타이드들

이 치즈에서 생성된다는 것은 잘 알려져 있는 사실이다.

㉡ 펩타이드 분해효소는 펩타이드를 추가적으로 분해하여 아미노산 단계까지 분해한다.

㉢ 치즈에 존재하는 미생물이 아미노산을 대사에 이용하여 알데하이드, 알콜, 카르복실산(aldehydes, alcohols, carboxlic acid) 그리고 황화물 등을 생성하는데, 이들 중 많은 성분들이 풍미에 크게 기여한다.

④ 파르마지아노 레지아노(Parmaggiano regiano, 이태리산 경질치즈의 일종 - 역주) 치즈에서와 같은 장기 숙성하는 치즈에는 아미노산인 타이로신(tyrosine)이 결정화가 되어 있는데, 이것(結晶, crystals)들은 입에서 씹을 때 쉽게 느낄 수 있다.

3) 지방의 분해(lipolysis)

유지방은 매우 다양한 지방산으로 구성되어 있기 때문에 풍미의 풍성한 공급원이다. 특히 유지방은 단쇄사슬의 지방산을 풍부히 가지고 있는 유일한 천연지방이다. 예로서 낙산은 강력한 풍미성분이다. 강력한 풍미성분들에는 모두 그러하듯이 향미성분을 사용하여 풍미를 변화시킬 때는 다른 풍미성분들과 균형을 이루도록 적당한 양을 첨가해야 한다.

여기에 몇 가지 원리들을 제시한다.

① 유지방은 숙성되지 않은 치즈에서 풍미와 조직에 매우 중요하게 기여한다. 신선한 유지방은 유리지방산 함량이 매우 낮은 것과 관련이 깊은 '버터향'으로 알려진 풍미를 낸다.

② 또한 지방은 풍미 저장고로서 역할을 한다. 그래서 단백질 분해에 의해 생성된 소수성 풍미(지용성)는 지방에 포집되었다가 우리가 입에서 씹을 때 방출된다.

③ 마지막으로 지방은 치즈의 연화와 용융에 있어서 중요한 성분이다.

④ 치즈 숙성이 진행하면서 형성되는 유지방 유래 풍미는 지방분해에 의해 유리된 지방산들과 이 지방산들이 미생물에 의해 다른 화합물로 전환된 것들로부터 기인한다.

⑤ 산양유로 만들어지는 다양한 전통 치즈들은 지방분해도가 더 높다.

⑥ 푸른곰팡이는 일반적으로 지방분해력이 크다.

4) 유당(lactose)의 변화

우유의 탄수화물은 유당이 대부분이고 전분, 섬유질이 존재하지 않고 유당 외의 당류는 극소량이 존재한다. 치즈의 모든 탄수화물은 유당으로부터 연유하거나 미생물에 의해 형성된 것이다. 유당은 지방이나 단백질에 비해 치즈풍미 형성에 미치는 영향이 미미하다. 다음은 유당의 풍미와 관련되는 몇 가지 원리들이다.

① 치즈 제조 후 하루가 경과하면 대부분의 유당은 유청 배제로 혹은 스타터균에 의한 유당의 유산 전환 발효에 의해 제거되고 없는 상태이다.

② 치즈 내 잔류되는 유당의 함량은 치즈 종류나 다른 요인에 의해 달라진다.

③ 체다치즈의 수분에 용해되어 있는 소금함량이 높으면 유당발효가 지연되어 치즈 제조 다음 날의 치즈 유당함량은 0.3~0.7% **수준**이었다가 서서히 감소되면서 0.1% **이하 수준**까지 낮아진다.

④ 카망베르치즈에서 잔류된 유당은 *Penicillum camemberti*에 의해 이용되다가 표면에 곰팡이 증식이 이루어지기 시작하면 유당 잔류량은 신속히 감소하는데, 특히 표면에서 빨리 감소한다.

⑤ 스위스형 치즈(Swiss type)처럼 유당 배제가 잘 된 치즈의 유당은 수시간 내에 완전히 이용된다. 커드 수세를 하는 여러 치즈류에서는 수세에 의해 씻겨 나가지 않은 유당은 스타터균에 의해 신속히 이용된다. 특히 네델란드식 치즈는 소금물 침지식 가염 때문에 유당 감소 속도가 지연된다. 미국형 치즈류(예로서 콜비, 체다 - 역주)에서는 빠른 벳트내 가염처리 때문에 스타터균에 의한 잔류 유당 이용률이 감소한다.

⑥ 표면 숙성이나 점질 균에 의해 숙성하는 치즈에서는 효모를 포함한 곰팡이류가 유산을 이용하여 다양한 풍미성분들을 생산한다.

⑦ 유산의 칼슘염은 숙성치즈의 표면에 백색의 침착물을 형성하기도 한다.

2. 숙성 유발원

1) 우유의 효소

① 플라스민(plasmin) : 살균처리에서도 살아남는 원유 유래 효소이고, 숙성기간 동안 케이신을 분해한다.

㉠ 특별히 스위스형 치즈에서 매우 중요하다.

㉡ 베타 락토글로불린에 의해 활성이 억제되기 때문에 한외여과 우유로 만들어진 치즈에서는 활력이 낮다.

② 지질단백질(lipoprotein)을 분해하는 라이페이스(lipase)는 우유의 주요 유지방 분해효소이다.

㉠ 이 효소는 저온살균처리에도 불활성화 된다. 그러나 살균을 하지 않은 원유로 제조하는 치즈에서는 풍미 형성에 중요하다.

2) 응유효소

① 각각의 응유효소는 그 자체가 단백질 분해 영역을 가지고 있다(응유 관련 부분 참조).

② 순수하게 추출 정제된 응유효소는 매우 일관된 풍미를 생성하지만 큰 특성은 없다.

③ 숙성치즈를 위해서는 송아지 렌넷과 유전자 재조합 송아지 렌넷보다 더 좋은 효소는 현재까지는 없다.

④ 렌넷과 유전자 재조합 렌넷은 치즈 내 알파케이신(αs-casein)은 효과적으로 잘 분해하지만 베타케이신(β-casein)은 분해하지 않는다.

3) 유산균 스타터 배양액

① 숙성 초기부터 몇 주까지 동안은 비스타터 균의 수가 감소하는 반면 유산균의 수는 증가한다. 이를 테면 체다치즈에서 3~4일 내에 유산균의 수가 최고에 도달(5억 cfu/g 이상)하지만, 4주 후에는 2천만 정도까지 감소한다. 그러나 사멸한 세포들로부터 효소가 방출되어 치즈는 숙성이 계속된다.

② 유산균 스타터는 단백질 분해성 풍미를 생성하나 지방분해는 미미하다.

③ 이상발효 스타터 균은 유당뿐만 아니라 구연산도 발효하고, 풍미성분(다이아세틸)과 작은 치즈눈을 형성하는 CO_2를 형성한다.

4) 부가적인 스타터 배양액

① 스위스형 치즈에서 소금물 침지과정을 거친 후 저온실에서 건조 후 20℃에 3주간 방치하면 *Propionibacterium*에 의한 이산화탄소의 생성이 촉진된다.

② 표면 숙성치즈에서는 습도가 높으면(90~95%) *Brevibacterium linens*와 효모와 같은 미생물들의 번식이 촉진되고, 커드 세척은 곰팡이의 번식을 억제한다.

③ 카망베르와 블루치즈 숙성을 주도하는 페니실리움속(*Penicillium* sp.) 곰팡이는 85~90%의 다습조건과 산소 공급을 위한 숙성실 내 공기순환이 필요하다.

5) 비스타터 미생물

환경적인 오염을 통하여 우유에 존재하는 미생물은 치즈의 숙성에 중요한 역할을 한다. 중요 인자는 다음과 같다;

① 원유를 냉각하고 저온저장하면 저온성 세균(psychrotrophic)이 선택적으로 증식하게 된다(제 3장을 참조).

② 열처리는 몇 가지 내열성 포자형성 세균을 선택적으로 남게 한다.

③ 열처리한 원유로 제조한 체다치즈에 존재하는 비스타터 균에는 *Lactobacillus* sp.와 *Pediococcus* sp.이 포함된다.

④ 수많은 여타의 세균, 효모들이 원유에 존재하면서 서로 다른 세균들끼리의 복잡한 상호 공생관계를 만들어서 서로 의존하며 증식하기도 하고 그렇지 않을 수도 있다.

⑤ 원유의 열처리는 비스타터 균의 확실한 표준화 과정이라 할 수 있는데, 말하자면 단백질 분해성 저온세균은 사멸하고 치즈 숙성에는 유익한 세균들을 남겨두는 작업이 되는 셈이다.

⑥ 치즈원유 중의 비스타터 세균 수는 한외여과법에 의해 감소시킬 수 있다.

6) 숙성촉진 첨가물

치즈 숙성 촉진물은 주로 전통적인 치즈류와 지방함량을 낮춘 저지방 치즈의 품질향상을 위해 사용되어 왔다. 저지방 체다치즈를 포함한 체다치즈는 바로 이 분야에 초점을 맞춘 연구가 매우 많이 집중되고 있는 중에 있다. 숙성 촉진물과 관련한 기본원리는 다음과 같다.

① 우유 혹은 우유 외에서 얻어진 단일효소를 직접 벳트에 첨가한다.

② 단백질 분해효소와 지방분해 효소 혼합물을 칵테일로 만들어서 사용한다. 효소를 사용하여 제조한 치즈곤죽(pastes)을 제외하고는 효소 칵테일은 상업적으로 성공한 예가 많지 않다.

③ 캡슐에 효소를 담아서 첨가하여 숙성기간 내내 효소가 방출되도록 한다.

④ 약화시킨(냉동 충격이나 열 충격을 가한 것) 단백질 분해성 스타터 균주 사용.

⑤ 장차 유전공학 기법으로 개량한 스타터 균주들이 치즈 숙성 촉진에 상승을 가져다 줄 것이라는 기대가 있다.

⑥ 체다치즈에서의 스타터 배양액에 부가하여 첨가하는 *Lactobacillus helveticus*는 원유에 정상적으로 존재하는 다양한 균들의 기능을 대체할 수 있을 것으로 기대된다.

3. 적정 숙성을 위한 치즈의 조성분

치즈의 조성분은 수율의 최적화의 주요인이고, 똑같이 치즈의 풍미 발달과 조직 형성에도 중요한 요인이 된다. 본 절에서는 치즈 숙성에 관련되는 몇 가지 근본 조건들에 대하여 상세히 다루고자 하며, 특별히 체다치즈와 관련된 지표들을 중심으로 설명하고자 한다. 뉴질랜드 수출용 체다치즈는 그림 10-1(A)에 제시된 조성분

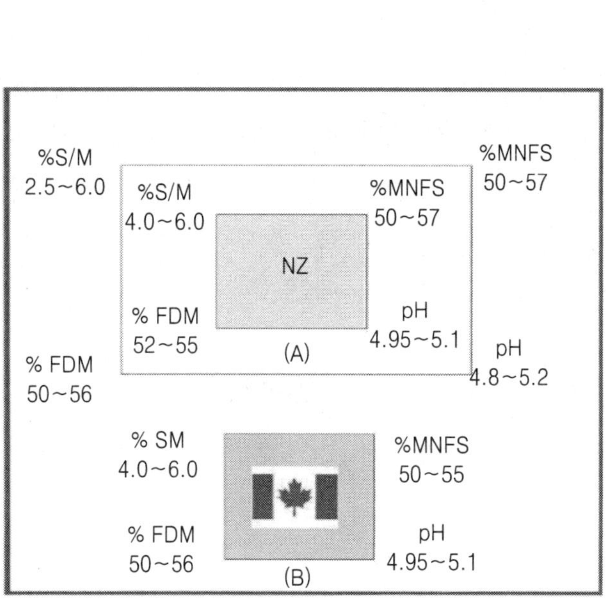

그림 10-1. 숙성 중 체다치즈의 성분

(A) 뉴질랜드의 프리미엄급과 1등급 체다치즈 표준

(B) 캐나다 체다치즈의 고품질 규격에 요구되는 표준범위

주의 : pH는 제조 후 3일과 14일 사이에 측정할 것

함량 분석치에 따라 모든 등급이 매겨진다. 그림 10-1(B)에는 양질의 캐나다산 체다치즈의 대표적인 조성분 함량 범위들을 나타낸다.

1) 무지방 고형분 중의 수분함량(MNFS)

① 수분 : 수분함량이 높으면 숙성이 빨리 진행되는데, 이는 더 많은 이취 발생과 과도한 숙성이 이루어질 수 있는 가능성이 있다.

② 치즈 숙성이 진행되면서 산, 당류, 단백질, 지방의 분해되어 가용성 물질이 생성되기 때문에 수분활성도(a_w)가 감소한다.

③ 신선 체다의 수분활성도는 0.98인데, 이 정도의 a_w에서는 대부분의 세균들의 증식에 좋은 조건이다.

④ 숙성된 체다치즈의 a_w는 0.88 이하인데, 이 정도 a_w에서는 대부분의 세균이 생존하기에는 너무 낮은 a_w이다.

⑤ MNFS는 치즈 숙성 잠재지표로서 수분함량(%)보다 더 좋은 지표이다.

⑥ 최적의 MNFS는 치즈 제조업자가 희망하는 숙성기간과 숙성온도에 따라 달라진다.

예) 체다치즈 : 10℃, 6～7개월 MNFS=53% 10℃, 3～4개월 MNFS=56%

⑦ MNFS는 주로 유청배제 시와 가열처리 시의 pH에 의해 조절 가능하다. 계속되는 체다링과 가염처리에 의해서도 역시 MNFS는 영향을 받는다.

⑧ MNFS는 FDM에 의해 영향을 받는다. 다른 제반 여건들이 변함없이 유지되었을 때 FDM이 증가하면 MNFS도 증가하는데, 이는 지방 성분이 커드의 시네레시스(syneresis)를 억제하기 때문이다.

2) 치즈 수분함량 중의 소금 농도(SM)

① 치즈 가압과 숙성 초기 동안의 산 생성량을 결정함으로써 도달하는 최저 pH에 영향을 준다.

② 치즈의 세균 균총 구성에 영향을 미친다. 예를 들면 높은 S/M에서는 대장균군과 같은 오염미생물의 증식을 약화시킨다.

③ 단백질의 분해률에 영향을 미침으로써 단백질로부터 유래하는 향미의 형태에 영향을 준다.

④ 다행히 치즈에 허용되는 SM 범위는 넓다(3.6～6.0) 치즈 자체 내에서도 S/M

의 범위가 넓기 때문에 이는 다행스러운 일이다.

⑤ 치즈의 소금 흡수력은 소금의 양과 커드의 크기, 커드의 수분함량, 산도에 의해 결정된다.

3) 치즈 고형분 중 지방함량(FDM)

① 지방함량이 높으면 시네레시스(synersis)가 억제된다. 그래서 FDM이 크면 MNFS가 함께 증가하는 경향이 있다.

② 유지방구는 물리적으로 단백질 매트릭스를 헝클어 놓아서 치즈 조직이 짧고 연약해진다.

③ 원유의 P/F비에 의해 조정된다(제 5장 참조).

4) pH

① pH 변화 양태는 치즈에서 가장 중요하고 유일한 장애요소 해결 도구이다. pH와 관련한 중요한 작업은 커드 절단, 유청 배제, 커드 분쇄, 치즈 숙성 첫날, 7일째의 상태 등이다.

② 체다를 포함한 대부분의 치즈는 제조 일주일 후에 최소한 pH 5.0~5.1까지 도달해야 한다. 우유단백질이 pH 5.2~4.6 범위에서 완충능력이 증대함에 따라 이와 같은 범위의 최종 pH에 도달하는 것에 크게 도움이 된다.

③ 치즈 제조 후 첫날 pH의 결정 요소는 스타터의 사용량과 유청 배제 시의 pH, 그리고 가수 세척, 체다링과 가염과 같은 커드처리 등이다.

④ 유청 배제 시의 pH는 치즈조직 발달에 가장 중요하고, 또한 치즈 내에 chymosin과 plasmin의 잔존량을 결정한다.

⑤ 숙성기간이 진행되면서 치즈 내에 알칼리성 단백질 절편들이 방출되어 pH가 올라간다. 이는 곰팡이로 숙성하는 치즈에서 더욱 그러하다. 카망베르 치즈의 경우 pH가 4.6에서 7.0까지 상승하는데, 특히 표면 부위에서 많이 올라간다.

⑥ 숙성하는 동안 pH가 상승하면 단백질 분해와 지방분해효소의 활성이 촉진한다.

4. 숙성중의 온도

① 체다치즈류: 몇 주 동안은 4~6℃에서 초기 숙성을 진행시키는 것이 바람직하다. 그리고 나서 8~10℃로 온도를 높여 준다. 초기 숙성을 저온에서 진행시키면 숙성 초기의 유산균과 비스타터 균류의 증식을 최소화하여 숙성이 너무 빨리 진행되는 것에 기인하는 이취 발생 위험을 방지할 수 있다. 이 또한 최저 pH가 5.0 이하로 낮아지는 위험을 최소화 할 수 있다.

② 대부분의 유럽치즈는 초기 숙성기간 동안에 10~15℃로 저장한다. 그리고 나서 판매될 때까지 4℃에 보관한다.

③ 표면숙성 치즈류는 11~15℃에서 숙성한다.

5. 숙성중의 습도

표면숙성 치즈는 표면의 효모와 곰팡이 증식을 위한 산소를 충분히 제공하기 위해 적절한 공기순환이 필요하다. 필요한 습도는 다음과 같다.

① 세척형 세균 표면숙성 치즈류: 90~95%

② 곰팡이 표면숙성 치즈류: 85~90%

③ 건조한 껍질형성 치즈류: 80~85%

6. 숙성중 제반 처리

치즈 표면 형태 특성에 따라 치즈의 숙성중 관리는 다음과 같이 분류된다:

① 곰팡이에 의한 표면숙성 치즈류

② 표면에 세균 증식이 없거나 약간만 있는 껍질을 세척하며 숙성하는 치즈(예, 생 폴린형)

③ 점질물이 있는 껍질을 세척하며 숙성하는 치즈류, 뮌스터형과 오카치즈

④ 건조한 껍질의 짜개짐과 수분 증발을 방지하기 위하여 껍질에 오일이나 버터를 발라 코팅한 상태로 숙성하는 그룹, 예) 에담, 스카모짜 그리고 파르메산 등

⑤ 가열된 왁스나 수지(최근에는 바이오 플라스틱이 시판 중임 - 역주)로 치즈에 솔로 바르거나 스프레이 하여 코팅한다. 이런 처리는 좋은 보호 층을 제공한다. 그러나 플라스틱 필름보다는 더 침투성이 높다. 그래서 치즈의 건조를 막기 위하여 숙성실의 상대습도를 85% 정도로 유지해 주는 것이 바람직하다.

⑥ 껍질이 없는 치즈(Rindless)는 수분이 많은 상태에서 숙성하거나 가스가 통과하지 못하는 필름이나 큰 블록상태(예: 640 Lbs, 약 290 kg)에서 숙성한다.

왁스와 필름에는 곰팡이 증식을 방지하는 piamaricin, 소르빅산, 프로피온산과 같은 항균제를 처리하기도 한다.

7. 포 장

① 치즈는 진공포장 또는 가스주입(N_2나 CO_2)하여 가스에 견디는 방수 필름으로 포장하는 것이 일반적이다.

② 진공포장만으로는 산소가 완전히 제거되지 않아서 치즈에 자주 곰팡이 자국이 눈에 안보일 정도로 작게 나타나기 때문에 진공포장만 하는 것은 바람직하지 않다.

③ CO_2 가스를 주입하거나 CO_2나 N_2를 혼합하여 주입하는 것이 곰팡이 성장을 효과적으로 방지할 수 있다.

㉠ CO_2는 물에 녹기 때문에 치즈 내의 수분에 흡수되어 포장이 밀착하게 된다.

㉡ 물에 녹지 않는 N_2 가스는 잘게 썰어진 치즈와 치즈커드와 같은 느슨한 포장을 해야 하는 경우에 유용하다.

④ 카티즈치즈와 같은 신선치즈를 포장하는 데는 고밀도 플라스틱(단단한 용기)이 사용된다.

⑤ 그리스(grease) 방수 종이나 호일이 발라진 방수지와 같은 산소 투과 랩은 봉합하지 않은 상태로 표면 숙성치즈에 사용하기에 적합하다.

제 11 장

치즈제조 공정관리

본 장의 내용 대부분은 본서의 다른 장이나 치즈제조 과정에서 언급되었기 때문에 "치즈제조기술 단기과정"에서는 논의하지 않을 것이다. 다만 여기서는 중요한 제조과정 관리상 원리를 요약해 두었다. 표 11-2는 몇 가지 치즈 종류에서 시간 경과에 따른 pH의 변화 비교를 통해 이러한 원리들을 보여준다. 특별히 체다치즈에 수분의 낮고 높음에 따른 비교에 주목하라.

1. 치즈제조 목적

최고의 수입을 올리기 위해서 치즈 제조자들은 좋은 품질의 치즈를 최대한의 수율로 생산해야만 한다. 이를테면 물과 소금은 유지방과 유단백질보다 값이 싸지만(제 12장에서 수분과 소금함량을 증가시키면 치즈수율을 높일 수 있음을 기술하였다), 치즈의 수분과 소금함량을 증가시키는 데는 한계가 있다. 일관된 치즈품질을 유지하기 위해 치즈 제조자가 목표로 해야 할 점은 다음과 같다;

① 치즈의 기본 조직이 형성되도록 해야 한다.

② 치즈를 숙성하는 동안 미생물과 효소가 적절하게 작용할 수 있는 조성 여건을 가지게 해야 한다. 적정한 조성 여건이란 주로 수분함량, pH(유산 함량), 무기물함량, 소금함량이 적당해야 함을 의미한다.

예를 들면, 스위스치즈의 조직감은 커드와 유청이 치즈 프레스의 선반 위에 옮겨질 때 대략적으로 결정된다. 이 때 기본적인 구조(예 : 케이신 마이셀과 유지방구의 위치가 정렬되는 양태)와 화학적 조성(특히 무기질함량)이 결정된다. 이 단계에 접어든 스위스치즈 커드로 당신은 체다치즈를 만들 수 없다. 반면 같은 커드로부터 Feta와 Brie형의 치즈는 생산할 수 있다.

2. 수분 조절

① 치즈 제조란 케이신 마이셀의 매트릭스 안에 지방과 물방울들이 갇혀 있는 렌넷 응고물 혹은 산 응고물(탈지유를 제외하고)로부터 수분을 제거하는 과정이라고 볼 수 있다.

② 그러므로 치즈는 유단백질과 유지방이 응집된 하나의 농축물이다.

③ 대부분의 치즈 제조과정의 진행단계는 우유 겔의 시네레시스(syneresis, 응집체로부터의 수분 방출 - 역주) 과정에 의한 수분제거와 관련이 있다.

④ 시네레시스 = 커드의 수축 : 커드로부터 수분방출을 수반하는 단백질 네트워크의 수축이다.

⑤ 치즈의 수분과 수분 안에 녹아있는 수용성 성분들이 문자 그대로 압착되어 짜내지듯이 커드 밖으로 방출된다.

⑥ 이 액체(유청)는 그 안에 수분, 유당, 유청단백질, 유산 그리고 일부 우유의 무기질을 포함한다.

⑦ 따라서 최종 치즈 커드 내 수분함량은 치즈의 최종 pH를 결정하는 주요 요인이다. 왜냐하면 수분함량이 치즈 내에 잔류하는 발효 가능한 유당의 함량을 결정하기 때문이다.

⑧ 바로 이 단계에서 몇 가지 다른 요인, 즉 산 생성속도, 온도, 쿠킹시간 같은 것들이 커드로부터의 수분 방출량(syneresis)을 결정한다.

3. pH 조절

① 치즈의 품질과 안전 측면에서 보면 가장 중요한 제조상의 관리 요소는 산 생성의 조절이다.

② 산 증가 요인

㉠ 시네레시스(syneresis, 케이신 입자에서의 전하 반발 감소로 인하여)와 수분 방출(수분을 밀어 내보냄)

㉡ 인산칼슘염의 용해

㉢ 커드조직의 변화를 유발하는 케이신 마이셀의 붕괴

㉣ 유산발효에 의한 유당함량의 감소

③ 세균들은 gel matrix에 존재하고 있기 때문에 응고하는 동안 주로 커드 안에서 산이 생성된다.

④ 최저 pH(산도)는 치즈제조 중의 산 생성량과 숙성 초기에 발효되어 추가적으로 산으로 전환될 잔류 유당의 함량에 의해 결정된다.

⑤ 커드 내 잔류 유당의 함량은 수분함량, 침출에 의해 유당이 제거되는 가수세척, 발효 정도에 의해 결정된다.

⑥ 스타터균의 갈락토오스 발효능 역시 중요하다.

⑦ 산 생성 진행 비율과 산 생성량(최초 pH에 의해 측정됨)이 중요하다.

⑧ 예를 들면, 스위스치즈의 최종 pH는 체다와 같다. 그러나 체다는 5시간 후에 pH 5.2에 도달하지만, 스위스치즈는 이 pH에 이르려면 15시간이 소요된다.

⑨ 산 증가의 비율을 일정하게 유지하는 것이 중요하다. 산 증가가 너무 느리거나 너무 빠르면 쿠킹시간과 온도를 조정하기 보다는 스타터의 접종량을 조절하는 것이 더 효과적이다.

⑩ 유청 배제시의 pH는 치즈 내 무기질과 잔류 유당량을 결정하는 데 유당함량에 의해 최종 pH가 결정된다.

⑪ 가염처리는 산 증가의 비율을 감소시킨다. 따라서 가염처리의 시간과 소금농도는 치즈 제조 후 첫날과 7일째의 pH에 중요하게 영향을 미친다.

4. 무기질 함량의 조정

① 인산칼슘염의 소실은 케이신 마이셀의 붕괴 정도를 결정하며, 치즈의 기본적인 구조가 결정되는데, Ca 대 케이신 혹은 Ca 대 NFS 비율이 가장 중요한 결정지표가 된다. 이 비율의 측정은 간단하고 쉽다(표 1-1을 보라).

② 스위스치즈(칼슘함량이 높다. 약 750 mM/kg NFS)에서의 케이신 입자 구조

는 단단하다. 그러나 페타형(칼슘함량이 낮다. 약 400 mM/kg NFS)에서는 케이신 입자 묶음 소단위체(submicelles)가 해리되어 붕괴한다.

③ 치즈 안에 인산칼슘염이 존재하면 치즈의 완충능이 증대한다.

④ 유청 배출시의 pH는 커드가 유청으로부터 분리될 때의 칼슘과 인산염의 가용량을 결정하게 된다.

⑤ 스위스치즈(pH 6.4~6.5)와 체다치즈(pH 6.1~6.3)에서처럼 유청 배제시의 높은 pH에서는 커드에 보다 많은 칼슘이 남게 된다(표 1-1 참조).

⑥ 페타치즈는 칼슘함량이 대단히 낮은데, 이에 대해서는 추가적인 설명이 필요하다. 페타치즈는 아직 pH가 높은 상태에서 유청을 빼고 성형을 시킨다. 그러나 그 때는 수분함량이 높은 상태인데 이는 아직 쿠킹을 하지 않은 단계이기 때문이다. 그래서 치즈는 성형틀 안에서 pH가 감소하면서 syneresis에 의해 수분이 방출된다. 그러한 연고로 낮은 pH하에서 많은 양의 수분(유청) 방출이 이루어지면서 이와 함께 대부분의 인산칼슘도 빠져 나감으로써 페타의 최종 칼슘이 낮아지는 결과로 나타난 것이다.

이것은 블루나 카망베르 같은 연질 숙성치즈에서도 동일하게 나타난다.

5. 조직 품질 조절

① 생치즈 단계에서 조직이 좋지 않으면 아마 후에는 풍미에 결함이 나타날 가능성이 높다. 그러므로 가장 근본적인 치즈제조의 첫 번째 목적을 적합한 조직을 만들 수 있는 미세구조가 형성되도록 하는데 두어야 한다.

② 단백질의 매트릭스 형성은 역시 pH에 의해 영향을 받는데, 낮은 pH에서는 케이신 입자 구조가 붕괴되면서 단백질은 단단하게 뭉쳐진다. 이는 반발하던 전하가 감소되어 버렸기 때문이다. 그래서 페타치즈는 부스러지는 반면 숙성 중 발생한 암모니아 때문에 pH가 상승하는 카망베르치즈는 부드럽고 연한 조직이 된다.

③ 높은 pH에서 유청이 배제된 치즈는 칼슘함량이 높으면서 조직이 보다 단단하고 탄력성도 좋다.

④ 조직의 단단한 정도는 치즈숙성 촉진 요인들에 의해 역시 영향을 받는다(제 11장 6절 풍미조절 참조).

⑤ 소금, 습도, 그리고 지방함량도 치즈조직 형성에 영향을 미친다. 그러나 이들 요소 중 어떤 것도 케이신의 하부입자(submicelle) 수준의 기본 구조를 변화시키지는 못 한다.

6. 향미 조절

치즈의 향미는 원료에 존재하거나 첨가된 향미생성 요인의 종류와 숙성기간 동안에 이들의 활동을 조절함으로써 치즈의 향미가 결정되는 것이다. 치즈 향미 형성의 주요 원리는 다음과 같다.

① 우유에 잔류하는 비스타터 균류(오염되어 있는 미생물)의 종류와 양을 결정하는 원유의 열처리와 청정화 처리

표 11-1. 주요 치즈의 제조시간 경과에 따른 pH의 변화

(Hill, 2005 ; Emmons와 Tucky 1967 ; Reinhold, 1972)

제조공정 운영	스위스형		가우다		체다 MNFS53%		체다 MNFS57%		페타		카티지	
	시간	pH	시간	pH	시간	pH	시간	pH	시간	pH	시간	pH
스타터 접종	0	6.60	0	6.60	0	6.60	0	6.60	0	6.60	0	6.60
렌넷첨가	15	6.60	35		60	6.55	30	6.55	75	6.50	60	6.50
커드절단	45	6.55	70	6.45	90	6.50	75	6.50	115		300	4.80
유청배재 또는 몰드에 퍼넣기	150	6.35	100		210	6.20	195	6.3	130	NA	360	
밀링	NA	NA	NA	NA	360	5.40	315	5.45	NA	NA	NA	NA
가압	165	6.35	130		420	5.35	390	5.40	NA	NA	NA	NA
몰드풀기	16시간	5.30	8시간	5.40	24시간	5.20	10	5.20	24시간	4.6	NA	NA
최저 pH	1주	5.20	1주	5.20	1주	5.10	1주	5.10	1주		NA	NA
판매	6개월	5.6	6개월	5.6	24개월	5.50	4개월	5.3	6주	4.4	2~14일	5.2

표 11-1a. 저온살균 원유로 제조된 체다치즈(순간 열처리 원유 체다치즈는 같음)의 제조기록

제조자 : 죠 치즈헤드	벳트 : 100	일시 : 2000년 3월 7일
원유량 : 10,000 kg	스타터 산도 : 0.70%	총 소요시간 : 15시간
스타터 사용량 : 100 kg	유청 지방함량 : 0.32kg/100 kg	
총계 : 10,100 kg	스타터 접종한 치즈원유 조성 : 지방 3.50% 단백질 3.30%	

공 정	시 간	온 도 °F	온 도 ℃	산 도 (%)	pH	내 역
살균	16 sec	161～163	72～73	-	-	저온살균, 3월 7일 7:00시
스타터접종	8:00	86	30	0.155	6.60	중온균 스타터 벌크 1%
색소 첨가	8:45	86	30	0.16	-	425g
렌넷 첨가	9:00	86	30	0.165	6.55	850g
응고	9:15	86	30	-	-	
커드 절단	9:30	86	30	0.10	6.50	나이프 1/4×1/4 in.(6.4 mm)
가온	9:45	86	30	0.105	6.45	느린 쿠킹, 쿠킹스케쥴에 따름
가온정치	10:15	102	39	0.11	6.40	느린 교반
유청배제	11:30	102	39	0.14	6.20	단회 교반식으로 끝냄
체다링	11:45	101	38	0.17	6.10	커드의 pH
커드 세절	14:00	90	32	0.6～0.7	5.40	
가염	14:20	88	31	-	-	11.3 kg
가압	15:00	70	20	No test	-	처음엔 서서히 가압

치 즈	kg	% 지방	% 수분	% 염분	pH	수량 kg/원유 100 kg 실수량	수량 kg/원유 100 kg 조정 수량 37% 수분, 1.7 kg 염분
성형	1037.1	33.1	38.2	-	5.4	-	-
가압	979.7	34.6	35.0	1.7	5.15	9.70	9.87

표 11-1b. 비살균 원유로 제조한 체다치즈의 제조기록

제조자 : 죠 치즈헤드	벳트 : 101	일시 : 2000년 3월 7일
원유량 : 10,000 kg	스타터 산도 : 0.70%	총 소요시간 : 15시간
스타터 사용량 : 200 kg	유청 지방함량 : 0.32 kg/100 kg	
총계 : 10,200 kg	스타터 접종한 치즈원유 조성 : 지방 3.50% 단백질 3.30%	

공 정	시 간	온 도 °F	온 도 ℃	산 도 (%)	pH	내 역
살균	무살균					
스타터접종	8:00	86	30	0.17	6.60	중온균 스타터 벌크 2%
색소 첨가	8:45	86	30	0.175	-	359 g
렌넷 첨가	9:00	86	30	0.18	6.50	850 g
응고	9:15	86	30	-	-	
커드 절단	9:30	86	30	0.12	6.45	나이프 1/4×1/4 in.(6.4 mm)
가온	9:45	86	30	0.125	6.40	느린 쿠킹, 쿠킹 스케쥴에 따름
가온정치	10:15	102	39	0.125	6.35	
유청배제	11:30	102	39	0.19	6.10	2회 교반식으로 끝냄
체다링	11:45	101	38	0.24	6.00	커드의 pH
커드 세절	14:00	90	32	0.8	5.30	
가염	14:20	88	31	0.85	-	11.3 kg
가압	15:00	70	20	-	-	처음엔 서서히 가압

치 즈	kg	% 지방	% 수분	% 염분	pH	수량 kg/원유 100 kg	
						실수량	조정 수량 37% 수분, 1.7 kg 염분
성형	1018.3	33.3	37.4	-	5.30	-	-
가압	969.0	35.0	34.5	1.7	5.05	9.50	9.89

표 11-1c. 고수분형 체다치즈의 제조기록

제조자 : 죠 치즈헤드	벳트 : 100	일시 : 2000년 3월 7일
원유량 : 10,000 kg	스타터 산도 : 0.70%	총 소요시간 : 15시간
스타터 사용량 : 70 kg	유청 지방함량 : 0.32 kg/100 kg	
총계 : 10,070 kg	스타터 접종한 치즈원유 조성 : 지방 3.50% 단백질 3.30%	

공 정	시 간	온 도 °F	온 도 ℃	산 도 (%)	pH	내 역
살균	16sec	161~163	72~73	-	-	저온살균, 3월 7일 7:00시
스타터접종	8:00	86	30	0.155	6.60	중온균 스타터 벌크 1%
색소 첨가	8:45	86	30	0.16	-	425 g
렌넷 첨가	9:00	86	30	0.165	6.55	850 g
응고	9:15	86	30	-	-	
커드절단	9:30	86	30	0.10	6.50	나이프 1/4×1/4 in.(6.4 mm)
가온	9:45	86	30	0.105	6.45	느린 쿠킹, 쿠킹스케쥴에 따름
가온정치	10:15	102	39	0.11	6.40	느린 교반
유청배제	11:30	102	39	0.14	6.20	단회 교반식으로 끝냄
체다링	11:45	101	38	0.17	6.10	커드의 pH
커드 세절	14:00	90	32	0.6~0.7	5.40	
가염	14:20	88	31	-	-	11.3 kg
가압	15:00	70	20	No test	-	처음엔 서서히 가압

치 즈	kg	% 지방	% 수분	% 염분	pH	수량 kg/원유 100 kg 실수량	수량 kg/원유 100 kg 조정 수량 37% 수분, 1.7 kg 염분
성형	1037.1	33.1	38.2	-	5.4	-	-
가압	979.7	34.6	35.0	1.7	5.15	9.70	9.87

② 치즈의 향미는 대부분 스타터 선발, 응유효소와 다른 첨가물의 선발을 통해 결정된다.

③ 모든 가온과정과 커드 취급과정은 숙성치즈에 잔류할 미생물과 효소와 같은 숙성 촉진물질의 세균과 효소 형태에 의해 특이적인 영향을 미치게 된다.

④ 다시 한번 말하자면 유청 배제시의 pH는 중요한데, 이는 커드와 유청에 각각 분포하는 플라스민(우유 자체 단백질 분해효소 - 역주)과 렌넷의 분포 정도를 결정하기 때문이다.

⑤ 플라스민(plasmin)은 우유에 존재하고 있는 주요 단백질 분해효소이다. 이는 중성으로부터 약 알칼리성 pH 범위를 선호한다. 그리고 낮은 pH에서 더 잘 용해된다. 그 결과 높은 pH에서 건져 올려 제조한 치즈는 plasmin 함량이 높고, 활성도 높다(스위스치즈에서 숙성 과정중의 단백질 분해는 plasmin에 기인한다). 또한 플라스민 활성도는 전형적이 스위스와 이탈리안 치즈 종류와 같이 쿠킹처리 온도가 높은 경우에도 증가한다.

⑥ 송아지 렌넷(rennet)은 pH에서 높을수록 용해도가 높다. 그러나 활성은 낮은 pH에서 높다. 그러므로 렌넷 잔류량은 낮은 pH에서 유청을 배제한 치즈, 특히 낮은 pH에서 커드를 절단한 치즈에서 잔류량이 높다. 렌넷 활성은 또한 전형적인 스위스와 이탈리아 방식으로 높은 온도로 쿠킹처리 할 때 급속도로 떨어지며, 중온균 종류의 치즈에서는 더 활성이 높다.

제 12 장

생산수율

1. 치즈 제조중의 각 구성성분의 분포

표 12-1. 치즈 제조중 우유의 구성성분의 분포(중량%)와 우유로부터 치즈로의 이행율

	지방	단백질	유당	무기질	고형분
원유의 조성분%	3.3	3.2	5.0	0.7	12.4
치즈의 조성분%	31	25	2.0	2.1	60
유청의 조성분%	0.22	0.61	5.3	0.58	7.0
각 성분의 치즈%	93	78	4	30	49

2. 생산수율에 영향을 미치는 요인

① 우유 케이신은 생산수율을 결정하는 중요한 요인이다. 케이신은 자체 중량뿐만 아니라 수분과 무기질 흡수역할도 한다. 치즈의 품질은 수분/케이신의 비율이 제한 요소가 되는데, 이는 무지고형분 중 수분함량(MNFS)의 비율과 관련이 있기 때문이다.

② 지방 또한 생산수율의 중요한 구성요소이다. 지방은 커드로부터 유청배출(syneresis)을 방해하기 때문에 자체 중량 이상으로 생산수율에 기여한다. 하지만 다른 조건들이 조정되어 항상 MNFS가 일정하게 유지된다면 지방은 우유지방이 치즈지방으로 전환되는 양만큼만 치즈 생산수율에 기여한다(즉, 치즈의 유지방분 만큼만 수율증가로 나타남).

③ 치즈의 수분 : 체다치즈의 수분이 1% 증가하면 치즈수율은 1.8% 증대한다.

부분적이긴 하지만 수분이 증가하면 유청고형분과 염분이 치즈 쪽으로 이행되기 때문이다. 일반적으로 우유 1,000 kg에 치즈 90 kg의 생산된다고 할 때 치즈의 수분을 35%에서 36%로 조정하면 결과적으로 우유 1,000 kg에서 치즈 91.6 kg가 생산된다.

④ 치즈염분: 수분농도가 소금농도와 함께 증가한다면 체다치즈의 경우 염분의 농도가 0.1% 증가하면 치즈수율은 0.14% 증가한다.

⑤ 원유의 품질요소들: 체세포수, 저온균수, 단백질 품질 등 제4장을 참조하라.

⑥ 우유의 살균온도를 올리고 시간을 증가하면 치즈 수분함유량, 유청단백질과 가용성 성분의 치즈로의 회수율을 증가시킨다. 살균의 바람직한 온도와 시간에 대해서는 일률적으로 논할 수는 없고 치즈의 종류와 치즈 제조업자의 표준품질 규격에 따라 정해지는 것이다.

⑦ 치즈제조 단계별 조절요망 주요 요소(제9장 참조)

㉠ 조심 없이 하는 커드 절단

㉡ 쿠킹 초기의 너무 빠른 가온속도

㉢ 체다치즈에서 커드 세절(milling) 후 소금치기를 너무 빨리하면 커드에 소금성분이 빨리 흡착됨에 따라 유청 방출속도가 증가하고 케이신의 용해성이 증대한다. 따라서 단백질, 지방 그리고 수용성 고형분의 손실로 인해 치즈수율 감소가 일어난다.

㉣ 커드를 고온에서 압착하면 지방이 손실된다.

㉤ 단백질 분해성 스타터 균주나 응유효소는 커드 절단 전·후의 단백질 손실을 초래한다.

㉥ 가수 세척은 가용성 고형분들을 제거한다.

㉦ 모짜렐라치즈와 같은 경우 워킹(스트레칭) 처리중 지방과 가용성 성분들이 손실된다. 가용성 고형분 손실은 치즈수분과 세척수가 평형을 이루도록 해줌으로써 최소화 할 수 있다.

3. 생산수율의 최적화를 위한 원리

치즈수율과 관련하여 치즈 제조업자들이 목표로 해야 할 점은 다음과 같다.

① 수분함량과 유청단백질의 회수를 최대화하기 위해 품질을 유지하면서 높은

MNSF함량을 갖는 치즈를 제조할 것

② 품질을 유지하면서 치즈로 우유성분이 많이 이행하도록 원료유를 표준화 할 것(P/F를 이윤이 극대화 하도록 조정할 것)

③ 케이신과 지방이 유청 쪽으로 손실되는 것을 최소화 할 것

4. 생산수율의 조정

생산수율을 조정하여 생산수율을 최대화 하는 것은 대단히 중요하다. 이 말은 치즈공장에 투입된 원유 성분들을 치즈 쪽으로 최대한 회수시킨다는(유당의 경우는 최소 손실을 의미) 것을 의미한다. 여기에는 유청의 비유지방성 고형분, 유청의 지방, 표준화시 제거한 크림이 모두 포함된다. 일반적으로 모든 우유성분들로부터 최대 성분회수란 그 성분들의 대부분은 치즈 안에 최대한 함유시킨다는 것인데, 이것이 항상 그렇게 되지는 않는다.

5. 우유 성분들의 회수량

치즈생산 수율의 효율성은 Gille와 Lawerence(N.Z.J. Dairy Sci. Technol. 1985. 20 : 205)가 제시하고 권장한 방법에 따라 치즈 쪽으로의 우유 성분 이행량과 유청 쪽으로 빠져 나간 우유 성분량 추적조사를 통해서 측정할 수 있다. 치즈제조에 사용된 우유성분, 크림, 치즈, 유청크림, 지방을 제거한 유청 등의 성분 분포를 정확하게 기록함으로써 공장의 물질수지(物質收支)를 결정할 수 있다.

6. 생산수율의 표기

1) 실제 혹은 절대 수율(Ya)

(1) 우유 단위량에 대한 치즈 생산량

Ya=치즈 생산량(kg)/우유(kg)

% Ya=Ya×100=치즈 생산량(kg)/우유 100 kg

※ 문제점: 이 방법은 동일한 성분조성의 우유로부터 생산된 동일한 조성의 치즈의 수율을 비교할 때에만 유용하게 사용할 수 있다.

2) 조성분에 근거한 수율 표기

표준화된 수분, 지방, 소금, 단백질(포함시키는 경우도 있고 포함시키지 않는 경우도 있음)의 특정한 함량에 기준하여 실제 수율을 조정한다. 대부분 수분과 소금 함량을 기준으로 하여 조정한다.

예: 수분함량을 기준으로 하여 조정한 수율(Y_{madj})은 실제 수율(M_{actual})과 표준 수분함량($M_{standard}$)을 사용하여 다음과 같이 계산한다.

$$Y_{madj}=Y_a\times(100-\%M_{actual})/(100-\%M_{standard})$$

수분과 소금함량으로 조정된 수율(Y_{smadj})도 위와 유사한 방법으로 실제 소금함량(S_{actual})과 표준 소금함량($S_{standard}$)을 사용하여 다음과 같이 계산할 수 있다.

$$Y_{smadj}=Y_a\times(100-\%M_{actual})(100-\%S_{actual})/(100-\%M_{standard})(100-\%S_{standard})$$

7. 생산수율의 예측

1) 생산수율 예측치 계산의 목적

① 실제 생산수율과 공장의 물질수지의 판단에 필요한 것이 무엇인가에 관한 정보를 제공한다.

② 측정상의 오류를 감소한다; 예를 들면, 원유의 중량 측정상의 오류 혹은 부적절한 표준화

③ 수분함량의 과다를 초기에 알 수 있게 하여 다음 번 치즈벳트의 수분함량을 조절할 수 있게 한다. 이것은 신속한 수분 측정장치(마이크로 웨이브 기기)에 의해 알아낼 수 있는데, 이는 생산수율 예측 계산 사용에 충분할 정도로 정확하다.

2) 반 슬라이크(Van Slyke)와 프라이스(Price) 공식

체다치즈 생산수율 계산에 가장 많이 사용되고 있는 공식은 1908년에 발표된 반

슬라이크(Van Slyke) 공식인데, 그 후로부터 현재까지 성공적으로 사용되어 오고 있다. 반 슬라이크 공식은 치즈수율이란 우유의 총 고형분량(지방, 단백질, 기타 고형분)과 수분이 치즈 쪽으로 이행(移行)된 분량에 비례한다는 전제를 근거로 하고 있다.

〈반 슬라이크 공식〉

치즈수율=(0.93F+C−0.1)1.09/(1−M)=9.945%

F=원유의 지방함량(3.6 kg/100 kg)

C=원유의 케이신 함량(2.5 kg/100 kg)

0.1= κ-케이신의 가수분해와 커드 미세분말 손실에 의한 케이신의 유청 이동량

1.09=치즈 내에 함유될 수 있는 다른 고형분 함량을 계상하기 위한 인수(因數, factor) : 이것은 유청 고형분과 케이신에 결합되어 있는 인산칼슘과 구연산칼슘염의 함량을 나타낸다.

M=수분 비율 0.37

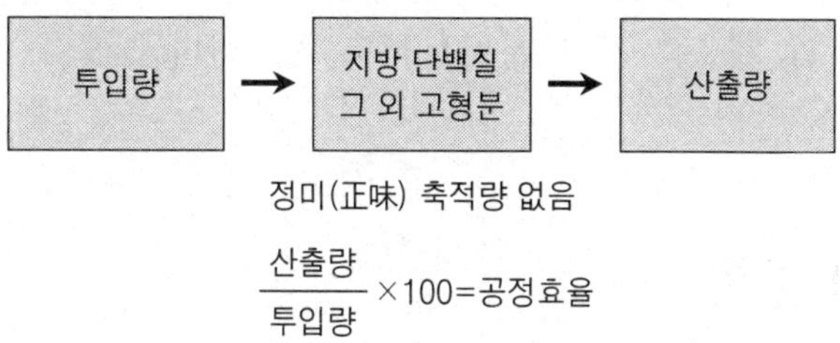

그림 12−1. 물질수지(공정상)

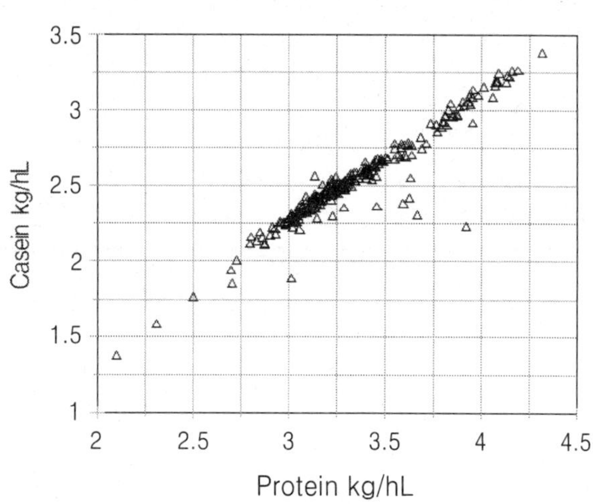

그림 12−2. 원유 단백질 분획 중 케이신 함량 변화

이 공식은 몇 가지 현저한 한계점을 갖고 있다.

① 우선 케이신 함량의 측정이 어렵다. 많은 공장에서는 수율예측 공식에 총 단백질량을 사용하고 케이신량 추정에 맞춘 계수를 곱해 주고 있다. 전통적인 케이신 측정 공정으로는 로랜드 분획법(Rowland fractionation)이 있는데, 이는 거의 대부분의 치즈공장이 무난히 사용해 오고 있다.

따라서 치즈공장들이 매 4주마다 2～3개 원유탱크의 시료들을 사설 분석실에 보내어 자신의 원유 단백질 중의 케이신 분획의 계절적 변이를 추적해 볼 것을 권장한다. 그 대체법으로의 케이신 함량은 제 6장에서 제시한 공식을 사용하여 추정해 볼 수 있다.

② 이 공식 사용이 갖는 두 번째 한계는 염류량과 유청 중 고형분 함량 변이와 같은 중요한 변수를 반영하는 것을 놓치고 있다는 점이다.

③ 세 번째로 곤란한 점은 체다치즈에만 알맞은 공식일 뿐이라는 점이다.

다른 많은 공식들이 제안되고 사용되어 왔다. Emmons 등이 널리 이용되는 공식을 개발하였다. Modern Dairy. 1991년 2월호, 1991년 6월호, J. Dairy Sci. 73 (1990):1365～1394과 제 2장 참고 문헌목록도 참고한다.

8. 구성성분의 조절

수분함량과 관련한 생산수율 조정의 중요성은 그림 12-1과 표 12-2에 제시되어 있다. 소금, 지방과 같은 다른 구성성분의 지표 조절 또한 아래에 나타내었다(소금, 지방 등).

표 12-2. 체다치즈의 수분조절상의 고수분, 중간, 저수분으로 각각 조정한 경우의 사례

	공장 1	공장 2	공장 3
평균 치즈 수분함량	38.10	37.24	35.63
표준편차	0.554	1.038	0.959
목표 수분함량	38.09	37.29	37.42
목표 수분에서 평균치를 뺀 값	+.01	-.04	-1.79
수분 조절 정도	고수분	평균	저수분

표 12-3. 교반형 커드 체다치즈 블록(290kg)의 성분 변이(시료는 프레스처리 7일 후에 5~22℃로 보관한 스테인레스 스틸 후프에 있는 채로 여섯 곳에서 수집한 것임, Reinbold and Ernstrom, 1988)

5℃에서 7일간 보관			
	중앙부	측면부	상부 코너부
소금농도	1.3	1.6	1.5
수분함량	36.04	42.50	41.07
pH	5.10	5.18	5.25
24시간째의 온도	35℃	8℃	
22℃에서 7일간 보관			
	중앙부	측면부	상부 코너부
소금	1.5	1.5	1.5
수분함량	38.84	39.67	39.27
pH	5.07	5.04	5.03
24시간째의 온도	13℃	24℃	

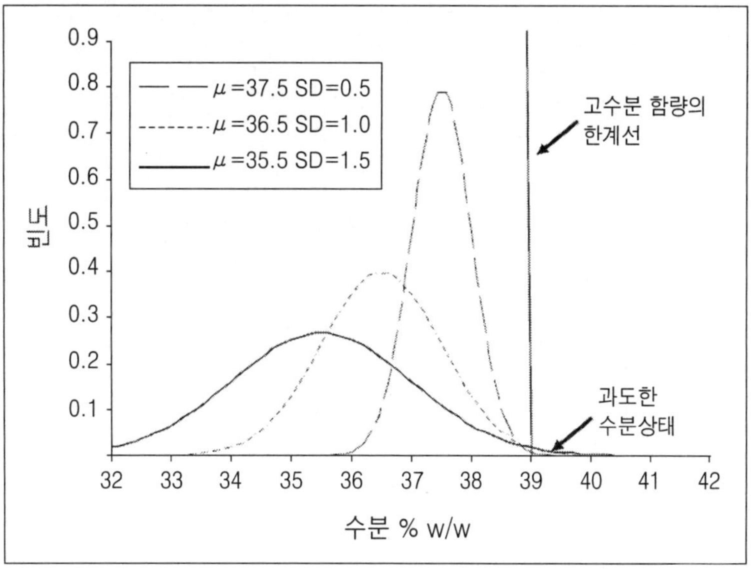

그림 12-3. 수분함량 조절의 중요성을 보여주는 수분함량 정상 분포곡선(이 예는 적절한 수분함량이 39%인 경우이다. 수분함량 조절이 잘못되어 변이가 큰 경우 수분함량이 39%보다 높은 치즈가 많기 때문에 수분함량 조절을 정확하게 할 수 없는 경우에는 과도한 수분의 치즈생산을 피하기 위해서 평균 수분함량 목표치(μ)를 낮추어야 한다)

표 12-3은 치즈 내부에서의 구성성분의 함량 변이의 문제를 보여주고 있다. 이 표는 290 kg의 큰 체다치즈 블록의 경우라서 함량 변이가 크긴 하지만 모든 치즈에서 성분함량의 변이는 항상 존재한다.

제 13 장

치즈의 등급판정과 결함

1. 치즈의 결함

다음에 간단히 언급한 요약 내용은 제대로 된 지식과 경험이 있다고 해도 나타나지 않는 문제들이 아니다. 표면 숙성치즈의 결함에 대한 상세한 내용에 관심이 있는 독자들은 Eck과 Gillis가 2000년에 펴낸 저서를 참고하기 바란다.

1) 일반적인 치즈의 결함들

(1) 치즈의 본체

현대의 관능분석 분야에서 치즈 본체 형태는 조직성으로 나타내는데, 치즈 본체 절개 시 나타난 치즈눈 모양을 표현할 때 치즈 등급사들이 '조직성'이라는 용어를 사용하고 있기 때문에 혼란성이 있는 말이다. 여기에서는 전통적인 치즈 등급 용어를 사용할 것이다. 치즈 본체 결함을 표현하는 용어는 다음과 같다.

① 푸석푸석함/잔 조각이 난 것 : 과다한 소금치기나 과다한 산 때문에 빈번히 나타난다.

② 코르크 조직 : 과도한 가온처리, 저지방, 저수분, 과도한 소금치기로 인한다.

③ 가루형태 : 이런 결함은 미각적으로도 감지할 수 있고, 인지와 엄지손가락으로 치즈를 문질러 보면 가루가 배어 나옴을 볼 수 있다. 이런 결함은 과도한 산 생성과 함께 나타난다.

④ 반죽 같음 : 맛을 보면 끈적거리고 손가락으로 만져도 그렇다. 과도한 수분함량 때문이다.

⑤ 연약함 : 손으로 작업할 때 너무 빠르게 부서져 내림 ; 과도한 수분함량, 혹은

지방함량 과다로 인한 결과이다.

(2) 치즈눈

치즈눈도 조직의 품질을 판단하는 자료가 된다. 이것은 치즈 종류와 치즈눈 형성 원인에 따라서 바람직할 수도 있고 그렇지 못한 경우도 있다. 치즈눈 형성의 원인들은 다음과 같다;

① 물리적인 틈 모양들은 조직 내에 갇혀 있던 유청들에 의해 생긴 것으로 불규칙한 구멍모양이다. 치즈조직 안에 갇혀 있던 유청은 압착과정에 치즈 안에 갇혀 버린 상태에서 자국을 남기는데, 치즈 숙성과정에 수분은 치즈 내부로 확산 흡수되어 사라지고 그 자리에 구멍만 남은 것이다. 이런 구멍은 콜비에서는 바람직하지만 체다에서는 결함으로 받아들여진다. 이런 물리적 구멍들은 구멍 주변에서 일어나는 산 생성으로 인해 변색을 초래한다. 일반적으로 물리적 구멍 발생은 숙성 전에 진공포장 처리하면 없어진다.

② 가스구멍의 형성은 많은 종류의 치즈에서는 당연히 바람직한 것이다. 가스구멍 결함은 다음과 같은 것들이 있다;

㉠ 숙성 초기에 나타나는 가스구멍은 대장균 오염으로 일어난다. 이들 구멍은 작고 바른 원형으로 반들거리는 모양이다. 이런 구멍이 자주 동반하는 결점은 불결취이다.

㉡ 숙성 후기에 나타나는 가스구멍은 낙산균인 *Clostridium tyrobutryricum* 혹은 *Cl. perfringens*인데, 특히 몇몇 유럽 치즈에서 자주 발생된다. 클로스트리디아균 포자류는 미국형 치즈류에도 발견되는데 이것들이 문제를 일으키지는 않는다. 그렇지만 이런 포자들은 열처리에 의해 활성화 될 수 있는데 이로 인해 가끔 가공치즈에서 가스구멍 결함을 유발시키곤 한다.

㉢ 가스구멍 결함은 체다와 미국형 치즈류에서 나타난다. 결함의 특징은 치즈 내부가 아닌 포장지 안에 특유한 가스(주로 CO_2 가스와 일부 황화수소가스)가 생성되어 포장지를 부풀어 오르게 하는 것이다. 이런 결함은 체다치즈의 경우 숙성 6～9개월 사이에 관찰되는데, 미국형 모짜렐라와 콜비치즈에서는 더 이른 시기에 나타난다. 이 결함을 일으키는 혐기성균에 대해 완전히 밝혀진 것은 아니지만 치즈를 10℃ 이하 숙성하면 일어나지 않는다는 것이 실험결과로 나타났다.

㉣ 효모 틈새로 효모 증식이 원인이다.

(3) 풍미

대부분의 치즈 등급판정 체제에서는 치즈 풍미 결함을 가장 중요하게 취급한다. 풍미 결함은 다음과 같다;

① 산성취는 위에서 언급한 치즈 본체의 산과 관련한 결함과 함께 나타난다. 산성취의 일반적인 원인은 모두 치즈 제조과정에서 공정을 잘 조절하지 못한 것이 원인이다.

㉠ 수분함량 과다(수분함량이 높으면 유당함량도 높다)
㉡ 스타터를 과다하게 접종(즉, 유청 제거 전에 산이 너무 과도하게 생성)
㉢ 너무 늦은 가염처리 혹은 낮은 농도의 가염처리
㉣ 압착 중 혹은 압착 완료 직후에 지나친 고온조건

② 쓴맛취(고미취)는 미국형 치즈류의 통상적인 결함이지만, 신선치즈를 포함한 다른 치즈류에서도 나타난다. 그 원인은 다음과 같다;

㉠ 높은 수분함량
㉡ 과다한 렌넷의 사용량
㉢ 쓴맛형 스타터 균주 사용
㉣ 고온에서 숙성

- 과일취/효모취는 대부분 쓴맛취와 높은 pH와 함께 나타나고, 간혹 효모에 의해 생성되는 틈새를 수반한다.
- 불결취는 농가 헛간을 연상시키는 냄새이고, 아마 대장균과 관련되어 나타나는 것으로 보인다.
- 유청의 부패취는 높은 수분함량이 원인인데, 대개 쓴맛을 한 산성 결함과 함께 나타난다.

③ 치즈의 색조는 황색 체다치즈의 황색과 산양유 치즈의 백색을 제외하고는 색깔의 균일성이 가장 중요한 지표이다. 콜비치즈와 같이 아나토 색소를 사용하는 치즈에서도 치즈등급 판정사들은 치즈 색조의 농도 같은 것은 평가하지 않는다. 그 보다는 오히려 치즈 색조의 불균일성을 찾아내려 하는데, 이는 치즈 제조과정에 결함 여부를 판단하는 지표이기 때문이다. 일반적인 색조 결함은 다음과 같다;

㉠ 산성에 의한 결함(연분홍 연한 표백 모양) : 낮은 pH, 아나토의 산화
㉡ 얼룩덜룩함 : 산의 결함이나 다른 벳트들로부터 가져온 커드들의 혼합이 원인이 된 결함

ⓒ 보기 흉한 주름살 모양 : 이것은 체다치즈에서 주로 나타나는 결함으로 커드 입자들이 완벽하게 결합하지 않았을 때 나타나는 것이다. 이런 결함의 발생 요인들은 다음과 같다 ;

- 벳트로부터 지방함량이 너무 높은(greasy) 커드가 생산되거나 고온 하에서 압착할 때
- 커드 분쇄 후 가염을 너무 빨리 하거나, 가염 처리시의 pH가 너무 높거나 낮은 등 가염과정이 적절치 않은 경우
- 가염처리 후 너무 빠른 성형(체다의 경우 소금치기 전에 15분 방치하고 소금치고 뒤섞어 준 후 다시 15분 방치하고 나서 성형에 들어감 - 역주)

④ 치즈의 생산에 있어서 끝마무리를 잘 하기 위해서는 숙련이 많이 되어야 하고 인내가 필요하다. 일반적인 결함은 다음과 같다 ;

㉠ 체크무늬/갈라진 틈 : 표면의 지나친 건조

㉡ 반질반질함 : 너무 고온에서의 압착 혹은 숙성

㉢ 부풀어 오름 : 가스가 찼다.

㉣ 유산칼슘에 의한 무기질 침전

- 체다치즈에서 흔히 발생하며, 미국형 치즈류에서도 가끔씩 나타난다.
- 비스타터 균주인 어떤 *Lactobacilli*(유산간균)와 *Pediococci*에 의해 촉진된다. 이 균들은 DL-형 유산칼슘의 결정화를 촉진하는 D-유산(D-Lactate)을 잘 생성한다. 이러한 결점들을 제어하는 방법은 다음과 같다 ;
  - 비스타터 세균수 감소(예 ; 원유의 살균처리 및 박토휴지 처리)
  - 기밀포장 ; 유산칼슘의 결정은 포장상태가 느슨하거나 치즈의 표면이 함몰된 부분에서 형성되는 경향이 있다.
  - 온도 변화가 심하지 않게 할 것 ; 유산칼슘은 유제품 저장고의 온도가 일정하게 유지되지 않는 경우 유산칼슘이 결정화하는 경우가 많다.
- 저장고에서 치즈를 자주 뒤집어주는 것이 좋다.
- 치즈의 껍질 부식현상은 진드기와 곰팡이에 의해 나타난다.
- 치즈 표면의 곰팡이는 치즈에 있어서 가장 많이 나타나는 결함 중의 하나이다. 곰팡이가 자란 치즈를 먹는 것이 안전한가 여부에 대한 질문을 많이 받는다.
- 불균일함/조악한 모양 : 불성실한 근로자의 정신 상태에서 비롯된다.

2. 치즈의 등급판정

아래에서 제시하고 있는 치즈 등급 목록과 점수표는 단지 하나의 표본임을 밝혀 둔다. 캐나다 농업, 농식품관리청의 수출용 체다치즈 등급 채점표가 아래에 기재되어 있다. 캐나다에서 사용하고 있는 "치즈등급 판정 채점표"도 제시되어 있는데 이는 어느 치즈에서나 사용할 수 있다.

1) 체다치즈 등급판정을 위한 캐나다농업, 농식품관리청의 가이드 라인

- 표준 : 캐나다 낙농식품 법규
  - 풍미 - 45
  - 조직성 - 25
  - 밀집도 - 15
  - 색상 - 10
  - 끝마무리 - 5

- 풍미 : 이상적인 체다치즈는 청결하고 온화한 염도, 견과류처럼 향기롭고 기분 좋은 풍미를 지니고 있어야 한다. 숙성도가 깊어 갈수록 풍미의 깊이도 다채롭다.

- 치즈본체 : 바람직한 치즈의 본체는 단단하면서도 탄성이 있어야 하고 약간은 점성이 있어야 한다. 치즈는 손가락 사이에 넣고 눌러 뭉개어 봤을 때 매끄럽고 밀납처럼 끈적임이 있어야 한다. 1등급 치즈에서는 약간 연약하면서도 약간 거친 감이 허용되기도 한다.

- 밀집도 : 이상적인 치즈는 치즈눈들, 짜개짐, 깨진 부분 그리고 균열이 없어야 하고 연속적으로 매끈해야만 한다. 1등급 치즈에서는 약간의 치즈눈이 허용된다. 약간의 가스구멍들은 2등급으로, 가스구멍이나 스위스치즈눈 같이 큰 구멍은 3등급 결함으로 판정한다.

- 색상 : 색상은 흰색이든 색깔이 있든 간에 반투명하고 균일해야 한다. 1등급에서는 약간의 이음새 자욱 정도는 허용된다.

- 끝마무리 : 치즈는 겉껍질이 파손되어 있지 않아야 하고, 매끈하게 균형 잡힌 모양과 청결하고 산뜻하여 매력적인 외관을 갖추어야 한다.

• 유의사항

① 치즈는 등급을 매기기 전에 14.5～15.5℃에서 하룻밤을 지낸 것이어야 한다.

② 등급 판정용 시료치즈는 9kg이어야 한다.

③ 등급 판정용 치즈는 최소한 21일 이상 숙성된 것이어야 한다.

④ 숙성이 완료된 후의 품질은 15℃에서 21일 동안 보관되었던 시료치즈를 판정함으로써 조기에 추정할 수 있다.

2) 캐나다 체다치즈 등급판정에서 사용하고 있는 일반적인 내용

• 전반적 품질평가 항목, 최대 94점

① 약간의 치즈눈, 약간 뻣뻣함, 약간 거침, 얼룩무늬, 약간 축축한 끝부분, 곰팡이가 약간 존재하는 표면

② 위와 같은 모양이면서 산성미 경향이 있음

③ 약한 조직, 치즈구멍들, 거친 모양, 축축한 끝부분, 약간의 산미, 약간의 가스구멍 혹은 미세구멍들, 얼룩덜룩한 색깔 등

④ 곰팡이가 파고 들어가 생긴 체크무늬의 껍질, 약간의 가스구멍 혹은 미세구멍들, 위에 제시한 결함 외에 연약 조직이나 치즈눈을 제외한 부가적인 결함을 가지는 것

⑤ 아주 약한 조직, 강한 산미, 아주 딱딱하고 매우 많은 치즈구멍, 가스구멍이나 스위스형 치즈의 것을 닮은 큰 구멍들(항상 3등급임), 매우 불균일한 색상, 아주 얼룩덜룩한 형태

⑥ 체크무늬의 껍질, 곰팡이가 파고든 치즈 내부, 가스구멍이나 스위스치즈처럼 큰 구멍들(항상 3등급임)

• 풍미평점 항목, 최대 40점

F_1 : 약간의 불결취, 약간의 이취, 약간의 과일취, 약간 연약취, 약간의 곰팡이취, 약간의 쓴맛취, 약간의 산미취

F_2 : 약간의 산패취, 과일취, 이취, 쓴맛취, 잡초취, 산취, 곰팡이취

F_3 : 역한 과일취, 부패취, 매우 심한 이취, 매우 심한 쓴맛취, 매우 심한 불결취, 매우 심한 잡초취

3) 대표적인 등급판정 예시

• 치즈평점

$40 \sim 92^{1}$	제1등급 치즈; 풍미 결함이 없다. 다만 본체에 (1)sl에 해당하는 결함 즉, 약간의 구멍들, 약간 딱딱한 혹은 얼룩무늬와 같은 결점이 있다.
$39 \sim 88^{5}$	제2등급 치즈; 풍미 결함이 없다. 다만 본체에 (1)sl에 해당하는 결함, 즉 곰팡이가 파고 들어가 형성한 체크무늬의 껍질, 아주 약하거나 아주 강한 산미의 결함이 있다.
$38^{F1} \sim 88^{3}$	제2등급 치즈; 풍미에 F^{1}항의 결함, 즉 약간의 불결취, 약간의 이취, 약간의 과일취, 약간의 잡초취 등과 같은 풍미 결함이 있고, 치즈 본체 (3)sl의 결함, 즉 치즈구멍이 제법 있고 연약한 조직에 약간의 산미가 있는 결함이 있다.
$36^{F3} \sim 86^{5\ or\ 6}$	제3등급 치즈; 풍미에 F^{3} 결함, 즉 매우 심한 과일취, 부패취 등의 결함을 있고, 본체에 '5항' 혹은 '6항'의 결함, 즉 곰팡이 침투에 의한 체크무늬 껍질, 커다란 가스구멍 등의 결함이 있다.

sl.-slight

표 13-3. 치즈등급 판정 평점표

향미(FLAVOR) : 40점

산취(Acid) ____________________

쓴맛취(Bitter) ____________________

사료냄새(Feed) ____________________

발효취-과일, 와인(Fermented) ____________

담백취-생 치즈취(Flat) ______________

과일향(Fruity) ____________________

지방분해취(Lipase) __________________

금속취(Metallic) ____________________

오랜 우유취(Old Milk) ______________

효모취(Yeasty) ____________________

공제 점수(Point Deducted)

색깔(COLOR) : 10점

흐릿하고 광택이 없는(Dull) __________

얼룩반점(Mottled) __________________

불균일한 색조(Uneven Distribution) _____

곰팡이 핀 색(Mold) ________________

인공색감(Unnatural) ________________

물결치듯한 색감(Wavy) ______________

공제 점수(Point Deducted)

조직감(BODY & TEXTURE) : 35점

산성화 조직(Acid) ____________________

부스러짐(Crumbly) ____________________

굳어짐(Curdy) ________________________

가스구멍이 난(Gassy) __________________

가루가 나오는(Mealy) _________________

끈적끈적한(Pasty) ____________________

가늘은 구멍이 있는(Pin Holes) __________

바삭바삭한(Short) ____________________

연약한 감(Weak) _____________________

목질감(Woody) _______________________

공제 점수(Point Deducted)

구성도와 외형(MAKE UP & APPEARANCE) : 10점

거친 표면(Huffed) ____________________

표면의 곰팡이(Mold Under Wrapper) ______

매끈한 표면(Surface Finish) ____________

공제 점수(Point Deducted)

짠맛(SALT) : 5점

너무 짬(Too much) ____________________

보통(Not enough) _____________________

싱거움(Uneven) ______________________

공제 점수(Point Deducted)

강평(Comments) :

등급 판정사 서명 :____________________ 날짜 : __________ 총 점수 : __________
(Grader's Signature)

제 14 장

연질 숙성 치즈류

1. 페타치즈(Feta cheese)

1) 개 요

그리스, 발칸지역이 주산지이고, 일정한 형태 없이 사각형 판형, 껍질 없는 치즈, 신선상태로 소비하나 4~5일 또는 6주 정도 숙성한다. 신선한 과일이나 야채와 함께 먹고 짠맛이 심해 먹기 전에 물에 담가 놓았다가 먹거나 우유에 담가 두었다가 먹는다.

아테네 근교의 양치는 마을에서 만들기 시작하여 오늘날 전 세계에서 제조한다. 2000~3000년 전부터 제조해온 치즈로서 덴마크에서 가장 많이 제조하고 중동지역에 수출하고 있다.

2) 성분 표준

수분 55%, 지방 22%

3) 전통적인 제조과정

① 우유를 표준화 한 뒤 저온 살균한다(72℃ 16초, 혹은 62℃ 30분). 우유가 P/F=0.90되도록 표준화 한다(P/F=Protein/Fat, 단백질/지방). 그리스 사람들은 양젖으로 만든 완벽하게 희고 매끄러운 치즈를 좋아한다. 산양유로 제조한 치즈도 백색이다. 필요한 경우 지방함량이 5.5~6.0% 정도로 높은 우유를 사용하여 부드러운 치즈를 만들 수 있다. 우유의 지방색이 바람직하지 않으면 Titanium dioxide를 0.03~0.04% 농도로 우유에 첨가하면 흰색 외의 색소가

제거된다. Titanium dioxide는 렌넷을 넣기 전 따뜻한 물에 10배 희석하여 우유에 넣는다. 균질된 우유를 사용하면 흰색 치즈 생산도 가능하다.

② 살균이 끝난 우유는 31℃로 냉각한다. 3%의 *Lactococcus lactis* spp. *lactis* 혹은 *Lactococcus lactis* spp. *cremoris* 스타터(또는 동일한 역가의 DVS 접종)를 첨가한다. 그리고 우유 1,000 kg당의 지방분해효소(lipase)를 넣는다. 산도는 원래 원유 산도보다 최소한 0.05% 정도, pH는 6.6～6.5 정도로 변화하기까지 약 1시간 정도 발효시킨다.

③ 1,000 kg의 우유에 120 ml의 렌넷을 미리 준비한다. 렌넷을 렌넷량의 20배 물에 희석시키고 원유에 첨가한 뒤 혼합 교반해 준다. 2분 정도 교반해 주고 교반기를 떼어낸다. 렌넷을 넣기 전에는 원유 온도가 31℃에 고정되었는지 반드시 확인해야 한다. 정치시간은 45～60분간이다.

④ 커드의 적절한 굳기를 확인하면 커드를 자른다(12.8 mm 간격의 나이프로).

⑤ 20분간 서서히 교반한다.

⑥ 유청 제거용 테이블 위의 직사각형 몰드에 커드와 유청을 함께 퍼 넣는다.

⑦ 몰드를 30℃에서 테이블 위에 둔 채로 2시간 동안 유청을 제거시킨 뒤 18℃/85% RH인 숙성실로 커드를 옮긴다. 이러한 조건의 방이 없을 경우에는 깨끗한 플라스틱 필름으로 치즈를 덮어 실온 하에 밤새 보관한다.

⑧ pH가 ≤ 4.7 정도이고 스타터 접종 후 20～24시간이 경과하였으면 성형틀에서 치즈를 꺼내고 두께가 10 cm 정도 되게 잘라 주어 한 조각 무게가 거의 100 g이 되게 한다.

⑨ 치즈 1 kg당 50 g의 소금을 달아 둔다. 모든 치즈 가염에 소요되는 총 소금의 무게를 달고 단번에 소금을 치즈에 균일하게 분산시켜 치즈의 모든 표면에 문질러 준다. 뚜껑이 달린 1L의 플라스틱 통에 치즈를 두고 치즈가 어느 정도 마르도록 뚜껑을 부분적으로 열어서 실온 하에 24시간 가량 둔다. 혹은 다음과 같은 방법으로도 할 수 있다. 치즈 위에 천을 덮어서 적절한 통이나 용기에 넣어서 8～10℃에서 30일 이상 숙성한다. 이어서 판매가 될 때까지는 2～4℃에 저장한다. 만일 치즈의 표면이 너무 연약하면 8%의 소금물에 0.2%의 염화칼슘을 첨가한다. 다른 방법으로는 치즈를 하루 정도 축축한 천으로 덮어 건조하였다가 물통이나 양철통에 보관하는데 8～10℃ 방에서 30일간 둔다. 이러한 숙성기간 후 치즈를 소비하거나 소비가 이루어지기까지 8%의 소금물에 담가서 저장한다.

⑩ 치즈가 충분히 덮이도록 소금물(8%의 소금물, 0.5%의 염화칼슘, pH 4.6)을 채운다. 병뚜껑을 닫은 후 공간에 산소가 남아 곰팡이가 증식하지 않게 하기 위해 헤드 스페이스(뚜껑과 내용물 사이의 공간 - 역주)가 생기지 않도록 단단히 닫혔는지 확인한다. 식초는 pH 조절에 사용될 수 있다. 염화칼슘은 치즈 제조시 응유 보조제로서 유가공용품 공급업자로부터 언제든 구입할 수 있는 50% 용액을 첨가하는 것이 가장 좋다.

⑪ 8～10℃에 30일 이상 숙성시킨다.

⑫ 그 이후 소비할 때까지 2～4℃에서 저장한다.

4) 치즈의 판매유통

일반적으로 페타치즈는 다음 네 가지 중 하나의 형태로 포장해서 포장하거나 소매상인 혹은 식당에 공급한다. ① 작은 통에 사각 치즈 덩이(cube)와 소금물을 함께 채운다. ② 샐러드용으로 사용할 수 있도록 부스러기 형태로 하여 가스(질소) 충전한다. ③ 치즈 덩어리 채로 진공포장 한다. ④ 사각 치즈 덩어리로 만들어 큰 용기에 넣어 대량 운반한다.

5) 제조과정과 품질 관리상의 유의사항

① 렌넷을 넣기 전 원유의 산도(TA)는 스타터 접종 전보다 최소한 0.05% 증가되어 있어야 한다.

② 표면에 가염처리 하기 전의 치즈의 pH는 4.7이어야 한다.

③ 치즈 위생상태의 가장 좋은 지표 미생물은 효모와 곰팡이의 생균수이다. pH를 낮게 하면 세균성 부패를 최소화 할 수 있다.

④ 제조 후 6개월 이내가 가장 안전하고 좋은 품질을 갖는다. 제조과정이 훌륭하고 저장을 잘 하면 12개월까지 저장할 수 있다.

6) 한외여과에 의한 주조형 페타치즈(Cast Feta)의 제조

① 우유는 P/F = 0.80으로 표준화 한다.

② 고형분 함량이 40%에 이를 때까지 UF를 실시한다.

③ UF농축물 1,000 kg에 *Lac. lactis* ssp. *lactis* 배양액을 3%와 렌넷 250 ml을 첨가한다.

④ 이를 1L용 플라스틱 용기 안에 신속하게(용기의 3/4까지) 붓는다. pH가 4.8이 될 때까지 숙성한다(18~24시간 걸린다).

⑤ 치즈 표면에 소금을 문질러 준다. 소금은 치즈의 무게 3%가 필요하다.

⑥ 소비하기 전에 18℃에서 최소한 1주간 저장한다.

2. 카망베르치즈(Camembert cheese)

1) 성분 표준

수분 56%, 지방 22%

2) 제조공정

① 우유를 표준화하여 저온 살균한다.

② 3%의 *Lactococcus lactis* ssp. *lactis*와 혹은 *Lactococcus lactis* ssp. *cremoris* 스타터(또는 동일한 DVS 접종)와 *Penicillium camemberti* 포자 혹은 *Penicillium candidium* 포자 3%를 접종한다(이러한 방법으로 하지 않고 유청을 배제한 후 성형하고 염지시킨 치즈 표면에 곰팡이 포자를 분무해 줄 수도 있다). 32℃에서 1시간 동안 발효하거나 산도가 원유의 원래 산도보다 0.05% 증가할 때까지 발효한다.

③ 우유 1,000 kg에 렌넷을 250 ml 칭량하고 렌넷을 렌넷량의 20배 물을 희석시키고 원유에 넣고 교반해 준다. 2분 정도 교반하고 교반기를 떼어낸다. 렌넷을 넣기 전에는 원유 온도가 반드시 31℃에 고정되었는지 확인하라. 15분이 지나면 응고되지만 렌넷을 넣은 후 45분까지는 커드를 자르면 안 된다. 이 때의 pH가 6.2~6.3이어야 한다.

④ 커드 나이프 13 mm(0.5인치)를 사용하여 커드를 자른다. 커드를 자른 후 1시간 가량 두어 커드를 가라앉힌다.

⑤ 유청을 커드의 높이까지 뺀다. 남은 유청과 커드를 함께 퍼서 원통형 카망베르 몰드(mould)에 넣는다. 몰드(mould)의 적절한 규격은 직경 11.5 cm와 높이 11.5 cm 정도의 것이다. 캐나다의 궬프대학 실습장의 몰드(mould)는 높이 10.5 cm, 직경 8.5 cm 정도의 것이다. 커드와 유청을 커드 몰드에 가득 찰 때

까지 각 몰드마다 교대로 퍼 담는다.

⑥ 4～5시간 동안에 4～6회 정도 뒤집어 주고, 이 후에는 커드의 pH가 4.6～4.9가 되기까지 가끔 뒤집어준다(이 때가 원유에 스타터 첨가 후 8～12시간 경과 한 시점이다).

⑦ 치즈 개당 8g 정도의 소금을 충분하게 달아서 준비한다. 천일염을 치즈의 모든 표면에 문질러 준다(6～9 g 소금/치즈). 치즈는 12～14℃ 그리고 RH(상대습도) 85%인 방에 24시간 동안 저장하거나 큰 플라스틱 통 안에 플라스틱 매트를 두고 그 위에 치즈를 얹고 뚜껑을 약간 열어 두어 치즈 표면을 약간 건조시킨다. 그리고 24시간 동안 12～13℃에 저장한다.

⑧ 만약 카망베르 곰팡이 포자를 치즈에 뿌린다면 생리적 식염수에 포자를 현탁시켜 치즈 표면에 뿌린다. 하얀 몰드(mould)는 화려하게 자라나 있을 때까지 12～14℃에 RH 95%인 곳에 치즈를 6～12일간 저장한다. 다른 방법으로 곰팡이가 자라도록 하기 위한 산소 유입이 가능하도록 뚜껑을 살짝 연 큰 플라스틱 통 안에 판을 두고 그 위에 치즈를 놓고 숙성할 수도 있다.

⑨ 왁스 페이퍼나 호일로 싸서 4～8℃에 저장한다. 카망베르치즈는 전체 치즈 내부가 부드러운 크림색으로 되면 숙성이 끝난 것이다. 이 때의 치즈 pH는 거의 7.0이나 그 이상으로 증가할 것이다. 특히 표면 부위가 그럴 것이다.

3) 제조공정과 품질관리 유의사항

① 카망베르는 특히 몇 가지 식품 안전과 관련한 문제가 있다. 왜냐하면 하얀 곰팡이가 생산한 효소가 단백질을 분해하여 산도가 매우 낮아지기 때문이다(pH가 높아진다). 내산성 병원균인 *E. coli* 0157 : H7과 *Listeria monocytogenes* 균들이 문제인데, 이 균들은 내산성이 있기 때문에 치즈제조 초기의 pH에서 생존했다가 숙성이 진행되면서 치즈의 pH가 높아지면 증식하여 식중독의 원인이 된다. 그러므로 무살균 원유로 제조한 카망베르치즈는 경질숙성치즈에 비해서 위생 안전관리에 각별히 주의해야 한다.

② 카망베르치즈 숙성실에 병원균이 잔존하여 오염되는 것을 방지하기 위하여 숙성실은 정기적으로 청결하게 청소하고 소독을 해야 한다. 카망베르치즈를 비위생적인 상태의 동일한 숙성실에서 연속적으로 숙성, 생산해서는 안 된다.

4) 브리와 카망베르 치즈에 대한 등급판정 스케줄

※ Shaw, M.B., 1981. The manufacture of soft, surface mould ripened cheese in France with particular reference to Camembert. J. Society of Dairy Technol.

(1) 치즈 모양과 외양

① 정상적인 모양, 얇은 껍질, 붉은색 미생물에 의한 약간의 붉은색 금이 지나는 백색(4.0～5.0점)

② 비정상적인 모양, 형태가 불량한 측면, 불규칙한 껍질 두께, 다른 미생물이 증식한 점들이 있는 백색 곰팡이 증식형태, '볼쌍 사나운 모양'의 표면(3.0～3.5점)

③ 비정상적인 모양, 점액성 껍질, 고수분, 수많은 점들의 출현(2.5점 이하)

(2) 색감과 형체의 견고성

① 연한 크림 빛 색감, 조직 내의 매우 작거나 없는 구멍, 충분한 형체 구성, 부드러움, 소비 온도 하에서 흘러내림이 없음(4.0～5.0점)

② 약간의 탈색 부위, 약간의 구멍들, 약간의 층을 이룬 상태, 너무 단단한 형체(3.0～3.5점)

③ 거의 탈색이 다 된 모양. 많은 구멍들, 매우 단단한 형체 혹은 흘러내림, 알갱이처럼 조각남, 층층이 짐(2.5점 이하)

(3) 향미와 냄새

① 기분 좋음, 치즈 고유 향미, 좋은 냄새와 함께 온화한 향미(8.0～10점)

② 중간 정도, 약간의 산성취, 아주 미미하지만 쓴맛취가 남, 약간 짠맛, 약간의 암모니아취(6.0～7.5점)

③ 지나친 산성취, 쓴맛취, 매운 짠맛, 금속취, 톡 쏘는 느낌의 냄새, 매우 심한 암모니아취, 비누맛(5.5점 이하)

3. 블루치즈(Blue cheese)

1) 개 요

블루치즈는 로마시대 이전에 프랑스에서 제조되었는데, 당시에 사용되던 곰팡이를 사용하면서 동일한 방식으로 제조되는 블루치즈는 오래 전에 사라졌다. 현재 생산되고 있는 블루치즈의 대표격인 "로크포르"라는 치즈 명칭이 처음 등장한 것은 1070년 무렵이었다. 로크포르치즈는 양젖으로 제조하며, 그 상표명은 전 세계에서 허가 없이 함부로 사용하지 못하도록 보호되어 있다.

*Penicillium roqueforti*에 의해 숙성된 로크포르치즈와 유사한 치즈에는 블루(Bleu, Blue-veined), 이태리의 고르곤졸라(Gorgonzola), 영국의 스틸턴, Wensley-dale과 Dorset blue(Blue Vinney), 체코슬로바키아의 Niva, 덴마크의 Danablu와 Mycella, 미국의 Nuworld, 캐나다의 Errmite 등이 있다. *P. roqueforti*는 *P. gorgonzola*, *P. stilton*과 같이 다른 이름으로도 알려져 있다. *P. roqueforti*의 흰색 변종은 Wisconsin의 Knight가 개발하였고, 이 변종으로 제조한 치즈를 Nuworld라 부른다.

2) 성분 표준

수분 47%, 지방 27%. 실제로 지방함량이 더 높게 제조한다.

3) 제조과정

① 우유를 저온 살균한다. P/F비율은 대략 0.87이 바람직하다. 저온살균 전에 치즈에서의 지방분해를 촉진하기 위해 살균 전에 원유를 균질한다. 만일 우유를 균질하지 않을 경우에는 1,000 kg의 우유에 지방분해효소(lipase)를 1.0 g 첨가 한다. 만일 우유의 색상이 너무 진하면 녹색치즈가 만들어지는 것을 막기 위해서 우유량의 0.03～0.04%의 티타늄 다이옥사이드(titanium dioxide)를 따뜻한 물에 10배(w/w)로 희석하여 rennet 첨가 전에 넣는다.

② 중온성 유산균의 벌크 스타터를 3% 첨가하고(또는 동등한 DVS 접종) 30℃에서 적어도 pH가 6.6～6.5이고 TA가 0.05% 증가할 때까지 대략 1시간 동안 발효한다.

③ 1,000kg의 우유에 200 ml의 액상 렌넷을 첨가하고 혼합한다. 렌넷은 20배의 따뜻한 물에 희석하여 넣는다. 2분 정도 교반하고 교반기를 떼어낸다. 렌넷을 넣기 전에는 원유 온도가 반드시 30℃에 고정되었는지 확인하라. 렌넷 첨가 후 20～30분이 경과하면 우유가 응고한다. 그러나 우유가 응고되었다 해도 렌넷 첨가 후 1시간이 경과되기까지는 커드를 절단하지 않는 것이 좋다.

④ Curd를 13 mm의 커드 나이프로 절단한다. 그 다음 10분 동안 정치하고 curd가 엉키는 것을 방지하기 위해 부드럽게 교반해 준다.

※ 주의 : 페타치즈의 경우 절단 후 20～30분경 사각 틀에 커드와 유청을 함께 퍼 넣어서 만들 수 있으므로 블루치즈와 같은 벳트에서 만들 수 있다. 이후 앞서 설명한 페타치즈 제조공정 7단계부터 동일한 방법으로 제조하면 된다. 유사하게 카망베르치즈도 커드 절단 후 30～40분이 경과한 후에 유청과 커드를 카망베르치즈 몰드에 넣어서 만들 수 있다. 카망베르치즈 역시 앞에 나온 카망베르치즈 제조공정의 제5단계부터는 동일한 방법으로 제조하면 된다.

⑤ 유청을 제거하되 커드 높이와 같은 수위를 유지하도록 유청을 남겨 두고 커드를 부셔준 뒤 남은 유청을 제거한다. 커드 가운데에 도랑을 만들어 준 뒤 10분경에 커드를 뒤집어준다. 10분이 더 경과한 후에 커드를 부셔주어 가염을 준비한다.

⑥ 소금은 커드 중량의 1%를 넣는다. 이때 푸른 곰팡이가루(*Penicillium roqueforti*)를 커드에 골고루 뿌려 준다. 이 과정은 마치 계란 스크램블(scrambled egg)에 후추를 뿌려 혼합한 것과 유사하게 보여야 한다. 혼합된 곰팡이가루를 철저하게 잘 섞은 다음 작업 테이블 위에 원형 몰드를 놓고 커드를 채워 넣는다. 이를 다른 치즈로부터 잘 격리된 방에 보관한다.

⑦ 커드를 몰드에 채워 넣은 뒤 5～10분 만에 치즈를 뒤집어 준다. 그리고 난 뒤 2시간 반 동안 30분 간격으로 치즈를 뒤집어 준다.

⑧ 넓은 천으로 치즈를 덮어서 16～20시간 동안 또는 치즈 pH가 4.5～4.7이 될 때까지 격리된 방에 실온 하에 방치한다.

⑨ 치즈 1 kg당 50 g의 소금을 준비한다. 모든 표면을 소금으로 문지른다. 24시간 상대습도가 85%이고, 12～14℃인 숙성실에 치즈를 저장하거나 또는 큰 플라스틱 통의 플라스틱 판 위에 치즈를 올려놓고 뚜껑을 살짝 열어서 치즈를 건조시키고 12～13℃에서 24시간 동안 보존한다.

⑩ 만약 그렇게 하고자 한다면 치즈에 금속 꼬챙이로 구멍을 뚫기 전에 파라핀이나 밀납으로 피복할 수도 있다. 혹은 ㉠ 치즈의 표면에 점질층이 잘 형성되도록 숙성하는 동안(제조과정 11단계) 정기적으로 솔로 털어주고 뒤집어 준다. 또는 ㉡ 그냥 표면에 곰팡이 균총이 '거칠게' 자랄 수 있도록 두었다가 포장 전에 솔로 털어 낸다.

⑪ 매 치즈마다 대략 60개 정도의 구멍이 양면에 생기도록 직경 3 mm 정도의

그림 14-1. 카망베르, 블루치즈

금속 꼬챙이로 각 치즈의 양쪽을 찔러 둔다. 치즈 내부 전체에 곰팡이 맥이 형성될 수 있도록 숙성 7~14일경에 다시 구멍을 뚫어 준다. 이와 비슷하게 치즈 옆부분에도 구멍을 낸다.

⑫ 95%의 RH와 12~14℃인 숙성실에 치즈를 6~8주 동안 숙성한다. 대신에 곰팡이 증식에 필요한 산소가 유입될 수 있도록 뚜껑이 약간 열린 큰 플라스틱 통 안의 플라스틱 매트 위에 치즈를 올려놓는다. 12~14℃에 숙성하고 며칠 동안 매일 치즈를 뒤집어 주고, 그 다음 일주일에 한번 뒤집어 준다. 8주 이후의 치즈 pH는 6.0~6.25가 되어야 한다.

⑬ 치즈를 진공포장하거나 호일로 싸서 소비되기까지 7℃에 저장한다(최고 3개월까지).

4) 숙성(Curing)

치즈의 산성적인 특성과 소금의 생육 억제 때문에 숙성을 시작하여 첫 몇 주가 경과하면 생존하는 유산균이 거의 없다. *P. roqueforti*의 성장은 치즈에 구멍을 낸 후 정확히 5~10일 안에 그 모양이 나타난다. 이 곰팡이는 다른 곰팡이보다 낮은 산소 농도와 소금에 대한 내성이 있기 때문에 잘 자라는 편이다. 표면 점질층 형성은 *Brevibacterium linens* 또는 *Brevibacterium erythrogenes* 때문이다. 너무 많은 점질층 형성은 좋지 않다. 곰팡이가 생성하는 지방분해효소와 추가된 lipase의 활성으로 인해 치즈에는 낙산(butyric acid), 캐프로익(caproic acid), 캐피리릭(caprylic acid), 캐프릭산(capric acid)과 고급 지방산을 생산한다. 이 치즈 향기의 원인이 되는 주성분은 methyl-n-amylketone(heptanone 2, $CH_3(CH_2)_4 \cdot COCH_3$)이다.

제 15 장

반경질치즈

1. 염지브릭치즈(Brine Brick cheese)

1) 개 요

염지(Brine)이란 용어를 앞에 붙인 것은 염지하여 제조한 브릭치즈와 현재 많이 제조되고 있는 것(콜비치즈와 특성이 유사한)과 구분해 두기 위한 것이다. 염지브릭치즈(Brine Brick)는 독일 브릭(German Brick)의 변형제품으로서 달콤하면서도 온화하다. 이 치즈의 조직은 하바티치즈의 조직과 유사하다.

Brine Brick치즈의 산도는 가수, 세척과정을 거치는 동안 제거된 유당의 양에 의해 좌우된다. 스타터 접종량이 적고 렌넷을 첨가하기 전에 우유를 발효하지 않기 때문에 산이 거의 생산되지 않는다. 이 치즈는 부드럽고 향미가 달콤하며 체다치즈와 같은 날카로운 향이나 Limburger와 German Brick치즈와 같은 강한 향을 가지지 않는다. Brine Brick치즈는 형태를 깔끔하고 모양이 좋고 무늬나 곰팡이가 없어야 하고 표면이 매끈해야 한다. 이 치즈는 산뜻하면서도 매력적인 외관을 가지며 균일한 크기와 형태를 가져야 한다. 모든 측면 부분이 깔끔한 사각모양이며 불룩해서는 안 된다.

2) 성분 표준

수분 42%, 지방 29%

3) 제조과정

① 우유를 저온 살균한다. P/F = 1.04으로 표준화하면 법적 요구에 맞는 치즈를

만들 수 있지만 지방함량이 더 높은 치즈가 선호된다. P/F는 0.90이 권장된다.

② 30℃에서 활력이 좋은 유산균을 0.25%(또는 동일한 DVS 첨가)를 첨가한다. 보통 *Lactococcus lactis*와 혹은 *Lac. cremoris*를 사용한다. 그러나 치즈에 구멍이 형성되도록 하고자 하는 경우에는 *Leuconostoc mesenteroides* subsp. *cremoris*와 *Lactococcus. diaceteylactis*와 같은 이상 발효균을 사용한다.

③ 표면 점질균(smear culture)을 점질균 공급회사가 제시하는 방법대로 첨가한다. 혹은 염지 후에 오래된 것부터 새로 된(old to new) 점질균을 대신 사용하는 것도 좋다.

④ 생초를 섭취하지 않은 젖소로부터 생산된 우유를 사용할 경우에는 치즈색소를 우유 1,000 kg당 6~8 ml의 비율로 첨가한다.

⑤ 스타터 첨가 후 즉시 원유 1,000 kg당 190 ml의 렌넷을 물로 20배 희석해서 첨가하고 혼합한다. 2분 정도 교반하고 교반기를 떼어낸다. 렌넷을 넣기 전에는 원유 온도가 반드시 30℃에 고정되었는지 확인하라. 20~30분 동안에 정치를 완료해야 한다.

⑥ 커드굳기 검사용 작은 금속편(spatula)을 사용하여 커드가 깨끗이 절단되는 것을 확인하고, 커드 나이프로 6 mm(0.25″)의 크기로 깨끗하게 커드를 절단한다. 이 기간 동안에는 산이 거의 생산되지 않기 때문에 유청의 pH가 6.5~6.6이어야 한다.

⑦ 10분 정도 부드럽게 교반한다. 그리고 가온을 시작한다. 가온 진행수준에 의하여 조심스럽게 가온을 한다. 커드를 적당하게 굳게 하고 치즈의 수분함량이 적절하게 되도록 하기 위해서 가온을 해야 한다.

시 간	온 도
가온 개시	30.0℃
5분	30.5℃
10분	31.0℃
15분	33.0℃
20분	36.0℃

⑧ 36℃ 온도를 유지하고 30분 동안 계속 교반하라. 또는 커드 내 유청이 충분히 빠질 때까지 교반하라.

⑨ 커드 윗면보다 2.5 cm 높은 정도가 되기까지 유청을 뺀다. 36℃의 물을 유청이 제거된 양과 동등하거나 치즈원유 50%의 양 정도를 첨가한다. 커드를 유청 속에 정치시킨 후 매우 느리게 15분 정도 교반하여 커드 내 유당과 물이 평형을 이루게 한다. 유청 중의 정치시간이 너무 짧으면 산성치즈를 만든다. 반대로 정치시간이 길어지면(혹은 물 첨가량이 과도하면) 결과적으로 순한 맛의 치즈가 만들어진다.

⑩ 다시 유청을 제거하는데 커드보다 2.5 cm 정도 위에 유청이 있도록 한다.

⑪ 유청 제거 작업용 탁자 위에 구멍 난 사각 몰드(mould)를 올려놓고 거기에 커드와 유청을 함께 퍼 넣는다. 혹은 커드와 유청을 rotary pump로 몰드에 이동시킨다. 여러 개의 몰드에 커드와 유청을 돌아가며 조금씩 채워넣되 몰드 밖으로 넘치지 않도록 해야 한다.

⑫ 이들 치즈 몰드(mould)를 5, 10, 30, 60, 그리고 90분 간격으로 계속 뒤집어 준다. 처음에 뒤집어 줄 때는 받침용 몰드 아래 철판을 몰드 밑에 넣어 뒤집는다. 만약 가장자리 부분이 매끈하게 형성되지 않았으면 약간 따뜻한 물을 바깥에서 분무해 주어 최종 제품의 표면이 매끈하게 잘 성형되게 한다.

⑬ 10~15℃ 하에서 22~25%의 소금물에 24시간 동안 침지한다. 식초로 염지액 pH를 5.3으로 조절하고 50% 염화칼슘 용액으로 $CaCl_2$ 농도를 0.1%가 되게 조절하라. 침지액에 잠기지 않는 부위가 있으면 표면에 소금을 뿌려 준다.

⑭ 치즈를 소금물로부터 빼낸 후 RH 90%, 15℃의 숙성실로 치즈를 옮긴다. 또는 뚜껑이 조금 열리는 플라스틱 통의 내부에 플라스틱 도마를 올려놓아 약간의 공기순환과 습도가 유지되는 곳에 치즈를 보관한다(사진 참조). 숙성실에서 숙성이 되는 동안 피막효모(Film yeast)와 *Corynebacterium*이나 *Bacterium linens*와 같은 세균 또는 다른 미생물들에 의해 치즈 표면에 오렌지-적색의 점액질을 형성하게 된다. 이것들은 2주 이내에 완전히 화려하게 자란다. 치즈 표면 점질 형성균들은 치즈 표면에만 자라는데 그 균들이 생성한 효소들은 치즈 내부에 스며들어 단백질을 분해함으로써 치즈의 좋은 풍미를 형성한다.

⑮ 12~15일 동안 매일 치즈를 닦아주고 뒤집어 준다. 20% 소금액에 담근 천으로 치즈를 세척해 주고, 소금물로 치즈의 전 표면을 촉촉하게 하고 나타나는 곰팡이는 바로바로 제거해야 한다.

⑯ 12~15일이 경과하여 표면에 점액질이 충분히 형성되면 냉수로 치즈를 헹구고, 과도한 점액질은 솔로 부드럽게 닦아낸 다음 표면이 건조되도록 한다. 만

일 치즈의 향을 부드럽게 하고자 하면 초기에 점질액을 모두 씻어 낸다.

⑰ 치즈를 마지막으로 씻어 닦아 낸 후 4~6시간 동안 건조시킨다. 그러고 나서 진공포장한 후 치즈를 5~7℃의 숙성실에서 1~3개월간 저장한다.

4) 치즈 제조과정과 관리상의 유의사항

① 산성도: 산이 지나치게 생성되는 것은 스타터 첨가량이 너무 많았기 때문이다. 제조 후 3~4일경의 치즈 pH는 5.1~5.2가 되어야 한다.

② 가스 생성: 치즈의 유청을 배제하거나 염지를 하는 동안 대장균군이 번식하여 초기에 가스가 형성되면 치즈에 바늘구멍과 같은 작은 구멍을 만들거나 치즈 조직을 스펀지처럼 만든다. 대장균군은 저온살균과 살균 후의 재오염을 방지함으로써 조정이 가능하다. 클로스트리디움균(*Clostridia*)에 의해 야기되는 후기 가스 생성은 산 생성이 적거나 가염량이 부족하면 발생한다. 그래서 치즈의 pH는 5.1~5.3이 되어야 한다.

③ 표면의 점질물 형성 부족: 숙성실의 습도가 너무 낮으면 치즈 표면의 점질균이 번식하지 못한다. 만약 숙성실이 '너무 깨끗하면' 그 전에 숙성했던 치즈 표면균을 접종하거나 균주회사로부터 점질균을 구입하여 원유에 접종할 필요가 있다.

④ 곰팡이의 오염: 만약 치즈를 소금물로 충분히 닦아 주지 않으면 표면에 곰팡이가 번식한다. 치즈의 표면에 점질물질 층이 잘 형성되면 곰팡이는 번식하지 않는다.

그림 15-1. 점질균으로 숙성된 브릭치즈

2. 콜비치즈(Colby cheese)

1) 개 요

콜비치즈는 1880년대에 미국의 위스콘신 주의 남부에 있는 작은 마을에서 전통적인 체다치즈 제조법을 제멋대로(bastardized) 변형시켜 간편하게 제조하면서 그 이름이 지어졌다. 그래서 이 치즈는 때때로 농민치즈(Farmer's cheese)라고도 불리우는데 스위스, 더치, 이태리치즈류들 중에도 농가에서 제조과정을 변형하여 생산하는 치즈가 있어 파머스치즈라고 불리는 것이 있다. 그런데 이렇게 간편하게 개조된 기술로 만든 치즈지만 오리지날 체다치즈와 다름없는 맛이 있다.

콜비치즈는 제조 중에 가수세척(wash) 과정이 있고 유청의 pH가 체다와 다를 뿐 거의 모든 제조공정이 체다치즈와 비슷하다. 따라서 콜비치즈는 체다에 비하여 수분함량이 높고 거친 조직에 부드러운 몸체이면서 빠르게 숙성된다. 이 치즈의 제조과정은 몰드에 넣기에서 pH에 이르기까지 체다치즈의 제조과정과 모두 같은데, 이때 최종 산도는 세척에 의해 유당과 산의 농도를 희석 조정하는데 비해 체다치즈는 별도의 체다링(Cheddaring) 과정을 거치면서 추가적인 발효와 유청 빠짐(syneresis)이라는 커드 숙성과정에 의해 유당을 제거하는 것이 서로 다르다는 점을 유의하면 된다(순천대학교 유가공 실습장에서는 콜비치즈를 한국의 원유 실정에 맞게 제조공정을 약간 개조하여 제조하고 있는데 과정 중 수분 제거량을 늘리고 온도유지를 원본보다 약간 높여 주고 있다 - 역주).

2) 성분 표준

수분 42%, 지방 29%

3) 제조과정

① 원유의 P/F를 0.96로 표준화하고 저온 살균하여 스타터 접종 전에 30℃로 냉각한 후 스타터를 첨가한다.

② 사용 스타터로는 *Lc. lactis* ssp. *lactis, Lc. lactis* ssp. *cremoris*의 벌크 스타터를 원유의 1.5% 정도 첨가하고(또는 동일한 DVS 첨가) 1시간 혹은 원유 산도가 원래 산도보다 0.01% 정도 증가하기까지 발효시킨다(원래 산도가 0.14%였으면 스타터 첨가하고, 일정시간 발효 후에는 0.15%에 도달하여야 한다 - 역주).

③ 원유 1,000 kg에 70 ml의 치즈색소를 넣는다. 치즈색소는 물에 20배 희석하여 원유에 넣는다.

④ 원유 1,000 kg에 렌넷 190 ml을 물 20배액에 희석시켜 첨가한 후 원유를 2~3분 교반한다. 2분 정도 교반하고 교반기를 떼어낸다. 렌넷을 넣기 전에는 원유온도가 반드시 30℃에 고정되었는지 확인하라.

⑤ 커드가 적당히 응고되었을 때 간격이 10 mm 정도인 커드 나이프로 커드를 절단한 후 매우 서서히 교반한다[20분(원본은 15분) 정도 교반].

⑥ 커드 절단 후 약 20분경에(원본은 약 15분) 커드 가온을 시작하는데, 온도를 30℃에서 39℃로 올리는데 약 30분 정도 걸리게 한다. 처음에는 서서히 가온하고 5분에 1℃ 상승시키는 속도를 유지한다.

시 간	온 도
가온 개시	30.0℃
5분	30.5℃
10분	31.0℃
15분	32.5℃
20분	35.0℃
25분	37.0℃
30분	39.0℃

⑦ 유청의 pH가 6.2~6.3이 될 때까지 39℃를 유지한다. 이 과정은 39℃에서 75분간 혹은 커드 절단으로부터 2시간 정도가 되게 이루어져야 한다. 만약 산성화가 급속히 증가되면 온도를 약간(최대 40℃) 올려 주어 스타터균의 증식을 억제해 주어야 한다.

⑧ 유청의 pH가 6.2~6.3에 도달하면 커드의 높이만큼 유청을 제거한다.

⑨ 커드와 물의 온도가 32℃(원본은 26℃)될 때까지 20℃(원본은 15℃) 물을 첨가한다(배출한 유청량과 같은 양 정도). 이때 요구되는 온도에 도달하기까지 물을 계속 가하여(원유의 7~14% 정도) 유청의 최종 온도가 32℃(원본은 26℃)가 되게 한다. 이는 벳트 안에서 세척하는 것에 비하여 다음과 같은 장점이 있다. ㉠ 세척을 위해서는 용량이 작고 저렴한 용기를 사용하고, 커드를 정치했던 벳트는 다음 치즈제조에 사용할 수 있기 때문에 매우 효율적이다.

㉡ 세척수는 유청으로부터 분리하여 처리하거나 유청과 함께 버려야 하는데, 이러한 세척수의 양을 줄일 수 있기 때문에 경제적이다.

⑩ 물을 첨가할 때 20분(원본은 15분) 동안 추가적으로 저어준다. 첨가하는 물의 온도가 20℃(원본은 15℃)보다 낮으면 조금만 사용해야 한다. **온도가 낮은 물을 사용하면 치즈의 수분함량이 높게 되고, 온도가 높은 물을 사용하면 치즈의 수분함량이 낮아지게 된다.**

⑪ 치즈벳트의 한쪽 면에 커드를 쌓아서 유청을 제거한다. 이 때에 커드가 서로 들러붙어 매트가 되게 해서는 안 된다(매트 형성이 안 되게 벳트 안에서 커드를 손으로 비벼주기도 한다 - 역주).

⑫ 1,000 kg 원유에 2.1 kg(원본은 2.5 kg)에 해당하는 소금을 첨가하고 커드를 잘 섞어 준다. 성형하기 전에 소금이 잘 녹을 수 있도록 15분 정도 방치한다.

⑬ 체다치즈용 몰드에 커드를 9 kg(20 lb) 정도 넣어 성형한다. 치즈가 너무 크면 모양이 좋지 않을 수 있다.

⑭ 70～140 kPa(10～20 lbs/in^2)로 압착한다(반나절). 낮은 압력으로 압착하다가 적어도 70 kPa까지 증가시킨다. 최근 상업적 공장에서는 압착을 1시간 정도 한다.

⑮ 진공포장하고 7～13℃에서 1～3개월간 숙성한다. 콜비치즈는 체다치즈 보다 수분함량이 높고 부드럽다. 그리고 체다치즈의 톡 쏘는 맛은 절대로 가지지 않는다.

4) 결 점

① 산성의 신 냄새 : 이 결점은 커드를 성형틀에 옮기기 전까지 벳트 안에서 지나치게 많은 유산이 생성된 것이 원인이다. 이 결점은 유산균의 활성이 낮아 커드를 성형틀에 옮기기 전까지 유산 생성이 부족하면 커드의 수분함량이 높아짐에 따라 유당함량이 증가할 것이다. 그 과다한 유당은 나중에 발효될 때 신 냄새가 나는 원인이 된다.

② 발효취 : 스타터 활력이 낮거나 스타터 증식을 저해하는 요인이 있을 때 산 생성이 부족한 것이 원인이다. 만일 치즈의 pH가 5.4 이상이 되면 발효가 진행되면서 예외 없이 과일 썩은 냄새가 풍기게 된다.

③ 목질화, 코르크 마개형 조직 : 산 생성이 부족하거나, 커드를 너무 많은 물로

세척하거나, 커드를 물에 너무 오랜 시간 동안 담가 두거나, 40℃ 이상의 온도에 가온하면 나타나는 결점이다.

④ 얼룩덜룩한 치즈: 이 결점은 보통 산 생성이 부족하거나 유청을 제거한 후에 가염처리를 너무 빨리 하는 것이 원인이다. 유청을 충분히 배출하지 않고 가염, 압착하면 배제하고 압착을 하면 약간의 얼룩반점이 생길 수 있다.

5) 생산수율

지방함량이 3.5%인 원유 100 kg을 사용했을 때 수분함량이 40～42%인 콜비치즈를 10～11 kg 생산해야 한다.

3. 가우다치즈(Gouda cheese)

1) 개 요

가우다치즈는 네덜란드가 원산지이고 에담치즈와 유사하다. 정상적인 가우다치즈는 에담치즈 보다는 지방함량이 높지만 지방함량이 건물의 30～50%까지 다양하다. 캐나다에서의 가우다치즈는 지방함량이 최소한 28%(건물기준 49%)를 함유해야 하고, 수분은 최대 43%까지 함유하도록 하고 있다. 가우다치즈는 원형이나 벽돌 형태이고, 치즈 무게는 600 g에서 20 kg까지 다양한 중량을 가진다. 치즈눈을 형성케 하기 위해 가스 생성 스타터를 사용한다.

2) 제조과정

① 원유의 단백질/지방(P/F)비율을 1.07로 표준화하고 살균한다. 겨울철 동안에는 원유 1,000 kg당 아나토 색소 1～2 ml를 첨가해도 좋다.

② 가우다 치즈용 벌크 스타터를 원유의 0.75% 정도 첨가한다(또는 동일한 DVS 첨가). *Lactococcus lactis, Leuconostic cremoris, Streptococcus diacetylactis* 등의 복합균주를 권장한다. 원유 산도가 원래보다 0.005～0.01%가 증가할 때까지 발효시킨다.

③ 원유 1,000 kg에 렌넷을 190 ml 첨가하고 혼합한다. 렌넷은 물에 10배 희석하여 첨가한다. 2분 정도 교반하고 교반기를 떼어낸다. 렌넷을 넣기 전에는 원유

온도가 반드시 30℃에 고정되었는지 확인하라.

④ 원유가 응고하여 깨끗하게 갈라지면 0.5～1.0 cm 크기로 잘라 준다. 커드 절단시간은 절대적인 것은 아니기 때문에 벳트의 크기에 따라 다를 수 있다. 벳트가 작으면 절단시간이 4분 이내일 수도 있다. 커드가 떠올라 표면에 보이도록 20～30분 동안 교반한다. 이때 유청의 pH는 6.4～6.5가 되어야 한다.

⑤ 원유의 1/3 정도로 유청을 제거하고 최종 36～38℃가 되도록 60℃의 물로 천천히 가수한다. 물의 양은 원유 총 양의 20～25%가 되어야 하며, 15～20분에 걸쳐 교반하는 상태에서 천천히 가수한다. 가수 후에 15분 동안 계속 교반을 해준다.

⑥ 커드를 덮어 주기 위해 충분한 커드와 유청을 프레스 선반으로 옮긴다. 압착은 10～30분 동안 한다.

⑦ 나머지 유청을 모두 빼고 치즈 천에 있는 몰드 크기에 적당하게 잘라 준다. 5～8시간 동안 100 kP(14 psi)의 압력으로 압착하면서 가끔씩 뒤집어 주는데, 초기에는 14 kg/cm^{2}의 압력으로 압착하고, 첫 번째 뒤집어 준 다음에는 28 psi로 압력을 증가한다. 압착 후의 pH는 5.3～5.5가 되어야 한다(목장에서 압력을 높이는 방법은 뒤집어 줄 때마다 판을 하나씩 몰드 위에 더해가는 방식으로 커드가 단단히 압착되게 한다. 단단한 압착이 안 되면 진공포장 후 숙성시 침출액이 흘러 나온다 - 역주).

⑨ 20%의 소금물로 치즈의 무게별로 다음에 제시한 조건에 따라 염지한다.

- 에담 1.5～3 kg 3일간
- 가우다 0.5 kg 20시간
- 가우다 1 kg 1일간(36시간)
- 가우다 10 kg 4일간
- 가우다 20 kg 7일간

⑩ 플라스틱 필름으로 진공포장하거나 왁스칠을 하여 15℃에서 4～6주 동안 숙성한다. 그리고 10℃에서 6～12개월 동안 보관한다.

염지 후 pH는 5.15～5.25가 되어야 하며, 숙성기간 동안에는 반드시 pH가 5.3～5.5까지 증가되어야 한다.

4. 몬타지오치즈[Montasio(Friulano) cheese]

1) 개 요

몬타지오치즈는 이탈리아가 원산지이며, 커드 세척과정이 있는 치즈이다. 이 치즈는 이태리치즈, 로마노, 파르마산치즈와 같은 다른 이태리식 치즈들에 비해서 커드 절단 후 가온처리의 최종 온도가 43℃로서 다소 낮다. 그러나 다른 이태리식 치즈들과 마찬가지로 고온균을 사용하고 있다. 매끄럽고 균일한 조직을 얻기 위하여 유청 아래에서 커드를 예비 압착한다(기포나 물리적 흠결 방지). 치즈의 톡 쏘는 맛을 형성케 하기 위해 라이페이스(lipase, 지방분해효소)를 첨가한다.

몬타지오는 2~8kg 정도의 원반형으로 생산하고, 온화한 식탁용 치즈를 만들려면 2~4개월 정도를 숙성하고, 식재료용 분말형 제품 치즈를 만들려면 12~18개월 정도 숙성시켜야 한다. 향미가 온화한 치즈(the mild version)를 제조하는 경우 일반적으로 숙성 전에 진공포장을 한다. 특정한 향미를 가지는 치즈(the aged version)를 제조하는 경우에는 10℃에서 숙성하면서 규칙적으로 닦고 뒤집어 준다. 숙성기간이 몇 주 경과하면 숙성이 완료 되는데, 이때 기름(oil)을 발라 주거나 왁스처리 또는 진공포장을 한다. 몬타지오치즈는 캐나다에서 개발한 Friulano와 유사하다.

2) 성분 기준

수분 40%, 지방 28%

3) 제조과정

① 원유를 P/F = 1.07로 표준화하고 살균한다.

② 고온균(*S. thermophilus*와 *L. bulgaricus*를 각각 0.5%씩 혼합한 것) 30℃에서 스타터를 원유의 1.0%를 접종한 후 1시간 동안 발효하거나 산도가 0.01% 증가할 때까지 발효시킨다.

③ 우유 1,000 kg당 190 ml의 렌넷을 첨가하고 혼합한다. 렌넷은 물에 20배 희석하여 사용한다. 2분 정도 교반하고 교반기를 떼어낸다. 렌넷을 넣기 전에는 원유 온도가 반드시 30℃에 고정되었는지 확인하라. 20~35분이 지나면 절단하기에 적절하도록 응고한다.

④ 커드가 응고하면 6.0 mm 커드 나이프로 절단한다.

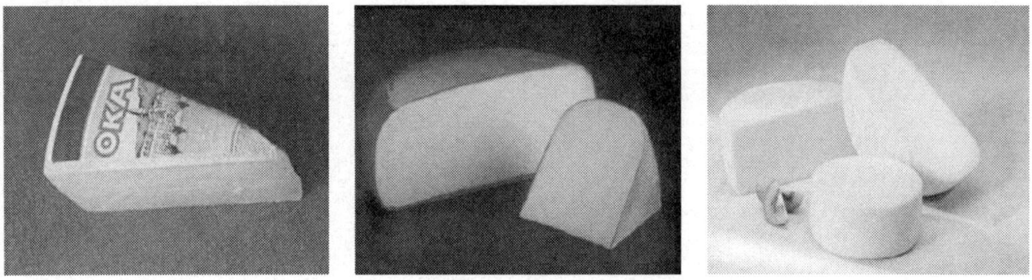

그림 15-2. 왼쪽부터 순서대로 오카치즈(Oka Cheese, 캐나다 퀘벡), 가우다 치즈(Gouda, www.cdr.wisc.edu), 프륄라노 치즈 (Fruilano, 캐나다 온타리오, www.cdr.wisc.edu)

⑤ 스팀을 열어서 39℃까지 온도를 천천히 올려준다. 5분마다 2℃씩 상승시키는 속도로 최종 온도가 39℃가 되도록 가온한다. 유청의 pH가 6.1이 될 때까지 39℃를 그대로 유지한다. 커드 절단 후 이 시기까지 약 2시간이 소요된다.

⑥ 유청을 커드의 높이가 되기까지 배출한다.

⑦ 60℃의 물을 커드와 유청의 혼합물의 온도가 43℃로 될 때까지 첨가하고, 10분 동안 43℃를 유지하면서 교반한다.

⑧ 유청을 완전히 빼낸다.

⑨ 원통모양의 몰드에 커드를 넣고 실온에서 하룻밤 재워서 유청이 더 빠져 나오게 한다.

⑩ 12시간 동안 소금물에 염지를 한다.

⑪ RH85%와 12℃로 1～3개월 동안 숙성한다. 갈라지는 틈이 생기는 것을 방지하기 위해 표면에 기름으로 문질러 준다. 다른 대안으로 부드러운 표면을 갖는 치즈를 생산하기 위해 왁스칠을 하거나 진공포장하여 껍질이 없는 치즈로 숙성하는 것도 좋다.

제 16 장

경질치즈

1. 저온형 치즈

1) 프로볼로네치즈(Provolone cheese)

(1) 개요

프로볼로네치즈는 파스타 필라타(Pasta Filata)형 치즈[모짜렐라, 피자치즈(이들은 제조공정 중 고온처리 과정이 있음]들과 제조방법이 비슷하다. 이 치즈들은 잘 녹고 잘 늘어나는 특성을 갖게 하려고 제조공정 중에 커드를 반죽하거나 스트레칭(늘어뜨림의 반복과정)을 하여 제조한다. 이들이 근본적으로 서로 다른 점은 다음과 같다:

① Pasta Filata형은 프로볼로네보다 지방함량이 낮다.

② Pasta Filata는 대개 중온성 스타터를 사용하기 때문에 고온 하에서 반죽하고 늘어뜨리는 작업 중에 사멸하거나 활성이 매우 낮아진다. 그러나 프로볼로네 치즈는 중온균 스타터 뿐만 아니라 고온성 스타터도 함께 사용한다.

③ 프로볼로네 치즈는 끈으로 매달아 상대습도 85%에서 숙성한다. 다음은 프로볼로네 치즈 제조과정이다.

(2) 성분 표준

수분 45%, 지방 24%

(3) 제조과정

① 우유를 P/F를 1.17로 표준화하고 살균한다.

② 원유의 1~2%의 중온성균과 고온성균 스타터(*S. thermophilus, L. bulgaricus*)(또는 동등한 DVS 접종)를 접종한다. 30℃에서 1시간 동안 발효하거나 산도가 0.01%까지 증가하게 한다.

③ 지방분해효소를 제품의 용법에 따라 직접 첨가한다.

④ 우유 1,000 kg당 렌넷 190 ml를 첨가하고 혼합한다. 렌넷은 물에 20배 희석하여 사용한다. 렌넷 첨가 후 30분간 정치한다. 2분 정도 교반하고 교반기를 떼어낸다. 렌넷을 넣기 전에는 원유 온도가 반드시 30℃에 고정되었는지 확인하라. 우유는 반드시 30℃에 고정되어야 한다.

⑤ 커드가 굳었을 때 6.0 mm의 커드 나이프로 절단한다.

⑥ 10분 동안 서서히 교반을 한 후에 아래와 같은 방법으로 30분에 걸쳐 최종 온도가 39℃가 되도록 가온한다.

시 간	온 도
가온 개시	30.0℃
5분	30.5℃
10분	31.0℃
15분	32.5℃
20분	35.0℃
25분	37.0℃
30분	39.0℃

⑦ 약 10분간 커드와 유청을 교반한 다음 커드를 5분간 정치한다. 유청을 원유의 1/3 정도 제거한다. 제거한 유청은 레-코타치즈 제조에 이용하기 위해 원통형 벳트에 보관한다. 유청의 pH가 6.1~6.2로 될 때까지 다시 교반을 한다. 그런 후에 남아 있는 유청을 배제하기 전에 5분 동안 커드를 정치한다.

⑧ 벳트 옆을 따라서 넓이 45 cm 두께 12~20 cm로 기다란 커드 매트를 만들고 커드 가장자리를 다듬어 떨어진 커드 조각은 매트의 아래 안쪽으로 넣어 준다.

⑨ 10분 후에 커드 매트를 폭 20~30 cm 정도의 블록모양으로 자르고, pH가 5.4가 될 때까지 매 15분마다 매트를 뒤집는다. 세 번째로 커드를 뒤집을 때 커드를 2단으로 쌓는다.

⑩ 치즈의 pH가 5.4가 되면 77℃ 온수를 가해 커드 스트링(반복하여 커드를 합

쳤다가 늘였다가 함 - 역주)을 하면서 체다치즈 제조에서처럼 커드를 휘젓거나 칼로 커드를 긴 끈처럼 잘라 준다. 손으로 스트레칭을 한다면 치즈의 pH가 5.2～5.0 되기까지 기다린다. 커드를 뜨거운 물에 30～45초간 담가서 시험을 하여 스트레칭 작업 개시 여부를 결정하거나, 혹은 전체 커드가 55～60℃가 될 때까지 가온한다. 시험을 하는 경우 뜨거운 물에 담갔던 커드를 물로부터 꺼내어 스트레칭 해본다(이때 커드가 끊어지지 않고 늘어나면 스트레칭 한다). 커드의 스트레칭 작업 준비가 되면 25～50 cm 길이로 스트레칭 해야 한다. 처음 스트레칭 작업을 시작할 때는 서두르지 말아야 한다.

⑪ 스트레칭 도구를 사용하여 스트레칭 작업을 실시한다. 벳트 안에서 커드를 두 사람이 앞이 평평한 얇은 삽 같은 기구(paddle)를 써서 스트레칭 한다. 모으고 스트레칭 하는 식으로 3회 실시하고 벳트 한쪽으로 모아 둔다. 손으로 스트레칭 작업을 하는 경우는 온도가 70℃보다 높은 물에 커드가 모두 잠기도록 담가야 한다.

커드 덩어리를 늘이고 모으고 하는 작업을 반복하는데 녹은 엿가닥처럼 끊어지지 않고 늘어질 때까지 스트레칭 한다. 이와 같은 조직을 형성하기 위해서는 그 내부 온도가 50℃보다 높고 pH가 5.3～5.0되어야 한다. 스트레칭이 잘된 커드를 500～1,000 g 정도씩 칼로 떼어내어 계속 늘리고 합치며 반죽해 가면서 프로볼로네치즈 특유의 바람직한 형태를 만들어 간다. 초보자들은 처음에 크게 만들려고 욕심 부리지 말아야 한다. 무엇보다도 커드 끝을 잘 처리하여 봉하는 방법을 배워야 한다. 계속 뜨거운 물에 커드를 넣어 두어 작업동안 커드를 뜨겁게 유지한다. 커드 모양이 형성되면 형태가 굳어질 때까지 찬물에 담가 성형한다. 만약 커드가 뜨겁고 너무나 뜨거운 온도에 오랫동안 방치하면 연성(stretchability)과 치즈 외형유지 성질(mouldability)을 잃게 되므로 주의해야 한다.

⑫ 22% 소금물에 띄워서 가염하는데, 치즈 크기에 따라 가염시간을 조절한다. 1kg 이하의 작은 치즈의 가염시간은 3～4시간이면 충분하다.

0.5 kg	20시간
1 kg	36시간
10 kg	4일+12시간
20 kg	7일

그림 16-1. 프로볼로네치즈

⑬ 가염이 끝난 치즈는 플라스틱 그물에 넣거나 부드러운 끈으로 묶어 치즈를 매달아 놓는다. 이 치즈는 냉장실에서 2~4시간 동안 가볍게 훈연할 수도 있고, 진공포장을 하기도 한다.

(4) 제조와 품질관리

① 유청을 배제할 때의 pH는 커드에 칼슘이 잔존하는 양을 결정하는 매우 중요한 요인이며, 커드 내에 존재하는 칼슘은 커드 강도의 중요한 결정요인이다. 더 단단한 커드를 제조하기 위해서는 높은 pH에서 유청을 배제함으로써 커드 내에 칼슘이 많이 남아 있게 한다.

② 모짜렐라치즈나 피자치즈와 같은 파스타 필라타형 치즈는 프로볼로네와 비슷한 치즈이다. 피자 혹은 피자와 비슷한 요리의 재료로 사용할 파스타 필라타형 치즈는 용융성을 좋게 하기 위해 10~12일간 숙성하는데, 프로볼로네치즈의 경우도 이와 같은 점을 참고할 필요가 있다. 용융성이 좋아지는 것은 효소에 의한 단백질 분해 또는 케이신, 인산 칼슘염, 구연산 칼슘염들 간에 평형이 이루어진 결과로 추정된다.

2) 체다치즈(Cheddar Cheese)

(1) 성분 표준

수분 39%, 지방 30%

(2) 제조과정

① 원유를 P/F = 0.91로 조절한다. 살균을 하고 스타터 넣기 전에 30℃로 냉각한다. P/F의 비율이 0.94∼0.96일 때 법적인 규정내의 지방함량을 갖는(수분 포함시 지방 31%, 건물 기준시 지방함량 50%) 치즈를 생산할 수 있다. 그러나 원유의 P/F비율이 더 낮으면 치즈의 지방함량이 증가하는데, 우유단백질의 가격이 유지방의 가격보다 더 높은 경우 이러한 치즈를 제조하는 것이 경제적으로 유리하다.

② *Lc. lactis* ssp. *lactis*와 *Lc. lactis* ssp. *cremoris* 스타터를 우유의 1.0% 첨가한다(또는 동등한 DVS 첨가). 이들 스타터는 개별적으로 한 가지만 우유의 1.0%를 사용하거나 혼합하여 우유의 1.0%를 사용할 수 있다. 우유의 산도가 0.01% 증가하거나 pH가 0.05 정도 감소할 때까지 발효한다. 약 1시간이 걸릴 것이다.

③ 1,000 kg당 70 ml의 치즈색소를 넣는다(선택적임). 치즈색소는 20배의 물에 희석하여 원유에 혼합한다.

④ 1,000 kg 원유에 190 ml 렌넷을 첨가하고 혼합한다. 렌넷은 물에 20배 희석하여 사용한다. 2분 정도 교반하고 교반기를 떼어낸다. 렌넷을 넣기 전에는 원유 온도가 반드시 30℃에 고정되었는지 확인하라.

⑤ 커드가 굳었을 때 6.0 mm 커드 나이프를 사용하여 자르고 매우 서서히 교반한다.

⑥ 절단 후에 15분경부터 가온한다. 아래 표의 진행 단계에 따라 가온한다.

시 간	온 도
가온 개시	30.0℃
5분	30.5℃
10분	31.0℃
15분	32.5℃
20분	35.0℃
25분	37.0℃
30분	39.0℃

⑦ pH 6.1이 되기까지 온도를 39℃로 유지한다(이 시점이 되려면 39℃ 도달하

고 나서부터 약 75분이 걸릴 것이고, 절단 후 시간부터는 2시간 정도 소요될 것이다). 만약 산도가 너무나 빨리 증가하고 있다면 온도를 올려(40℃가 넘지 않도록 함) 유산균의 활성을 억제한다.

⑧ 커드 pH가 6.0～6.1(유청 pH 6.2～6.3)일 때 유청을 제거한다. 유청을 제거한 후 원하는 치즈 수분함량에 따라 커드를 한 번, 두 번 또는 세 번에 걸쳐 커드를 뒤섞어 주고 얇게 깔아 둔다(한 번 커드를 뒤섞어 주고 뒤집어 3분을 깔아둔 다음 다시 뒤집어 뒤섞어 준 뒤 3분 간을 가만히 두는 작업을 반복하여 수분을 조절하는데, 한 번만 실시하면 치즈의 수분함량은 39% 정도, 두 번 실시하면 37%, 세 번 실시하면 36% 이하가 될 것이다. 6개월 이상 1년 정도 숙성하는 경우 이 과정을 세 번 정도 실시한다 - 역주).

⑨ 벳트의 벽면을 따라서 12～20 cm(소형 벳트에서는 2～3 cm 두께)의 두께와 길이 45 cm의 커드 덩어리를 형성하도록 쌓는다. 치즈덩이 주위를 정리하고 빠져 나온 커드는 덩이 아래 안쪽으로 넣어 준다. 10분 후에 매트자락 부분을 다듬고 25 cm 블록 크기로 자른다. 커드의 pH가 5.4～5.3이 될 때까지 매 15분마다 블록을 뒤집는다(이 시기까지 유청 제거 후 약 2시간 소요됨). 두 번째로 뒤집어 줄 때 두 겹으로 쌓고, 세 번째는 뒤집은 후에 세 겹으로 쌓는다.

⑩ 커드 매트를 10～13 cm 길이의 끈 모양으로 잘라서 커드 분쇄기를 통해서 커드를 잘게 1.5 cm^3 분쇄한다. 커드를 10분마다 휘젓고 뒤섞어서 커드 끝이 둥글고 부드러워질 때까지 교반한다(커드 분쇄 후 약 30분 소요).

⑪ 그대로 15분간 방치한 후 커드에 소금을 골고루 뿌리고 잘 섞는다. 첨가하는 소금의 양은 생산되는 치즈의 추정 무게의 2.5%이다. 그러나 완성된 치즈에서의 소금의 양은 커드 무게의 1.7%가 되어야 한다. 필요한 소금의 무게는 다음과 같이 계산한다.

㉠ 치즈 예상 생산량 산출 = (%지방+%단백질)k
k는 치즈 수분에 따라 달라지는 상수이며, 치즈의 수분함량이 35, 36, 37, 38, 39%이면 k값은 1.40, 1.42, 1.44, 1.46, 1.48이다.

㉡ 첨가해야 할 소금의 양은 치즈의 추정무게의 2.5%로 해야 한다. 이는 완성된 치즈에서의 소금함량인 1.7%보다 높은데, 가염 후에 많은 유청이 추가적으로 배제된다는 점을 감안해야 하기 때문이다.

⑫ 가염 이후 소금이 잘 흡수되고, 유청이 흘러나오지 않아 유청의 유출이 끝나면 커드를 성형하기 좋은 상태가 된 것이다. 9 kg 용량의 후프(성형틀)에 약

10.0 kg 정도의 커드를 담는다. 후프들은 플라스틱판과 함께 나란히 배치한 뒤 압착용 천을 낱개로 각각 후프마다 덮는다.

⑬ 75 kPa(4.53～9 kg/cm^2) 압력으로 하룻밤 압착시킨다. 처음에는 낮은 압력으로 시작하고 압력을 점차 올려 75 kPa까지 증가한다. 압착 전이나 압착 중에 진공처리를 함으로써 치즈 내부로부터 공기를 제거하고 치즈의 냉각속도를 높일 수 있다. 최근의 상업적 치즈제조 현장에서는 압착을 1시간 이내에 끝내기도 한다.

⑭ 치즈를 블록을 진공포장하여 5～8℃에서 숙성시킨다. 향미는 높은 온도(10～15℃)에서 매우 빨리 생성되나 품질관리가 매우 어렵다. 생유로 제조한 치즈(무살균 원유 사용 치즈)의 경우 "치즈를 제조하기 시작한 날부터 2℃ 이상의 온도에서 60일 이상 숙성해야 한다"라고 법적으로 규정하고 있다(캐나다 식품의약규제 시행규칙 B군 08.030과 B군 08.042～B.08.048).

(3) 등급판정

등급판정을 위한 시료치즈는 제조 후 14.4～14.5℃ 하에서 21일간 숙성되어야 한다. 이와 같이 고온에서 숙성한 치즈로 심사를 하면 정상적인 조건에서 숙성이 완료된 후의 치즈 품질을 추정할 수 있는 지표를 얻을 수 있다. 만일 위와 같은 조건에서 숙성되지 않은 즉, 숙성이 충분치 않은 시료치즈로 심사를 하면 최종 제품의 품질을 옳게 판단할 수 없다. 정상적인 조건에서 숙성되고 있는 치즈들은 숙성기간 3, 6, 9개월마다 경시적으로 숙성실에서 채취하여 검사한다.

2. 고온형 치즈

1) 로마노치즈(Romano cheese)

(1) 성분 표준

수분 34%, 지방 25%

(2) 제조과정

① 원유를 P/F = 1.50으로 표준화하고 살균한다.

② 고온균 스타터를 원유의 1.5% 첨가한다. *L. bulgaricus*를 0.75%, *S. thermo-*

그림 16-2. 고온형 치즈(로마노)

*philus*를 0.75% 첨가한다(또는 동등한 DVS 접종). 32℃에서 15분간 짧게 발효시킨다.

③ 효소 제조회사의 용법 지시에 따라 lipase 첨가한다. 원유 1,000 kg당 렌넷 190 ml를 첨가하고 혼합한다. 렌넷은 물에 20배 희석하여 사용한다. 2분 정도 교반하고 교반기를 떼어낸다. 렌넷을 넣기 전에는 원유 온도가 반드시 32℃에 고정되었는지 확인하라.

④ 커드 굳기 정도가 다소 연약할 때에 6.0 mm 커드 나이프로 2회, 커드가 쌀알 크기가 되기까지 세로나이프를 사용하여 계속 절단한다.

⑤ 32～46℃에서 50분 동안 가온한다.

⑥ pH가 6.1～6.2일 때까지 커드를 정치시킨다. 그 때 벳트 출구 쪽으로부터 커드를 벳트 안쪽으로 밀어 보내는데, 커드가 유청 아래에 잠기도록 하고 유청 표면이 벳트 밑바닥에 닿기까지 유청의 높이를 낮춘 다음 유청을 완전히 제거한다. 커드를 천을 덮은 성형틀에 맞는 덩어리로 잘라 성형틀에 넣는다. 겔프 대학 실험실에서는 보통 25 kg짜리 원통형 몰드를 사용한다.

⑦ 압력을 가하지 않은 채로 20분간 그대로 두었다가 몰드를 두 개씩 겹쳐 올려서 20분 동안 쌓아 둔다. 그리고 몰드를 뒤집어서 돌린 후에 다시 20분 동안 그대로 둔다. 이어서 60분 동안(다른 몰드를 위에 겹쳐 쌓아 - 역주) 압착한 후 실온 하에서 가압하지 않는 상태 그대로 하여 밤새 놓아 둔다.

⑧ 48～96시간 동안 치즈를 소금물에 넣어 둔다(치즈 9 kg당 48시간 가염).

⑨ 10℃, RH85%인 방에서 48시간 동안 치즈를 건조한다.

⑩ 10~15℃에서 최소한 5개월 동안 표면을 주기적으로 mineral oil로 닦아 준다(점질균 액이나 포화 소금액으로 닦아 주기도 함-역주). 혹은 치즈를 진공포장 한다. 완성된 치즈의 성분함량은 수분 32%, 지방 21%, 소금 5.5%가 되어야 한다.

2) 스위스형 치즈(Swiss cheese, Emmental cheese)

(1) 개요

스위스(Emmental)치즈는 스위스의 에멘탈 계곡(Emmental Valley)에서 15세기에 처음으로 만들어졌다. 스위스치즈 형태의 치즈들이 여러 지역에서 제조되고 있는데 그 지역에서 사용되는 명칭으로 알려져 왔다. 그뤼에르(스위스, Gruyere), 알파우어 룬드 캐제(바바리아, Allfauer Rundkäse), 바틀레맛(스위스, Battlematt), 폰티나(이태리, Fontina), 트라농(스위스, Traanon), 그리고 삼소(덴마크, Samso) 등이 있다.

스위스 치즈는 원래 전통적으로 원형 구리솥을 사용하여 제조하는데, 천을 사용해서 유청을 제거하고(커드를 유청으로부터 건져내는 방식-역주) 치즈 하나가 130kg짜리 블록이 되는 차륜형의 큰 치즈를 제조하고 있다. 여기에 기술된 공정은 껍질이 없는 스위스치즈 형식의 치즈이다. 이는 거의 20 kg짜리 블록으로 치즈를 치즈프레스 선반에서 성형하고 소금물로 염지하여 필름으로 감싼 뒤 숙성한다.

스위스치즈의 독특한 형태는 가스형성 프로피온산균인 *Propionibacterium shermanii*에 의해서 형성되는 치즈눈이 있다는 점이다. 제조과정은 *P. shermanii*의 성장에 알맞은 화학성분 구성과 치즈눈이 만들어지기에 좋은 조직(충분한 탄력감)을 형성하는 데 적절하도록 성분 구성과 제조과정이 설계되어 있다. 치즈제조 공정상에서의 중요한 지표요소는 다음과 같다;

① 유청으로부터 커드를 건져서 성형틀로 옮기는 시기(유청제거)의 pH가 높아(pH 6.3) 커드 내에 잔류 무기물이 증가하도록 촉진한다.

② 커드 절단 후 높은 온도(52℃)에서 가온하여 커드 내에 잔류 무기물 증대 촉진과 커드가 많이 수축되어 수분과 유당은 많이 배출되도록 한다.

③ 치즈의 최종 pH가 높고(pH 5.3~5.4) 무기물 함량이 높아 조직 탄성치가 증대하도록 촉진한다.

치즈의 최종 pH는 스타터에 혼합된 *Lactobacillus helveticus*의 양에 영향을 받는데, 이는 *L. helveticus*가 glucose와 galactose를 모두 발효에 이용할 수 있기 때문이다.

(2) 성분 기준

수분 40%, 지방 27%

(3) 제조공정

① 유지방을 제거하거나 탈지유를 첨가하여 P/F = 1.1로 표준화하고 살균한다. **탈지유 대신 탈지분유**를 사용해서는 안 된다.

② 원유를 37℃로 냉각한 후 스타터를 매우 가는 체로 걸러서 첨가한다. 특히 탈지유로 제조한 스타터를 사용하는 경우에는 반드시 체로 걸러야 한다. 스타터는 *S. thermophilus*를 0.1%, *L. helveticus*를 0.1%, *Propionibacterium shermananii*를 0.005% 첨가한다. 벌크 스타터 또는 동등한 양의 DVS 스타터를 사용한다. 스타터를 첨가한 후에 37℃에서 10～15분간 발효한다.

③ 1,000 kg 우유에 렌넷 190 ml를 첨가하고 혼합한다. 렌넷은 물에 20배 희석하여 사용한다. 2분 정도 교반하고 교반기를 떼어낸다. 렌넷을 넣기 전에는 원유 온도가 반드시 37℃에 고정되었는지 확인하라.

④ 원유가 응고하여 커드가 굳으면 6.0 mm 커드 나이프를 이용하여 curd를 자른다. 쌀알(rice grain) 크기가 될 때까지 세로나이프를 사용하여 커드 절단기로 신속하게 계속 자른다. 만일 커드 덩어리가 형성되면 좀더 힘차게 자르고, 커드 크기가 쌀알 크기로 되면 바로 교반을 시작한다. 커드 절단시 커드의 강도가 다소 높아져 연약하지 않게 되면 절단속도를 증가시킨다. 커드를 절단하는 초기에 너무 많이 절단하면 커드가 가루로 부서지기 때문에 주의해야 한다. 커드 절단은 5분 안에 마쳐야 하고, 커드가 덩어리로 뭉치지 않도록 해야 한다.

⑤ 커드를 손에 넣고 가만히 압력을 가했을 때 단단하면서 탱글탱글해질 때까지 활발하게 교반한다(30～60분간). 이 시기에는 산이 거의 생성되지 않기 때문에 pH는 6.55～6.50 정도이어야 한다.

⑥ 30분에 걸쳐서 37℃로부터 52℃까지 커드를 가온한다. 초기에는 5분에 1.0～1.5℃ 정도로 매우 서서히 가온한다. 가온을 너무 빠르게 하면 '주머니 경화

(case hardening)' 현상, 즉 커드입자 내부에 수분과 산이 함께 존재하면서 커드가 굳어지는 현상이 일어난다(이는 숙성 중에 수분이 커드 내에 갇혀서 품질을 저하시킨다 - 역주). 가온을 너무 서서히 하면 커드의 산도가 너무 높아진다. pH가 6.3~6.4가 될 때까지 계속 빠른 속도로 교반해 줌으로써 덩어리가 형성되지 않도록 한다. 숙련된 치즈 제조자는 유청을 제거하기 전에 커드를 손으로 쥐어 보고 촉감으로 커드 조직이 적절한가 여부를 식별한다. 유청 제거시 커드의 pH가 6.3보다 낮아서는 안 된다.

⑦ 교반을 멈추어 커드가 가라앉도록 한 후 유청의 수위가 배출 파이프 아래로 내려갈 때까지 펌프로 퍼서 성형 벳트로 옮긴다. 이 작업을 하는 동안 공기가 함께 들어가지 않도록 펌프와 파이프를 잘 살핀다(파이프 입구가 유청 밖으로 나와서 치즈커드 내에 공기가 유입되지 않게 주의 함). 펌프를 끄고 덩어리 진 커드를 깨기 위해 다시 강하게 교반한 후 커드와 유청을 함께 성형 벳트에 펌프로 퍼 넣는다. 이 때 커드가 유청 속에 항상 잠겨 있도록 성형 벳트 안에 넣는 양과 빠져 나가는 유청의 양을 잘 조절해야 한다.

벳트가 거의 비어질 무렵 유청을 다시 채워 나머지 커드를 성형 벳트로 공기유입 없이 펌프로 옮길 수 있도록 한다. 성형 벳트에서 커드가 유청에 잠긴 채로 고르게 같은 높이로 존재하도록 해야 한다(그래야 매끈하고 균일한 표면이 만들어진다. 소형 벳트로 치즈 제조시에는 천으로 건져 올리거나 성형틀에 퍼붓는다 - 역주).

더 나은 방법은 아니지만 다음과 같은 방법이 있다. 커드와 유청을 벳트에서부터 가압선반으로 옮긴다. 이런 경우, 공기와의 접촉을 최소화하고, 커드와 유청을 부드럽게 교반해 주면 이것들이 커드 선반으로 들어가 공기가 위로 올라가므로 표면으로부터 빠져 나가는 것을 촉진하게 된다.

⑧ 두 겹의 천으로 치즈의 표면을 덮고 치즈 프레스 위에 올려놓는다. 이 단계에서 떨어져 나온 커드는 치즈 덩어리에 다시 보태 넣어서는 안 된다. 압력을 가하고 15~30분간 유지시켜 준다. 이때 성형 벳트로부터 유청을 배제한다. 그리고 1시간 동안 방치한 후 압착기 판과 천을 제거하고 떨어진 커드 부스러기와 삐져나온 치즈 가장자리 부분은 잘 다듬어 제거한다. 천을 교체하고 모시베나 치즈용 마직포로 덮어 표면이 건조되도록 한다. 압착용 판을 위에 놓고 무게를 가해 눌러 둔다. 온도가 최소한 22℃ 혹은 그 이상의 실온에서 12~18시간 동안 압착한다.

⑨ 압착판과 천을 제거한다. 치즈는 몇 개 덩어리로 절단한다(대략 20kg). 이때

치즈의 pH는 5.2~5.4가 되어야 한다.

⑩ 10℃로 맞춘 23% 소금물에 커드를 넣는다. 표면에는 소금을 넉넉하게 골고루 뿌린다. 가염은 48~60시간 가량 실시하는 것이 요구되며, 종종 소금물을 저어준다.

⑪ 가염 후 치즈가 소금물에 잠기게 하여 치즈 표면의 소금입자들을 제거하고 표면이 건조되도록 10℃에 저장한다. 치즈눈이 형성되는 동안 팽창(15~20%)을 고려하여 치즈덩어리를 넉넉한 크기의 포장봉투에 진공포장 한다.

⑫ 냉각과 예비 숙성을 위해 10℃에서 8~10일 동안 저장한다. 그리고 나서 치즈눈의 형성과 숙성을 위해 23℃의 따뜻한 방으로 이동한다.

⑬ 치즈눈이 완벽하게 형성되었을 때(2~3주) 치즈눈 형성의 정지와 치즈 절단에 적절한 굳기가 되도록 치즈를 마감 냉장실(2~5℃)에 넣는다. 이 냉장실에서 향미가 계속하여 형성된다.

(4) 산의 증가와 숙성

치즈 프레스에서의 유청 배출량은 산 생성속도에 의해 영향을 받는데, 이는 커드의 온도와 유산균의 활성에 의해 좌우된다. 커드를 성형틀에 옮기는 시기(유청배제 시-역주)에는 온도가 높아 유산균이나 어떤 미생물도 증식하지 않지만 커드의 온도가 49℃로 낮아지면 *S. thermophilus*가 증식하기 시작한다. 커드를 성형틀로 옮긴 후에 5시간 정도 지나 치즈온도가 45℃이고 *S. thermophilus*의 대사에 의해 성장인자가 생성되어 있으면 *L. helveticus*가 증식하기 시작한다. 다음 날 아침 커드 온도는 약 36℃ 정도이어야 한다. 커드가 너무 빨리 냉각되면 산이 충분히 생산되지 않는다. 숙성기간 중의 pH 변화는 다음과 같다.

시 간	온 도
21시간째	5.00~5.15
15일째	5.20~5.25
30일(치즈눈 형성)	5.30~5.35
75일	5.45~5.55
6개월	5.50~5.60
9개월	5.60~5.90

숙성기의 처음 15~30일 동안에는 간균과 구균수는 빠르게 감소한다. 6~8주 동

안 프로피온산은 약 1억 마리/g 정도로 빠르게 증식한다. 프로피온산균은 유산을 발효하여 프로피온산, 초산, 수분, CO_2를 형성한다. CO_2가스에 의해서 형성된 치즈 눈은 직경이 1.9～2.5 cm이어야 하고, 2.5～7.6 cm 정도의 간격을 두고 형성되어야 한다. 치즈눈의 수는 가스 생성속도에 의해 결정된다. 만약 가스가 너무나 빨리 형성되면 치즈는 작은 눈이 너무 많이 생길 것이다. 만약 가스 생성량이 매우 적거나 전혀 생성되지 않으면 치즈눈이 없는 '장님' 치즈가 생산될 것이다. 제조과정 중에 **커드 조직을 약하게 하였거나 부서지기 쉽게 하는 요인이 있었다면** 커드는 찢어진 듯한 치즈눈을 만들어 결합성 눈이 될 것이다.

(5) 결점

① Glasler : 불완전하고 대단히 적은 수의 가스 눈을 형성케 하는 원인이 되는 부서지기 쉬운 커드

② Pressler : *Aerobacter aerogenes* 또는 *Bacillus polymyxa*의 오염에 기인하는 바늘구멍과 같은 작은 구멍

③ Nissler : 유당을 이용하는 *Clostrium*이 번식했거나 구멍에 지방분이 쌓여서 형성된 여러 개의 구멍이 뭉쳐 형성된 구멍 혹은 새집 둥지와 같은 구멍

④ 후기 가스 생성 : *Clostrium butyricum* 또는 *Clostridium lentoputrescenens*이 원인이다. 이 미생물들, 특히 후자는 냄새가 안 좋은 치즈를 형성하는데, 이들은 pH 5.3 이하일 때에는 활동하지 못한다.

(6) 수율

표준화된 원유 100 kg에서 7.5～9 kg의 치즈가 생산된다.

제 17 장

열과 산에 의한 침전치즈

1. 레-코타치즈(Ricotta cheese)

1) 개 요

레-코타치즈는 유청이나 유청과 우유의 혼합물로부터 가열-산에 의해서 침전된 단백질 침전물로부터 제조한다. 레-코타치즈는 우유나 산의 추가 없이 감성유청(sweet whey pH 6.4~6.5)을 원료로 하여 제조할 때 품질이 제일 우수하다. 가열하는 동안 유청단백질은 70℃에서부터 응고하기 시작한다.

온도가 90℃로 상승하면서 응고속도가 증가하고, 유청 표면에 두꺼운 층이 형성된다. 응고가 완성되고 커드가 단단해지면(90℃에서 10~20분 후) 커드가 형성된 그 자리에서 구멍이 뚫려 있는 국자로 커드를 조심스럽게 떠내어 성형틀에 옮겨 붓는다. 처음에 떠오른 상층 커드를 제거한 후에 산을 pH 5.9될 때까지 더 첨가하면

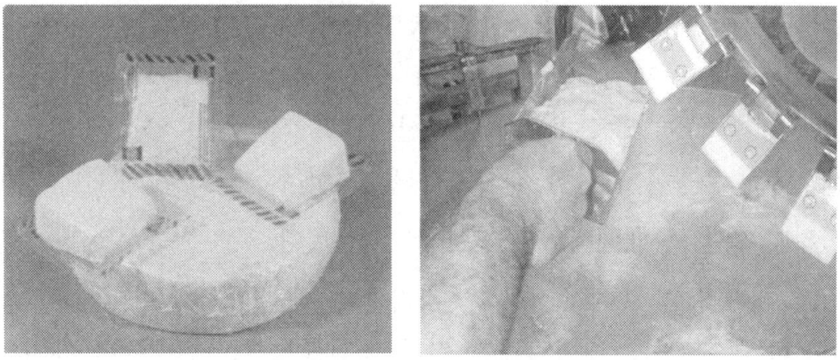

그림 17-1. 프라잉(Frying)치즈와 레-코타치즈

거칠고 성긴 커드가 형성되어 떠오른다. pH가 정확하게 조정되었으면 유청은 맑게 될 것이다.

오늘날은 오직 유청 만으로 레-코타치즈를 만드는 것은 매우 드문데, 그 이유는 다음과 같다:

① pH가 6.4 보다 높은 sweet whey가 흔하지 않고,

② 떠오르는 커드를 손으로 떠내는 전통적인 방법은 뜨거워서 작업이 어려운데다 시간이 오래 걸리고,

③ 생산성이 낮기 때문이다.

유청을 가온하기 전에 우유나 탈지분유를 첨가하면 이러한 문제들을 피할 수 있다. 유청의 pH가 6.1 정도이면 원료로서는 문제가 없다. 레-코타치즈의 커드는 기계를 이용해서 회수할 수 있고 생산량도 증가한다. 다음은 유청과 우유의 혼합물로부터 레-코타치즈를 만드는 제조과정이다.

2) 제조과정

① 유청(pH가 6.1보다 높은 유청)을 칭량하여 원형 벳트에 넣는다. pH가 6.4 이상인 감성유청이 더 좋다. 유청을 50℃까지 바로 가열하여 유산균의 증식을 정지시킨다.

② 우유나 환원탈지유 또는 탈지유를 넣는다. 첨가량은 총 무게의 25% 이상이어야 한다.

③ 스팀을 벳트 아랫부분에 직접 주입하는 방식으로 80～85℃까지 교반하면서 가온한다.

④ 구연산 5% 용액 또는 식초를 첨가하여 케이신과 유청단백질이 최대한 응집하도록 유도한다. 구연산은 유청과 우유의 혼합물의 1,000 kg당 구연산 1가수화물로 약 140 g이 필요하다. 구연산의 정확한 소요량은 20℃에서 샘플 혼합액이 pH 5.9～6.0에 도달하도록 구연산액으로 적정하여 결정할 수 있다. 다른 방법으로는 유청이 맑아질 때까지 산을 서서히 첨가하여 구한다.

⑤ 교반하지 않는 상태에서 90～95℃로 가온한다.

⑥ 추가로 커드를 90℃에서 10분간 정치한다. 구멍이 촘촘한 레-코타치즈용 국자를 사용하여 커드 덩어리들을 건져 성형틀에 담는다. 여러 개의 성형틀을 사용할 경우 다 찰 때까지 돌려가면서 채운다.

⑦ 깨끗한 천으로 성형틀을 덮은 뒤 천 위에 잘게 부순 얼음을 깔아놓은 채로 바퀴달린 유청 제거용 테이블에 올려서 냉장고(0~4℃) 안에 옮긴다. 커드가 식었을 때 플라스틱 용기에 담는다. 곧 판매 하려면 왁스종이로 포장을 한다.

3) 유의사항

레-코타치즈는 크림으로 드레싱을 하거나, 포장하기 전에 압착하여 성형하거나, 포장하기 전에 크림으로 드레싱하여 압착, 성형하여 이용하기도 한다. 레-코타치즈를 발효, 건조하여 제조한 미제드라(Myzithra)라고 불리는 레-코타형의 치즈가 그리스에서 제조된다.

2. 카이소 블랑코 치즈(Queso Blanco, Frying cheese)

1) 개 요

카이소 블랑코 치즈(Queso Blanco cheese)는 흰색이고 약간의 산미를 가지며, slice형태로 잘 잘라지는 성질을 가지고 있는 부드러운 향미의 치즈이다. 이 치즈는 원유 혹은 환원유를 원료로 하여 높은 온도에서 산을 첨가하여 제조한다. 원유를 85℃까지 가온하여 5분간 정치한 후에 구연산(citric acid) 용액을 첨가하면 케이신과 유청단백질이 응집하여 커드가 형성된다. 렌넷 커드는 일정한 살균 정도(72℃/16초) 이상의 열처리를 받지 않은 원유로부터 제조하는데, 이 커드는 유단백질 중

그림 17-2. 카이소 블랑코
(Wisconsin Milk Marketing Board. http://www.ilovecheese.com/)

케이신만 함유한다. 유청단백질은 총 유단백질의 20%이기 때문에 케이신과 유청단백질이 함께 혼합, 침전하여 생산되는 카이소 블랑코 치즈는 체다나 다른 렌넷 응고형 치즈보다 훨씬 생산수율이 높다.

카이소 블랑코 치즈 제조를 위한 원유는 단백질과 지방의 비율(P/F) = 1.2로 표준화 한다. 이렇게 하면 원료의 총 고형분 함량이 12%에서 14～15%로 증가함으로써 생산수율이 16～18%에 이른다(100 kg 원유에서 16～18 kg의 치즈 생산).

유청 제거 후에 커드가 뜨거운 상태에서 소금을 첨가하고 수동으로 교반하거나 교반기로 교반한 후에 압착, 성형한다. 포장하기 전에 하룻밤 냉각시키면 커드를 취급하기가 편리해진다. 곰팡이 증식을 방지하기 위해 진공포장을 하는 것이 필요하다. 이 치즈를 단단해지고 얇게 잘 잘라질 수 있도록 하기 위해 **냉장고에 2～3일간 저장한다.**

카이소 블랑코는 스타터를 첨가하지 않았기 때문에 커드가 오염되지 않도록 하는 것이 중요하다. 미생물이 오염되면 저장 중에 신맛과 불결한 냄새가 생성된다. 소금을 첨가하여 염지한 뜨거운 커드를 소시지 케이싱에 밀어 넣어 포장하는 것은 오염을 줄일 수 있는 방법이다. 카이소 블랑코 치즈의 정상적인 성분 조성은 수분 52～53%, 단백질 22～24%, 지방 16～18%, 유당 2～3%, 염분 2.5%이며, pH는 5.3～5.5이다.

2) 재 료

① 원유 또는 환원우유
② 구연산 1수화물($C_4H_8O_5 \cdot H_2O$) 또는 구연산 $C_6H_8O_7$
③ 염화칼슘 2수화물($CaCl_2 \cdot 2H_2O$)(선택적임)
④ 탈지유
⑤ 소금

3) 제조과정

① 탈지분유를 사용하여 원유 P/F를 1.2로 표준화 한다.

② 첨가해야 할 구연산을 칭량한다. 첨가할 구연산은 1수화물 구연산을 3% 수용액이 되도록 뜨거운 물(약 80℃)에 용해시킨다. 이러한 희석액을 사용하면 서서히 산성화하여 단백질 덩어리가 작게 형성되지 않고 크게 형성된다. 필요한 1수화물 구연산의 우유량에 대한 %는 아래의 공식을 이용하여 구할 수 있다.

구연산무수물을 사용할 때에는 아래 식의 결과에 0.914를 곱한다.

필요한 구연산 1수화물의 양(%) = 0.09124+0.07075×(유단백질 함량 %)

(구해진 소요량의 구연산액을 넣는다)

③ 구연산 용액(이 때의 온도가 원유 온도 부근인 80℃ 정도가 좋다)을 우유에 첨가하고, 85℃로 가온하여 5분간 정치한다.

④ 응고물이 형성된 응고액을 펌프를 사용하여 벳트로 옮겨 넣고 서서히 교반한다(거의 교반형식이 아닌 정도). 이때 스팀을 틀어 온도를 높게 유지하면서 10~15분간 정치하여 커드를 가라앉힌다.

⑤ 벳트 출구를 열고 유청을 배제한다.

⑥ 커드를 양쪽으로 밀어 고랑(trench)을 만들고, 커드를 교반해 가면서 유청을 최대한 배출한다.

⑦ 벳트 안에 소금을 균일하도록 뿌려가며 넣고 완전히 섞는다.

소금의 양 = 예상 생산량의 2.0%

예상 생산량(%) = 4.83×(우유단백질 %)-3.64

⑧ 커드가 뜨거운 상태에서 성형틀에 넣는다.

⑨ 75 kPa(10 kg/cm^2) 압력으로 3~4시간 동안 압착한다.

⑩ 성형틀 속에 치즈를 넣은 채로 2~4℃ 냉장고에 하룻밤 동안 냉장한다.

⑪ 적당한 크기로 잘라서 진공포장 한다.

⑫ 출하한다.

[카이소 블랑코(Queso Blanco) 치즈 관련 각종 계산식과 요령](역주)

(1) 표준화(탈지분유이용)-제조공정 1

원유검사 결과 유지방(3.77%), 유단백질(2.91%)

유지방 3.77/1.032 = 3.65w/w

유단백질 2.91/1.032 = 2.82w/w

P/F = 1.2, P = 1.2×F

P = 1.2×3.65, P = 4.38

△P = 4.38-2.28 = 1.56

탈지분유는 53.8% 단백질이다.

$$\frac{53.8}{100} \times X = 1.56,\ X = 1.56 \times \frac{100}{53.8} = 2.899$$

2.899 kg 탈지분유를 5 ℓ 온수에 녹여 첨가한다.

(2) 구연산 첨가량-제조공정 2

구연산액(%) = 0.09124 + 0.07075(2.82w/w) = 0.290755%

$$\frac{0.290}{100} \times [100(\text{원유})+13(\text{첨가한 분유})] = 0.372\ \text{kg}$$

$$\frac{1.5}{100} \times X = 0.372\ \text{kg},\ X = 21.8\ \ell$$

∴1.5%의 구연산 용액을 21.8 ℓ 첨가한다(3% 구연산을 2배 희석하여 사용함).

(3) 소금 첨가량-제조공정 3

예상 생산량의 2%, Queso blanco 예상수율이 17%라면

$$100 \times \frac{17}{100} = 17\ \text{kg},\ 17 \times \frac{2}{100} = 340\ \text{g}$$

∴340 g 소금 첨가

3. 파니어(Paneer)

※ Sunil Radhakrishnan의 2004년도 석사학위 논문에서 발췌

파니어치즈는 인도에서 주로 가정에서 수세기 동안 생산 이용되어 왔다. 파니어는 우유에 라임(lime)주스, 구연산 용액, 산 유청, 유산균 등을 첨가하여 제조한다. 구연산을 사용하면 산성 유청을 사용하는 경우 보다 향미가 깨끗한 파니어를 제조할 수 있다. 산성 유청으로 제조한 파니어는 향미가 좋지 않다. 라임주스를 응고제로 사용하면 파니어의 향이 좋다. 지방함량이 6%인 물소 우유를 원료로 사용하면 향미와 조직이 가장 우수한 파니어를 제조할 수 있는 것으로 인정되고 있다. 그러나 일반적인 우유를 원료로 하여 파니어를 제조할 수도 있다. 전형적인 파니어의 pH는 5.7~6.0이다. 지방함량이 6%인 우유로 제조하면 수분함량은 57% 정도이고,

지방함량은 26%인 파니어가 생산된다.

1) 제조공정

① 우유를 멸균된 스테인리스강 솥에 넣고 82℃까지 가열하여 5분간 유지하고, 70℃로 냉각한다.

② 응고제로서 2% 구연산 수용액을 필요한 만큼 준비한다(일반적으로 우유 1 kg를 응고시키는 데 구연산 2～2.5 g이 소요된다). 구연산 수용액을 우유와 동일한 온도인 70℃로 가열한다. 사용한 응고제의 양은 깨끗한 유청분리를 할 수 있을 만큼 충분히 첨가한다. 원유에 응고제를 첨가할 때 커드가 부서지는 것을 방지하기 위해 천천히 교반한다.

③ 유청의 색깔이 연록백색을 띠기 시작하면(이 때의 pH는 5.7～6.0이다) 커드가 잘 가라앉을 수 있도록 마지막으로 5～10분 동안 서서히 저어준다.

④ 모슬린 천에 커드를 담아 유청을 분리시킨다. 이 과정을 진행하는 동안에 유청의 온도가 63℃ 이하로 내려가서는 안 된다.

⑤ 성형틀에 천을 깔아 그 안에 커드를 채우고 15～20분간 압착한다.

⑥ 압착된 파니어를 성형틀로부터 꺼내어 필요한 크기로 절단하여 냉수(4～6℃) 혹은 5% 소금물(4～6%)에 2～3시간 담가 두어 굳게 한다. 냉각한 후에 표면의 유리수분을 건조시키고 고밀도 폴리에칠렌(HDPE, high density polyehtylene) 포장지에 진공포장 한다.

⑦ 냉장온도(5～8℃)에서 저장한다.

※ 주의 : 파니어는 수분함량이 높아 저장성이 좋지 않기 때문에 제조한 즉시 사용한다. 파니어는 작은 사각으로 절단하여 기름에 튀기고 식물 샐러드에 넣어서 먹거나 카레 요리의 장식으로 얹어 먹기도 한다. 어떤 사람들은 파니어를 옥수수가루 반죽에 함께 반죽한 뒤 바베큐(barbeue)로 구워서 먹는 경우도 있다.

제 18 장

신선치즈(Fresh cheese)

산으로 응고한 신선치즈에는 네 가지의 주요 형태가 있는데 카티지치즈(Cottage cheese, 북미), 베이커스(Baker's) 치즈(유럽)와 같은 크박(Quark)타입, 크림치즈, Paneer(인도)와 전통적인 카이소 불랑코(Queso Blanco, 남미)와 같은 산을 첨가하여 가열한 치즈가 있다. 이들은 렌넷이 아닌 산으로 케이신을 응고시킨 치즈들이다. 카티지치즈를 제조할 때 렌넷을 소량 첨가하기는 하는데, 이는 우유의 응고가 목적이 아니고 카티지치즈의 조직을 개선하기 위해 사용하는 것이다. 그리고 열과 산에 의한 응고 침전물에는 케이신 응고물 속에 유청단백질이 포함되어 있다. 몇몇의 열-산 응고치즈 종류에 대해서는 앞장에서 기술하였으므로 이 장에서는 유산발효에 의해 정상적으로 산성화되는 몇몇의 치즈 종류를 기술하기로 한다.

1. 카티지치즈-단기정치법(Cottage cheese-Short Set)

※ "Emmons와 Tuckey, 1967"에서 발췌

1) 개 요

카티지치즈 제조방법은 여러 가지가 있다. 이들은 제조과정이 상당히 다를 수도 있으나 모두 훌륭한 품질의 제품을 생산할 수 있는 방법들이다. 카티지치즈들의 제조 과정상의 중요한 차이는 첨가하는 스타터와 렌넷의 양과 정치온도가 다른 것이다. 또한 절단하는 커드의 크기, 크림드레싱 사용 정도, 사용하는 크림의 종류, '카티지치즈향'의 사용 정도, 첨가하는 향미료의 종류와 양도 다를 수 있다. 비록 과정이 조금씩 다르지만 어떤 제조법이든 치즈 제조업자들은 매일매일 지속적이고 신중

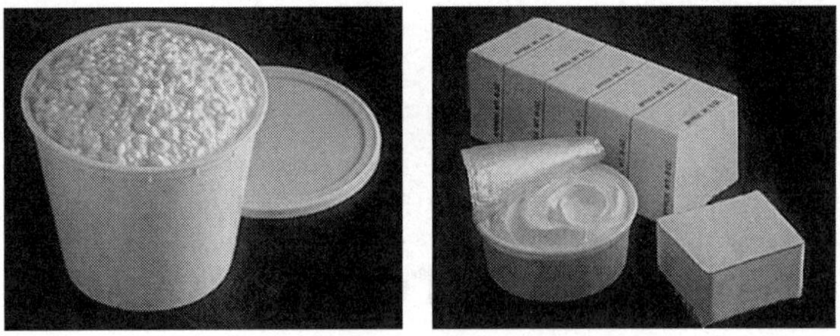

그림 18-1. 카티지치즈와 크림치즈
(Photo credits: Wisconsin Milk Marketing Board
http://www.cdr.wisc.edu/CDRWebPa.nsf/)

하게 카티지치즈 제조기술의 핵심을 착실히 준수하고 있다. 일반적으로 '단기 정치법'이 가장 널리 사용된다. 왜냐하면 작업시간을 하루 만에 끝낼 수 있고 치즈 벳트 하나로 최소량을 단시간에 제조할 수 있기 때문이다. 또한 이 방법은 노동력 절감 효과가 있는데, 이는 커드 절단에 필요한 추정시간에 근접시켜 커드 절단이 가능하기 때문에 제조업자들은 절단하는 시점까지 오랫동안 기다릴 필요가 없다.

2) 제조과정

① 저온 살균된 탈지유를 32℃로 냉각하여 스타터를 원유의 5%를 첨가하고 10~15분 동안 잘 교반한다.

② 렌넷을 우유 1,000 kg당 3 ml 비율로 스타터 첨가시 혹은 스타터 접종 후 1시간이나 1시간 30분경에 첨가한다. 만일 커드 절단 시기를 A-C 검사로 결정하고자 하면 렌넷을 첨가하기 전에 A-C 검사를 위한 시료를 채취해야 한다.

③ 커드 절단 시점은 커드의 pH 측정, A-C 검사, 또는 유청의 산도검사 중 한 가지 방법으로 결정한다. 절단에 적절한 최적 pH는 열처리와 탈지유의 성분(총 고형분량)에 따라 다르다. 일반적으로 정상적인 탈지유를 사용하고 렌넷을 첨가하는 경우 커드의 pH가 4.80이면 절단한다. 1.2 cm(3/8″)의 커드 나이프를 사용하여 절단한다.

④ 커드 절단 후 15~20분 동안 커드를 정치하는데, 이 동안에 재킷(이중솥 형태의 벳트에서 스팀과 물이 담기는 공간 - 역주) 속의 물을 가열하여 가온처리(cooking)를 위한 준비를 한다.

⑤ 처음 30분 동안은 5분마다 0.5℃씩 올라가도록 벳트의 온도를 점차 올려 준

다. 그런 다음 약 2시간 후에는 최종 가온온도인 54~57℃에 도달할 때까지 가온속도를 두 배로부터 시작하여 세 배가 되도록 가온한다. 교반은 커드가 부서지지 않도록 부드럽게 실시하는데, 커드가 서로 들러붙지 않을 정도로 교반속도를 유지해야 한다. 만일 커드가 들러붙는 현상과 부스러지는 현상이 함께 발생하면 이는 가온속도가 너무 빠른 것이 원인이다.

⑥ 커드를 54~57℃에서 15~20분을 정치하면 커드의 견고성이 적당한 수준에 이른다. 가온과 교반작업 중에 커드가 너무 단단하게 되지 않도록 자주 확인해야 한다.

커드 절단시의 pH값이나 산도가 가온과정의 최종 온도에 도달했을 때 커드의 견고성에 영향을 주는 가장 중요한 요인이다. 만약 커드가 54~57℃에서 매 제조시마다 계속해서 너무 단단하다면 커드 절단시의 산도를 올리거나 커드 절단시의 pH를 약간 낮추어야 한다. 만약 커드가 54~57℃에서 너무 연약하다면 커드 절단시의 산도를 다소 낮추어야 한다. 즉 pH를 약간 높여야 한다. 커드의 조직 견고성은 커드를 15~20℃의 물에서 냉각시킨 후에 검사하도록 한다.

⑦ 가온교반 작업(cooking)이 끝난 후에 유청을 커드의 표면 바로 밑으로 내려갈 때까지 제거한다. 그리고 난 후 첫 번째 가수(加水)로 커드를 씻어낸다. 물로 세 번 세척하는 경우에는 첫 번째는 20~25℃, 두 번째는 10℃ 그리고 세 번째는 1.5~5℃의 물을 사용한다. 만일 두 번 가수하여 세척한다면 첫 번째는 15℃, 두 번째는 1.5~5℃의 물을 사용한다. 한 번 가수할 때마다 15~20분 동안 커드가 물에 잠겨져서 세척되어야 하는데, 이 때 적절한 속도로 교반해 주되 커드가 깨지지 않도록 주의한다.

⑧ 마지막 세척 후 세척액을 제거하는 동안에 조심스럽게 커드 맷트(mat) 중앙에 적절한 고랑(trench)을 파준다. 세척액이 완전히 빠질 때까지 배수구를 열어 놓아 가수된 수분이 완전히 제거되게 해야 한다(30~60분 정도 소요된다).

⑨ 소금을 커드에 직접 첨가하거나(커드 중량의 1%) 크림 드레싱에 첨가한다.

⑩ 크림을 첨가한 커드의 지방함량이 4% 정도 되도록 균질한 크림(지방함량, 18%)을 커드에 첨가한다. 만약 저지방 크림이 사용된다면 커드에서 크림이 과도하게 유리되는 것을 방지하기 위하여 안정제를 사용하여 점도를 증가시키는 것이 꼭 필요하다.

※ 예상 수량: 케이신 함량의 6% 또는 원유의 14~16% 정도

3) A-C 검사법(The Acid-Coagulation test)

A-C 검사법은 1957년에 Emmons 등이 새롭게 개발한 카티지치즈 제조시 커드 절단 시기를 측정하는 방법으로 고안한 것이다. 특별히 렌넷을 사용하는 단기 방식에서의 커드 절단시기 판정에 유용하게 쓰이는 방식이다.

① 치즈 벳트의 탈지유에 스타터를 필요한 양만큼 넣고 잘 섞어 준다.

② 스타터와 탈지유를 잘 섞어 A-C 실험용 비커 속에 넣고 뚜껑을 잘 덮어 냉각이 되지 않게 한다.

③ A-C 실험 시료를 취한 후에 즉시 벳트 안의 탈지유에 렌넷을 넣고 잘 저어준다.

④ 즉시 A-C 실험 비커 속의 탈지유의 표면이 치즈 벳트 안의 탈지유 표면보다 약간 아래에 위치하도록 벳트 안에 A-C 실험 비커를 띄워 둔다. 그리고 벳트를 덮는다.

⑤ 주기적으로 벳트 내 탈지유의 응고 여부를 점검한다. 커드가 응고하기 시작하면 얇은 판이나 칼을 사용하여 A-C 비커 안의 탈지유 응고 여부를 검사하되 탈지유가 동요하지 않도록 유의한다.

⑥ 처음으로 A-C 비커 속의 탈지유의 응고가 발견되면 얇고 평평한 응고 확인용 얇은 판(spatular) 주걱으로 응고하고 있는 탈지유를 2~3회 잘라 본다. 그리고 5분 간격으로 반복해서 동일한 방법으로 커드를 검사한다.

⑦ A-C 검사시료의 앞서 절단했던 부위 표면에 깨끗한 선처럼 유청 라인이 나타나는가 여부를 관찰한다. A-C 검사의 최종 시점(end-point)은 커드 절단 표면에 깨끗한 유청 라인이 처음으로 발견된 시점이다. 이는 보통 응고가 발견된 시점으로부터 10~20분이 경과한 후이다. 이 시기가 벳트의 커드를 절단해야 하는 시기이다.

2. 크박(Quark)

1) 개 요

크박(Quark, 간혹 유럽식 Cottage치즈나 Quarg로도 불림)은 대표적인 연질치즈인데 수분함량과 지방함량이 다양하다. 아래에 설명된 제조과정은 상당히 견고한

과립형 커드 조직을 가지는 치즈를 생산하는 공정이다. 만약 부드러운 조직의 제품(Baker's cheese와 같이)을 제조하고자 한다면 커드를 자를 때의 pH는 4.5~4.4가 되어야 하며, 가온(cooking)은 필요하지 않다. 연하고 부드러운 커드는 커드자루나 원심분리기에 의해 분리해야 한다. 유럽에서는 대부분의 크박과 크림형(Cream type)치즈는 유산 발효 이전 또는 발효 이후에 탈지유를 한외여과(Ultra filtration, UF)에 의해 농축한 것으로 제조하고 있다.

2) 제조과정

① 탈지유를 62℃에서 30분 동안 저온 살균한다.

② 탈지유를 32℃로 냉각한다.

③ 중온성 치즈스타터(*Lactococcus lactis* 혹은 *Lc. cremoris*)를 탈지유의 5% 정도 첨가한다. 탈지유가 부드러운 젤 형태가 되기까지 4~6시간 동안 정치시킨다. pH는 약 4.8이 되어야 하고, 얇은 판(spatular)으로 커드를 절단했을 때 깨끗한 유청(whey)이 스며나야 한다. 다른 방법으로는 스타터를 1% 첨가하여 12~18시간 동안 정치, 배양하기도 한다.

④ 커드를 파쇄하기 위해 천천히 교반하고 서서히 52℃까지 가온한다. 가온 초기 속도는 5분에 0.5℃를 초과해서는 안 된다. 커드가 견고해질 때까지는 52℃를 그대로 유지한다(커드를 파쇄한 후 약 1시간 30분 정도 소요된다).

⑤ 대부분의 유청을 제거하고 커드에서 산성화 냄새를 제거하기 위해 10℃의 물을 채운다. 만약 신맛의 치즈를 생산하고자 하면 세척작업은 생략한다. 천 주머니에 커드를 담아 매달아 두는 식으로 커드의 유청을 제거하는 것이 편리할 수도 있는데, 이런 경우에는 천 주머니 전체를 차가운 물에 15분 동안 담가서 세척한다.

⑥ 맛의 기호에 따라 커드에 크림이나 드레싱을 첨가한다. 일반적으로 지방율 18%인 균질한 크림을 커드의 4~8%를 첨가하는 것이 적당하다.

3. 크림치즈(Cream cheese)

1) 개 요

캐나다 식품의약청(Food and Drug Directorate)에 따르면 크림치즈는 크림이나 크림이 첨가된 우유를 사용하여 제조한 치즈라고 되어 있다. 크림치즈의 안정제 함량은 0.5% 이하, 수분함량은 55% 이하, 유지방 함량은 33% 이상이어야 한다.

다음에 제시하는 과정은 냉각자루(Cold pack) 방식이다. 치즈의 유통기간 연장과 부드러운 조직을 얻기 위해 크림치즈나 뉘샤텔치즈(Neufchatel cheese)는 지방율이 50%인 크림을 혼합하여 가열, 균질한 후 고온 자루법(Hot packing)으로 제조하기도 한다. 뉘샤텔치즈는 크림치즈와 특성이 비슷하지만 지방함량이 낮다. 크림치즈는 최근에는 대개 한외여과에 의해 농축한 농축유를 사용하여 생산한다.

2) 전형적인 제조과정

① 표준화 : 크림의 지방함량은 11～20%이어야 한다. 법규정에 맞는 치즈를 제조하기 위해서는 크림의 지방함량이 적어도 11%는 되어야 한다.

② 크림을 70℃에서 30분 동안 저온 살균한다.

③ 63℃에서 약 453～680 kg/cm^2 압력(6,900～10,300 kPa)으로 균질하고 30℃로 냉각한다.

④ 크림 1,000 kg(lb)당 렌넷 1 ml(cc)와 스타터 30 kg(lb)를 첨가한다.

⑤ 산도가 0.6～0.75%(pH 4.6)까지 증가했을 때 덩어리들이 없어지도록 커드를 충분히 교반한다. 커드의 온도가 51℃가 될 때까지 76℃의 물을 커드에 직접 첨가한다. 커드는 부드럽고, 크림 색깔을 가지고 있어야 한다. 치즈조직이 거칠고 푸석푸석하면 이는 지방함량이 낮거나 산이 부족하게 생성된 것이 원인이다.

⑥ 유청 제거용 천 자루에 뜨거운 커드와 유청을 함께 퍼 담는다. 자루는 사용 전에 끓는 물에 소독한다.

⑦ 약 2시간 동안에 걸쳐 유청이 빠져 나가게 한다. 조직이 적당하게 견고해진 후에 커드의 0.75%에 해당하는 소금을 첨가한다.

⑧ 사란(Saran) 천을 깔은 적절한 크기의 성형틀에 커드를 채워 넣는다. 가볍게 압력을 가하고 2℃로 냉각한다.

3) 생산수율(Yield)

유지방 1 kg당 치즈 2.7～3.1 kg 생산

4) 향미료(Flavouring)

많이 쓰이는 향미 재료로는 올리브, 넛트류(땅콩, 호도, 양호도), 마요네즈, 피클, 양념류, 피멘토(Pimento) 등이 사용된다.

5) 한외여과(Ultra filtration, UF) 농축크림을 이용한 크림치즈 제조방법

다음의 제조과정은 프랑스의 Maubois가 개발한 방법과 Glover(1985)의 한외여과 농축유를 사용한 치즈 제조방법을 함께 접목한 것이다.

① 11% 크림을 저온 살균한다.

② 스타터를 1% 첨가한다.

③ 한외여과법으로 지방함량을 고려하여 농축한다. 지방함량이 11%인 크림 100kg으로부터 치즈 제조용 농축크림(Pre-cheese) 30 kg을 생산하려면 3.3배로 농축한다. 이 때의 농축크림은 지방함량이 35.5%(11%×3.3), 단백질 함량이 약 11%, 총 고형분 함량이 48%이다.

④ pH 5.6에 이르기까지 발효시킨다.

⑤ 크림 100 kg당 0.16 kg의 소금을 첨가한다.

⑥ 크림 100 kg당 안정제로서 구주 콩 추출물(Locust bean gum) 0.16 kg을 첨가한다.

⑦ 54℃까지 가온한다.

⑧ 균질한다.

⑨ 포장한다.

참고문헌

1. Emmons, D.B., and Tuckey, S.L. 1967. Pfizer Cheese Monographs-7, Cottage Cheese and other cultured products. Pfizer & Co. New York, N.Y

2. Emmons, D.B., Price, W.V. and Swanson, A.M. 1957. The A-C test(Acid-Coagulation). A new method of determining the time for cutting cottage cheese curd. Extention Circular 541, Univ. Wisconsin.

3. Glover, F.A. 1985 Ultra filtration and reverse Osmosis For The Dairy Industry. Technical Bulletin 6. National Institute for Research in Dairying, Reading, England.

제 19 장

가공치즈(Process Cheese)

1. 개 요

① 가공치즈는 원래 1885년에 독일에서 유래되었다. 미국에서 미국인 크래프트(J. K. Kraft)가 독립적으로 개발하여 1917년에 그 제조공법이 미국 특허를 취득하였다.

② 공학기법을 치즈제조에 활용, 치즈제품 보존성 확보

③ 가공치즈의 안정한 특성은 어떤 첨가물이나 부가성분을 넣지 않고도 확보할 수 있긴 하지만 이것은 어렵기도 하고 비경제적이다.

2. 원료 및 제품 품질 규정

※ 캐나다 규정에 따름

① 가공치즈 제조에 사용되는 원료치즈의 수분함량은 40% 이하이어야 한다. 이 수분함량은 다른 치즈들의 최대 수분 허용치보다 3% 높은 함량이다. 가공치즈에 사용되는 원료치즈가 가지고 있어야 할 최소 지방함량은 다른 치즈들의 최소 지방함량보다 2% 낮다. 만약 여러 종류 이상의 치즈가 원료로 사용되면 사용한 치즈들의 평균치에 근거하여 표준화 한다.

② 가공치즈 관련 식품(processed cheese food)은 치즈를 51% 이상 함유해야 하고, 수분함량은 46% 미만, 지방함량은 22% 이상이어야 한다.

③ 가공치즈 스프레드(Spread, 빵에 바르는 가공치즈 제품)는 치즈를 51% 이상 포함하고, 수분함량은 60% 이하, 유지방 함량은 20% 이하이어야 한다.

3. 원료성분

1) 치 즈

미국이나 캐나다에서 원료치즈는 대체로 체다치즈 혹은 체다 계열의 치즈인데, 보통 3개월 정도 숙성한 것을 선호한다(숙성기간이 다른 치즈들을 사용할 경우 평균 숙성기간이 3개월인 것이 좋다). 가공치즈용 원료치즈는 대부분 따로 구분시켜 준비된다. 보통 교반을 끝낸 체다치즈 커드나 UF※에 의해 얻어진 치즈곤죽을 이용한다(※UF=Ultra filtration). 가공치즈 공장들은 대개 자연치즈를 상품화 하면서 다듬을 때 나오는 치즈 조각들과 2등급 치즈를 사용하지만, 이런 것들은 가공치즈 전체의 총 원료 중 차지하는 비중은 매우 적은 양이다.

오늘날에는 숙성하지 않은 치즈를 더 많이 사용하는데, 향신료를 사용하여 향미를 보완하거나 효소로 체다치즈 향을 개선한 체다치즈와 같이 체다 향을 공급할 수 있는 원료를 사용하여 향미를 보완한다. 숙성을 하지 않은 치즈를 너무 많이 사용하면 가공치즈는 코르크 마개와 같은 조직을 가진다. 그 이유는 오래된 단백질은 서로 연결하는 짧은 고리를 끊어버리고 탄성력, 보수성(保水性) 그리고 유화능력을 떨어뜨리기 때문이다.

2) 치즈 외의 무지유 고형분(Non-Cheese Non Fat Milk Solids, NFMS) 공급원료

모든 형태의 무지방유 고형분[탈지분유, 농축 유단백질, 농축 유청단백질(일반적으로 단백질 35%), 건조유청, sodium casinate]을 다음과 같은 점에 유의하면서 사용할 수 있다.

① 케이신염(caseinates)은 수분을 강하게 결합하고, 광택을 나게 한다. 케이신염을 너무 많이 사용하면 너무 단단해지고 고무와 같은 조직을 형성하게 된다.

② 변성된 유청단백질은 보수능력을 증가시킨다. 그러나 유청단백질 함량이 너무 높으면 용융성이 나빠진다. 저자의 경험으로 보면 사용의 한계는 1.5%이다.

③ 탈지분유는 유당함량 때문에 사용량에 한계가 있다. 유당함량이 수분함량에 대하여 15% 이상이면 저온에서 저장될 때 결정이 형성된다.

3) 지 방

① 치즈 자체 함유 유지방, 크림, 버터, 버터오일을 통한 첨가

② 치즈 내 지방은 일반적으로 지방구막이 손상되지 않은 상태로 존재한다.

③ 만약 버터나 버터오일을 사용한다면 제조과정에서 모조 지방구막이 형성되는데, 이 막은 거의 케이신에 의해 형성된다.

④ 지방원료는 가공치즈의 고형분의 하나로서 가공치즈의 수분함유 기능을 고려하지 않는다면 그 외에는 중요한 기능이 없다.

4) 용융염

① 용융염을 유화염이라고 부르기도 하지만 엄밀한 의미에서 유화제는 아니다.

② 일반적으로 구연산염, 인산 알루미늄염(SALP), 제1인산염(MSP), 제2인산염(DSP), 제3인산염(TSP), 다양한 Polyphosphates이 있다.

③ 가장 일반적인 용융염은 구연산염(Na citrate)과 MSP이다.

④ 기능으로는 칼슘을 포집결합(chelate)하고, 단백질의 용해 및 분산, 단백질을 수화 및 팽윤시키며, 지방을 유화하고, 유화상태를 안정화시킨다.

⑤ 특정한 제품을 위해 고안된 유화제 혼합물이 있다. 예를 들면 슬라이스(slices)형 가공치즈는 일반적인 가공치즈와는 다른 조직을 가져야 한다.

5) 산(Acid)

① pH는 구연산으로 조정한다. 용융염은 pH를 상승시키고 완충능력을 증가한다. 만일 pH가 상승하지 않는 경우에도 완충능력은 증대한다.

② pH 5.6 이하가 되어야 혐기성 포자균의 발아와 성장을 막을 수 있다. 수분함량이 높은 치즈 스프레드에서는 혐기성 포자균의 발아 및 증식의 위험성이 크다.

③ 낮은 pH : 푸석푸석하고 딱딱한 조직, 유화성이 감소한다.

④ 높은 pH : 단백질들에 서로 결합하고 용해능력이 증대하여 탄력성, 부드러움, 유화성이 향상되지만 역시 Clostridia 세균포자의 발아 위험성이 증가한다.

6) 유화제(Emulsifiers)

1가 글리세라이드와 2가 글리세라이드(monoglyceride, deglyceride)가 소량 첨가될 수 있지만, 실제적으로 단백질-지방의 상호작용을 방해함으로써 유화작용이 저해될 것이다.

7) 보존제

① 소르빈산은 곰팡이 억제제로서 통상적으로 사용된다.

② 용기에 가공치즈를 충전한 다음 거꾸로 뒤집어 놓는 것은 용기의 뚜껑과 제품 사이에 생기는 여유 공간(head space)에 있는 곰팡이 포자를 파괴함으로써 제품의 곰팡이 발생을 억제하는 데 도움이 된다.

8) 색 소

물에 잘 분산되고 열에 안전한 아나토(annatto), 베타카로틴(β-carotene) 그리고 아포-8-카로테놀(apo-8-carotene)과 같은 색소가 가공치즈의 발색을 하는 데 사용된다. 자연치즈에 첨가하는 아나토 색소는 가공치즈 제조에서는 안정하지 않다.

9) 수 분

증기의 직접 주입에 의해 원료가 가온될 때 응축된 물에 의해 원료 무게의 10%가 증가한다. 수분이 더 필요하면 음용수를 첨가해 준다.

4. 제조기구 및 제조과정 개요

① 소량을 생산할 경우에는 스테판 솥(Stephan cookers)이 편리하다. 한 공정(一工程) 안에 덩어리 치즈를 잘게 잘라 주고 가열하면 결착이 가능하다.

② 대량 생산을 할 경우 연속식 위아래 접이식 융용 솥(Continous lay down cookers)이 사용된다.

③ 기본처리

㉠ 치즈 선택과 성분분석

㉡ 원료 배합비 계산

㉢ 치즈 다듬기, 잘게 절단하기(작게 잘라 주기), 혼합과 가열

㉣ 균질(가공치즈 유형에 따라 선택적이나 스프레드식은 권장됨)

㉤ 포장, 냉각

㉥ 품질관리(pH, 수분, 지방함량, 고온 저장시의 보존성)

5. 미생물학

① 가공치즈는 수분함량이 높은 약산성 식품이기 때문에 엄밀히 말하자면 이는 실온에서 저장하거나 유통하기 위해서는 멸균해야만 한다는 것이다.

② 그러나 가공치즈 제품들과 관련된 식중독 사건은 거의 없기 때문에 가공치즈 제품은 일반적인 식중독 발생 관례에서는 제외되고 있다.

[유의사항]

① 위생적으로 관리되는 체계에서 포장한다.

② 제품의 pH가 5.6 이하가 유지되도록 한다.

③ 클로스트리디움(*Clostridium*)균 포자들의 발아를 방지하도록 용융 유화염에 인산염을 포함시킨다.

6. 원료 배합량 계산

가공치즈 제조업자는 법적 요구에 맞는 제품(수분 46%, 지방 22%)을 제조하고자 하지만, 제조 과정중의 오류 혹은 변이를 고려하여 수분함량 43%, 지방함량 24%를 목표 성분치로 한다. 사용가능한 원료는 콜비치즈(수분 42%, 지방 29%), 체다(수분 39%, 지방 30%), 버터(수분 16%, 지방 80%), 유청분말(유당 70%, 지방 1% 이하, 수분 4%) 그리고 유화염의 혼합물이다. 10kg 용량의 솥에서 가공치즈 제조를 위한 배합량을 계산해 보고자 한다.

응축수는 솥 용량의 10%이고, 치즈는 원료의 70%를 사용하고, 그 치즈 중에 75%는 체다치즈를 사용한다고 하자. 제시되어 있는 치즈 구성분 조성표(표 19-1)에 다음 단계를 따라 계산하여 표 19-2와 같이 정리한다. 그 과정은 다음과 같다. 표 19-2에 다음 과정의 번호를 해당 칸에 적시하였다(아래 내용은 저자의 설명을 풀이 기술한 것임 - 역주).

① 표의 맨 아래에 있는 “Total” 가로줄에는 최종 치즈제품의 성분(지방, 수분, 무지고형분) 함량 비율을 적어 넣고, 같은 가로줄의 “재료 혼합(kg)” 칸에는 제조할 가공치즈의 총 무게를 적어 넣는다.

② 사용할 원료들의 원료성분(지방, 수분, 무지고형분) 함량 비율을 적어 넣는다.

③ “Total”의 세로줄에는 사용할 체다치즈의 가공치즈 총 무게에 대한 %값(70% 중의 75%이므로 52.6%)과 콜비치즈의 가공치즈 총 무게에 대한 %값(70% 중의 25%이므로 17.4%)을 적어 넣는다.

④ 치즈를 통해 공급되는 지방, 수분, 무지고형분(NFS, Not fat solids)의 가공치즈 총 무게에 대한 %값을 “Contributed to Batch % w/w, 재료 혼합물에 대한 각 원료성분” 칸에 적어 넣는다. 예를 들어 체다치즈에 의해 공급되는 지방함량(%)은 15.78%(52.6% 중 지방함량이 30%이므로)이다.

⑤ 치즈로 공급되는 지방 외에 더 첨가해야 할 지방함량을 계산한다. 최종제품의 목표로 하는 지방함량은 24%인데 치즈들에 의해 공급되는 지방함량은 20.9%(15.8%+5.1%)이므로 더 첨가해야 할 지방은 3.1%(24-20.9%)이다. 이 지방분은 버터에 의해 공급될 것이다. 그러므로 버터의 가로줄의 “Contribution to Batch % w/w, 재료 혼합물에 대한 각 원료성분” 칸의 지방 칸에 버터에 의해 공급해야 할 함량 %인 3.1%을 적어 넣는다.

⑥ 지방 3.1%를 공급할 수 있는 버터의 총 무게에 대한 함량 %를 “Contribution to Batch % w/w, 재료 혼합물에 대한 각 원료성분”의 Total 칸에 적어 넣고 [3.1/(80/100)=3.9%], 이 버터에 의해 공급되는 물[3.9×(16/100)=0.6%]과 NFS[3.9×(4/100)=0.2%] 함량 비율도 해당하는 칸에 적어 넣는다.

⑦ 치즈와 버터 외의 첨가물(유청분말은 제외)들을 계획하고 있는 첨가량의 총 무게에 대한 % 함량을 “Contribution to Batch % w/w, 재료 혼합물에 대한 각 원료성분”의 해당 칸에 적어 넣는다. 지금까지 적어 넣은 원료들에 의해 공급되는 NFS의 함량을 계산하고 더 첨가해야 하는 NFS를 구한다. 지금까지 적어 넣은 원료들에 의해 공급되는 NFS의 함량%는 24%이고 목표로 하는 NFS함량 비율은 33%이므로 더 첨가해야 할 NFS는 9%이다. 이 9%의 NFS는 유청분말로 공급할 것이다.

그러므로 “Contribution to Batch % w/w, 재료 혼합물에 대한 각 원료성분”의 유청분말 NFS 칸에 8%를 적어 넣고 이를 공급할 수 있는 유청분말의 총 무게에 대한 % 함량을 계산한다. 필요한 유청분말의 총 무게에 대한 % 함량은 9.4%[9.0%/(96/100)]=9.4%]이므로 9.4%를 “Contribution to Batch % w/w, 재료 혼합물에 대한 각 원료성분”의 유청분말 Total 칸에 적어 넣는다. 이 유청분말에 의해 공급되는 지방과 물 함량도 계산하여 “Contribution to Batch % w/w, 재료 혼합물에 대한 각 원료성분”의 해당하는 칸에 적어 넣는다. 유당함량이 총 수분의 15%를 초과하지 않는다면 NFS의 충당을 위해 유청분말, 탈지분유, 유청단백질 농축물들을 혼합하여 사용할 수 있다.

⑧ 응축수를 통해 공급되는 수분의 양인 10%를 “Contribution to Batch % w/w, 재료 혼합물에 대한 각 원료성분”의 해당하는 칸에 적어 넣는다. 지금까지 적어 넣은 원료들로부터 공급되는 총 수분함량을 계산하고 더 첨가해야 할 수분함량을 계산한다. 지금까지 적어 넣은 원료들에 의해 공급되는 수분함량은 38.8%이고 목표로 하고 있는 가공치즈의 수분함량은 43%이므로 더 첨가해야 할 수분함량은 4.2%이다. 이 4.2%를 “Contribution to Batch % w/w, 재료 혼합물에 대한 각 원료성분”의 물에 해당하는 칸에 적어 넣는다.

⑨ 지금까지 적어 넣은 가로 칸과 세로 칸들의 합계를 계산하고 계산이 정확하게 되었는가를 확인한다. 소수점 이하를 반올림했으므로 총계(%)가 정확하게 100이 아닐 수도 있다.

⑩ 각 원료들이 최종 제품에서 차지할 함량 %(“Contribution to Batch % w/w, 재료 혼합물에 대한 각 원료성분”의 Total 세로줄에 적혀 있는 함량들)와 계획하고 있는 가공치즈의 총 무게를 고려하여 필요한 각 원료들의 무게를 계산한 후 표 맨 오른쪽의 “Batch(kg)”의 세로줄 칸에 적어 넣는다.

※ 주의 : 위에 제시한 것은 비교적 간단하고 단순한 계산으로 원료 배합표를 작성할 수 있는 방법이다. 수분함량이 높은 치즈를 원료로 사용하고자 하는 경우에는 가공치즈의 법적 수분함량을 초과하지 않는 범위 내에서 체다치즈 대신 사용할 수 있는 최대량을 계산해야 할 것이다. 이런 경우에도 다른 성분들을 법적 요구를 고려하여 계산하여 원료의 소요량을 계산한다.

7. 제조과정

① 가공에 사용할 원료 치즈를 선택하고 성분을 분석(수분과 지방)한다. 가공체다치즈 제조에는 3개월 정도 숙성된 체다치즈가 좋다.

② 배합비에 따라 원료의 필요량을 계산한다.

③ 각 원료의 필요한 양을 용융솥에 넣는다.

④ 철저하게 혼합한다(고속으로 3분간 혼합).

⑤ pH 분석을 위해 시료를 채취한다. 만일 pH가 5.6 이상이면 산을 적절히 가해준다.

⑥ 진공 하에서 70℃로 가열하면서 혼합한다. 진공펌프를 끄고 85℃까지 가온한 후 2분간 유지한다.

⑦ 완성된 가공치즈를 뜨거운 상태로 포장용기에 충전한다. 스프레드형 치즈는 뜨거운 상태에서 균질하고 살균된 용기(jars)에 충전 포장한다.

표 19-1. 가공치즈 조성작업 양식

가공치즈 구성분 조성표								
	원료의 성분조성 내역			재료 혼합물에 대한 각 원료성분				
원료성분	지방	수분	무지 고형분	지방	수분	무지 고형분	총계 (%)	뱃치의 재료혼합(kg)
치즈 A								
치즈 B								
버터 혹은 버터오일								
탈지분유 혹은 유청분말								
유화염								
정제염								
산미료								
보존재								
색소(ml)								
정제수								
응축수								
목표하는 가공치즈의 조성분(무게 %)								

표 19-2. 가공치즈 조성분 함량 구성표-예 일자 : 200 년 월 일

가공치즈 구성분 조성표								
	② 원료의 성분조성 내역			재료 혼합물에 대한 각 원료성분				
원료성분	지방	수분	무지 고형분 (NFS)	지방	수분	무지 고형분 (NFS)	총계 (%)	뱃치의 재료혼합 (kg)
치즈 A	② 29	② 42	② 29	④ 5.1	④ 7.3	④ 5.1	③ 17.4	⑩ 1.74
치즈 B	② 30	② 39	② 31	④ 15.8	④ 20.5	④ 16.3	③ 52.6	⑩ 5.26
버터 혹은 버터오일	② 80.0	② 16.0	② 4.0	⑤ 3.1	⑥ 0.6	⑥ 0.2	⑥ 3.9	⑩ 0.39
탈지분유 혹은 유청분말	② 0 (nil)	② 4.0	② 96.0		⑦ 0.4	⑦ 9.0	⑦ 9.4	⑩ 0.83
유화염			② 100.0			⑦ 1.0	⑦ 1.0	⑩ 0.01
정제염			② 100.0			⑦ 1.0	⑦ 1.0	⑩ 0.01
산미료			② 100.0			⑦ 0.4	⑦ 0.4	⑩ 0.04
보존재								
색소(ml)			② 100.0					⑩ 30
정제수		② 100.0			⑧ 4.2		⑧ 4.2	⑩ 0.42
응축수		② 100.0			⑧ 10.0		⑧ 10.0	⑩ 1.00
목표하는 가공치즈의 조성분(무게 %)				① 24%	① 43%	① 33%	① 100	① 10.0kg

8. 기 타

1) 원료 선택 및 배합표 작성시 주의사항

① 원료용 치즈는 체다, 가우다, 아펜젤라, 콜비 등을 많이 사용한다.

② 버터는 지방함량이 80% 이상인 것을 사용한다.

③ 단백질 보충원(탈지분유 또는 유청분말)은 총 재료의 3% 이하 : 탈지분유에는 유당 함유, 유당이 많이 들어갈 경우 유당결정이 생길 수 있다. 유청분말 첨가

시 유청 단백질이 너무 많이 들어갈 경우 용융성이 나빠지기 때문에 탈지분유는 단백질 함량이 35% 이상인 것을 사용해야 한다.

④ 유화염(용융염)은 2～3% 첨가 : 단백질이 수분을 함유하는 능력이 늘어나게 하고 원료들의 유화를 도와주는 역할을 한다. 항상 인산염(phosphate) 첨가함, 인산염은 클로스트리듐 저해 작용으로 인해 실온 유통보관 가능하다.

⑤ 소금은 0.5% 첨가(이미 다른 첨가물에 염분이 함유되어 있기 때문에 정제염 사용)한다.

⑥ 산미료(pH 5.6 까지 맞춘다) : 만약 2% 첨가시 단백질이 응고되어 토마토 소스처럼 되어버림. 조심해야 한다.

⑦ 스팀 직접 가열시 응축수에 의해 수분량이 증가(10～12% 정도)하는 것을 고려해야 한다.

2) 기계사용 요령

① 온도 조정 : 85℃

② 스팀을 먼저 열어 녹물 빼기,
미리 물을 넣고 70℃ 정도 가온하기

③ 교반기 가동 : 저속 - 고속 - 최고속

④ 원료 넣기 : 물 + 치즈 + 분유 + 버터 + 소금 + 산미료 + 색소 순으로 넣는다.

⑤ 가동 : 뚜껑 닫고 가동시작

참고문헌

1. Price, W.V. and Bush, M.A. 1974. The Process cheese industry in the united states : A. Review. I. Industrial growth and Problems. J. Milk and Food Technology. 37: 135～152. II. Research and development. *ibid.* 37:179～198.

제 20 장

저지방 치즈

1. 치즈에 있어서 지방의 중요성

① 매끄러운 크림조직을 입에서 느껴지게 한다.

② 자체가 풍미성분이 되고 다른 풍미성분의 저장고로 작용한다.

③ 유지방구는 빛을 산란시킴으로써 반투명성을 감소하여 치즈를 탁하게 보이게 한다.

④ 유지방구가 단백질(주로 케이신 - 역주) 매트릭스 내 공간을 차지함으로써 지나친 딱딱함이나 코르크 조직과 같은 너무 조밀한 매트릭스가 형성되지 않게 한다.

2. 최근의 저지방 치즈 상황

① 저지방 슬라이스형 가공치즈가 대부분의 시장에서 판매되고 있다.

② 지방함량을 1/3(지방함량을 31%에서 10%로 감소)로 감소시킨 체다치즈가 많은 슈퍼마켓에서 성공하고 있다.

③ 유지방 함량을 1/3 이상 감소시킨 저지방 체다치즈의 경우 대체 지방분을 첨가하는 것이 필요하다. 지금까지 가장 성공한 지방 대체물은 단백질을 원료로 하여 지방구와 비슷하게 제조한 모조 지방구 형태의 것이었다.

④ 전분도 지방을 대체하는 재료로 사용된다.

3. 낮은 지방함량이 치즈성분 구성에 미치는 영향

① 저지방 치즈에서 생산수율을 유지하고 너무 단단한 치즈가 되지 않게 하기 위해서는 수분함량을 높여 주어야 한다.

㉠ 저지방 체다치즈에서의 일반적인 목표 수분함량 범위는 42~48%이다.

㉡ 6~9개월간 숙성하여 저수분(수분함량 42% 정도)의 저지방 체다치즈를 생산할 수 있는데, 이 경우 중간 정도 수분함량의 체다치즈 특유의 풍미를 얻을 수는 있으나 조직은 상당히 단단해진다.

㉢ 수분함량이 높으면(수분함량 48%까지) 조직은 상당히 부드러우나 유통기간이 단축되고 껌 조직이 형성될 수 있다.

② 치즈 내 수분함량이 높다는 것은 무지고형분 내 수분함량의 증가를 의미하고, 수분 내 염분의 감소를 뜻한다. 이러한 수분함량이 높은 치즈에서는 적절한 숙성을 위한 수분에 대한 염분(SM) 함량을 유지하기 위해(3.6% 이하 SM) 치즈의 소금함량이 2% 이상이 되어야 하는데, 이 경우 소금냄새가 많이 나는 문제가 발생한다.

③ 수분함량이 높으면 치즈 내 유당 잔류량이 증가하기 때문에 치즈의 산도가 높아진다.

4. 저지방 치즈의 결함들

① 윤기가 부족하고 너무 단단한 단백질 매트릭스 때문에 고무 조직감과 부서지는 조각상이 형성된다.

② 껌 조직, 껌을 씹을 때 느껴지는 사각거림이 있다.

③ 치즈의 숙성이 진행되면서 소수성(지용성) 펩타이드(지방 분해물)들이 쓴맛을 느낄 수 있는 수준 이상으로 증가하면 쓴맛이 생기는데, 이러한 문제는 저지방 치즈에서 나타난다. 이는 소수성 펩타이드들은 지방에 포집되는데, 저지방 치즈에서는 소수성 펩타이드들이 지방에 의해 충분히 포집되지 않아 노출됨으로써 쓴맛을 느끼게 하기 때문이다. 어떤 스타터 균주들은 이들 펩타이드들을 가수분해하여 이러한 쓴맛을 감소시켜 준다. 그래서 저지방 치즈에서의 쓴맛은 숙성 수주일 이내에 최고에 도달하는데, 숙성을 더 하면 현저히 감소한다.

④ 수렴성(명반 맛)은 저지방 치즈의 특징적인 결함인데, 쓴맛과는 다른 것이나 쓴맛과 자주 혼동이 된다. 이 맛은 혀의 맛돌기(미두)에서는 느껴지지 않으며, 입의 안쪽부분에서 기계적(물리적)으로 인지된다. 이것은 치즈 성분, 특히 펩타이드의 일부가 침과 상호작용을 하여 느껴지는 감각으로 추측되고 있다.

⑤ 고기냄새/고기국물 냄새는 저지방 치즈의 일반적인 결함이다. 이것은 아미노산(단백질 분해산물)과 알파-다이카보닐(α-dicarbonly) 물질과의 상호작용이 관련이 있다.

⑥ 비 스타터균에 의한 치즈의 불결취는 다른 치즈에서보다 저지방 치즈에서 더 많이 발생한다. 이것은 치즈제조 전에 원유의 한외여과를 통한 대부분의 세균을 제거하여 방지할 수 있다.

⑦ 비 스타터균에 의한 가스 생성은 치즈가 가늘게 가로로 찢어지게 하는데, 수분에 대한 소금함량(S/M)이 낮으면 이러한 현상이 증가한다. 이것 역시 원유의 한외여과를 통해 제어할 수 있다.

⑧ 비 스타터성 세균이 낮은 SM 때문에 증식이 촉진되어 발생한 것으로 추측되는 가스는 치즈에 길쭉하게 짜개지는 원인이 된다. 이 역시 한외여과에 의한 농축유로 조절될 수 있다.

5. 저지방 체다치즈의 제조공정

① 일반 원리

㉠ 치즈 제조공정의 각 단계에서 수분이 보다 많이 함유되게 조정한다.

㉡ 치즈 제조공정의 각 단계에서 정상적인 체다치즈보다 높은 pH(낮은 산도-역주)를 유지하도록 한다.

㉢ 비 스타터형(non-starter) 세균수는 최소화시키고, 고도의 활성을 갖는 쓴맛이 없는 스타터를 사용한다.

② 표준화: 수분함량이 45%인 치즈를 제조하고자 할 때에는 제품의 FDM이 35%가 되도록 혹은 지방함량이 20%가 되도록 표준화 한다.

③ 살균

㉠ 정규 HTST(72.5℃, 16s)로 살균처리 한다.

㉡ 약간 높은 온도에서 살균처리 하면 유청단백질이 변성되면서 이들이 치즈

쪽으로 이행됨에 따라 수분 흡수량이 많아져 치즈의 수분함량을 높여 주기 때문에 다소 유리하다.

④ 스타터 배양액

㉠ 활력이 높은 중온성의 쓴맛이 없는 유산균 스타터를 정상 수준으로 사용한다.

㉡ 치즈의 숙성을 촉진시키는 데 *Lactobacillus bulgaricus*와 같은 스타터 또는 약화시킨 유산균 스타터들이 사용될 수 있다.

⑤ 염화칼슘($CaCl_2$) : 염화칼슘의 사용이 권장된다. 특히 높은 온도에서 원유 살균이 되었을 때는 반드시 사용한다.

⑥ 커드 절단 : 수분 함유량을 높게 하기 위해 정상적인 체다치즈보다 커드 크기를 굵게 절단할 것.

⑦ 쿠킹온도 : 정상 치즈에서의 39℃보다 약간 낮춘 37℃까지만 가온한다.

⑧ 유청배제 : pH 6.4 정도의 높은 pH에서 유청을 배제한다. 쿠킹시간을 짧게 한다.

⑨ 교반정지 : 한 번 혹은 하지 않는다.

⑩ 세척 : 수분함량이 많은 치즈에서 유당함량을 낮추기 위해 세척을 할 필요가 있다.

⑪ 가염 : 정상 수준으로 한다. 즉 예상 수율의 2.5%

⑫ 숙성

㉠ 일반 체다와 동일한 숙성온도/습도조건(5～10℃)

㉡ 숙성기간은 단축, 특히 고수분 치즈에서 그러하다.

제 21 장

한외여과처리 우유를 사용한 치즈제조법

1. 용어와 원리

※ 그림 5-1 참조

1) 역삼투(Reverse osmosis, RO)

반투막에 의해 거대분자로부터 미세분자(분자량 100달톤 이하의 것, 예 : 물)를 압력으로 밀어내어 분리되게 하는 과정을 말한다. 실제로 이 용어는 액상의 상태에서 수분을 제거 농축하여 고형분량을 높이는 농축과정을 일컫는다. 소금은 역삼투막을 통과하기 때문에 역삼투에 의해 탈염을 할 수 있다. 역삼투(RO), 한외여과(UF), 나노여과(Nano filtration) 등의 막여과법은 투과막 구멍의 크기, 여과물의 성분과 막의 화학적 관계에 의해 분리하는 화학적 여과라고 할 수 있다.

가장 흔히 사용되는 RO막 재질은 pH 5～7 사이에서 운용할 수 있는 초산 섬유소(cellulose acetate)이다.

유가공 분야에서는 우유증발 농축, 유청의 농축 그리고 폐기물 처리에서 보조적으로 사용될 수 있다.

2) 한외여과(Ultrafiltration, UF)

막분리 방식은 반투막을 사용한다는 점에서 RO와 비슷하다. 이는 설탕과 같은 미세분자로부터 단백질과 같은 거대분자(분자량 10,000달톤 이상의 것)를 분리해

내는 데 사용된다. 일반적으로 사용되는 막으로는 폴리설폰(pH 2~12 범위 운용)이나 세라믹(pH 2~12 범위 운용, 열탕멸균 가능)이 있다.

3) 나노여과(Nano filtration)

RO와 UF의 중간 성격의 막분리 방식이다. 당과 같은 큰 분자로부터 소형의 무기질과 이온을 분리해 내도록 고안된 막분리법이다. 이온교환법이나 전기투석법 대신 이 방식을 채용하여 유청으로부터 무기질들을 분리해 낼 수 있다.

4) 미세여과(Micro filtration, MF)

0.2㎛보다 큰 입자를 분리해 낼 수 있도록 고안된 막여과 방식이다. 유가공에서의 원칙적인 응용분야는 치즈원유로부터 세균포자를 제거하여 치즈숙성 **후기**의 가스 생성(후기 팽화-역주)을 방지하고 살균우유의 유통기간을 연장하는 데 사용한다.

5) 투과물과 잔류물(Permeate and Retentate)

막을 투과할 수 있는 물질은 투과물(permeate), 막을 투과하지 못하고 남아 있는 것을 잔류물(retentate)이라 한다. UF우유 투과물은 물, 당류(유당) 그리고 몇 가지 무기질과 비단백태 질소화합물류를 함유한다. UF 잔류물은 유단백질과 유지방의 농축물이며, 여기에는 케이신과 유청단백질이 포함되어 있다.

6) 성분별 가공

막 분리 방법이 발달하면서 이에 전통 기술과 새로이 개발된 기술들이 연계되어 우유의 성분을 전통적인 방법과는 다른 방법으로 분리하고 재조합함으로써 새로운 제품을 생산하고 전통방법의 효율을 개선하고, 가공 폐기물을 감소시킬 수 있게 되었다.

2. 유가공 분야에서 UF의 이점

우유의 UF 농축물의 가공과 그것의 특장점 연구에 활발한 나라들은 프랑스, 미국, 네덜란드, 영국 그리고 호주 등이다. 유가공 분야에서 맨 초기로부터 현재에 이르기까지 가장 큰 UF의 응용분야는 기능성 유청단백질(예: 비 변성)의 생산이다. 역삼투는 유청의 가공에 이용된다.

1) 막분리 방식이 갖는 가능한 이점들 :

① 낙농가의 사료비 절감: 투과물은 목장에서 분리해서 사료로 이용할 수 있다. 이 투과물에는 유당, 무기질 그리고 일부 질소화합물이 포함되어 있다.

② 치즈제조 원가: 냉각비와 가열비의 절감, 렌넷 사용량 절약, 시설비 절감, 그리고 치즈 내에 유청단백질 이행량 증가에 의한 치즈 생산수율의 증대이다.

③ 운송비: 목장 수준에서 UF를 채용하여 최소한 2배 정도만 농축시켜도 우유 부피가 줄어들게 되고, UF-열처리까지 한 원유라면 수유 탱크로리가 원유를 자주 운송해 가지 않아도 될 것이다. UF 설비 운용목장에게 돌아가는 경제적 이익, 운송비, 사료비 절감과 부가가치 제품으로서 기대된다.

④ 제품 품질의 표준화: 막분리에 의해 모든 유제품의 단백질, 지방 그리고 무지유고형분 함량의 표준화가 가능하다. 예를 들면 액상유는 지금 부분 탈지하여 법적인 최소 유지방함량인 3.25%로 표준화 하는데, 이 경우 원유 1,000kg에서 평균 6kg의 유지방을 제거할 수 있게 된다. UF방식을 이용하면 유지방을 제거하는 것처럼 유단백질도 쉽게 분리해 낼 수 있다. 유지방보다 유단백질의 가치가 더 인정되고 있기 때문에 UF에 의한 유단백질의 분리에 대한 관심이 더욱 증가할 것이다.

⑤ 신제품 개발: 새로운 치즈 신제품, 스프레드형 유제품, 고단백질우유, 우유를 기본으로 하는 대용 식품류가 개발될 수 있다.

3. 우유 UF처리 잔류 농축물(Retentate)의 특성

1) 조성분

우유 UF 잔류 농축물에는 우유의 모든 단백질과 지방분이 존재한다. 유당은 막을 통과해서 빠져 나간다. UF 농축물 중 무기질의 잔류량은 단백질과의 결합 정도와 관련이 깊고, 우유의 산도가 증가하면 잔류량이 감소한다.

2) 물리적 특성

유지방구는 그 크기가 약간 작아진다. 왜냐하면 이는 UF 설비에 의해 지방구의 일부가 균질이 되기 때문이다. 케이신 마이셀과 유청단백질은 변화하지 않는다.

UF 농축물의 완충능력은 고형분 함량이 증가하면서 단백질 함량과 염류 농도가 증가하기 때문에 지수적으로 증대한다.

3) 유산발효

스타터 균주의 증식은 정상적이다. 그러나 UF우유 농축물의 높은 완충능력 때문에 pH가 감소하기 위해서는 우유의 경우보다 산이 더 많이 생성되어야 한다.

4) 렌넷 응고성

만일 렌넷을 단백질량에 근거하지 않고 부피를 기준으로 하여 이에 비례하여 첨가하면 렌넷응고 소요시간(Rennet clotting time, RCT)은 UF에 의한 농축에 의해서는 아무런 영향을 받지 않게 된다. 이 말은 응고에 필요한 렌넷량은 함유되어 있는 단백질에 비해 더 적다는 것을 의미한다. 그러나 응고된 gel의 구조와 성질은 정상우유와는 상당히 다르며, 숙성치즈에서는 렌넷의 양이 숙성에 필요한 양에 미치지 못한다.

UF에 의한 우유 농축은 과도한 살균처리가 된 원유의 렌넷 응유활성을 뚜렷하게 원상으로 돌려놓는 효과가 있다.

5) 우유의 품질

UF처리는 천연지방 분해효소를 활성화시켜 주고 세균을 농축시킨다. 그러나 UF 잔류 농축물은 동결과 해동에서 뛰어난 안정성을 가지며, 산화성 부패를 적게 해주고 미생물학적 변화에 대한 안정성은 증가한다.

4. 치즈산업에서의 UF 응용기술의 발전

1) MMV 처리

※ Maubois 등, 1969에서 발췌

유단백질을 원래 농도의 5~7배 농축시켜서 스타터와 렌넷을 첨가하고 응고될 때까지 배양한다. 그리고 유산발효를 완전히 시켜서 숙성에 들어간다. MMV는 고형분 함량이 낮은 몇 가지 신선치즈와 연질 숙성 치즈류에서 매우 성공적으로 이용할 수 있다. 이 경우 pH를 엄격하게 조절할 필요가 없다. 이 방법은 페타치즈의 제조에 가장 적합하였다.

MMV 처리방식에서 가장 곤란한 점은 매우 딱딱한 조직의 치즈를 생산하게 되어 ① 구조적이거나 전통적인 페타치즈 혹은 ② UF 혹은 틀에 찍어낸 페타치즈가 되게 하는 것이다.

MMV 방식은 또한 가공치즈 배합원료용 생(young) 체다치즈 베이스 생산에 사용되어 왔다. 가공치즈 제품에 사용될 수 있는 UF 농축물의 양은 치즈 용융성을 나쁘게 하는 UF 농축물 내의 유청단백질 함량 때문에 제한을 받게 된다.

2) LCR(Low concentrated retentate) 처리

LCR은 저농도 잔류 농축물을 의미한다. 이 방법에 의해 원래 우유단백질 농도의 1.5~2.0배로 농축된 우유가 생산된다. 이를 원료로 하는 치즈를 만들 때는 정상유로 제조하는 과정을 약간만 개조해서 제조한다. 지금 LCR은 프랑스의 카망베르 치즈를 제조하는 기본방법으로 사용되고 있는데 생산수율, 노동력, 연속 치즈제조 설

표 21-1. 전유의 UF처리 잔류 농축물 조성분(UF체계 : 관형 설비에 장착한 폴리설폰막(Polysulfone membrane), 소규모 실험공장, 50℃에서 벳치형으로 운용함)(Glover, 1985)

잔류 농축물						
농축부피배율	총고형분(%)	지방(%)	단백질(%)	NPN(%)	유당(%)	무기물(%)
×1	12.9	3.9	3.1	0.18	4.7	0.77
3	28.6	12.6	9.8	0.18	4.1	1.3
5	43.3	21.8	16.1	0.18	3.2	1.9
투과물						
농축부피배율	총고형분(%)	지방(%)	단백질(%)	NPN(%)	유당(%)	무기물(%)
×1	5.7	0	<.01	0.18	4.8	0.53
3	6.1	0	0.06	0.19	5.1	0.53
5	6.7	0	0.49	0.19	5.2	0.54

비 그리고 공장의 생산능력 등이 많은 정도는 아니지만 개선효과가 있다.

경질치즈에서의 LCR 원리의 적용은 성공적인 경우도 있고 그렇지 않은 경우도 있다. 중간 정도의 UF 농축물(원유 단백질의 2～5배 농축)을 이용한 치즈제조는 페타치즈를 제외하고는 성공 가능성을 보인 치즈가 없다.

UF우유 농축물을 유청단백질이 변성될 수 있는 정도로 충분한 열처리를 하여 페타치즈를 제조하면 전통적인 방법으로 제조한 경우보다 생산수율을 증대시킬 수 있다. 이와 같은 열처리는 렌넷에 의한 응고성은 감소하지만 UF처리에 의해 렌넷 응고성이 회복된다. 변성된 유청단백질이 렌넷응고 gel 내부로 들어가 결합하기 때문에 치즈의 수율이 증대되는 것이다.

이런 현상은 전통적인 제품과 유사한 조직의 페타치즈를 생산하면서 수율을 현저하게 개선할 수 있도록 한다. UF 농축 잔류물은 페타치즈에서만 성공을 거두었고 대부분의 렌넷응고 치즈에서는 아직은 성공적이지 못했다. 왜냐하면 유청단백질이 용융성을 나쁘게 하고 조직을 조악하게 만들기 때문이다.

제 22 장

대용치즈(Cheese substitutes)

1. 필요성

① 비용
② 기능성 조절
③ 영양: 콜레스테롤과 포화지방 함량 감소
④ 유통기한의 연장

2. 우려와 도전

① 미국의 유제품 제조자들은 치즈 대용품이 유가공산업에 긍정적인 효과가 있는 것으로 인정하고 있다.

② 가격에 민감한 소비자에 의해 가격을 저렴하게 하여 소비를 증대시킬 수 있는 증량제(예, 피자에 사용)로 활용한다.

③ 일부 소비자들이 식이요법(dietary)상 자연치즈 쓰기를 꺼려하고 그 대신 대용치즈를 사용한다.

④ 치즈대용품을 생산하는 것은 다른 식품회사가 아니고 유가공 기업이다.

3. 미국에서의 치즈 대용품으로 출시된 것들의 사례

① 체다(가장 인기가 있음)

② 모짜렐라 : 기업에서 사용할 목적으로 생산하는데 60%가 피자요리에 사용된다.

③ 그 외 종류 : 스위스(에멘탈), 콜비, 가우다, 프로볼로네, 가공치즈, 크림치즈, 치즈 스프레드(Spreads)

4. 치즈 대용품의 형태

① 유지방 대체 치즈(Filled cheese) : 탈지유, 버터와 식물성 기름의 혼합물로 제조된 것. 이 대용치즈는 유고형분 함량이 낮기 때문에 그다지 인기가 없다.

② 치즈 유사식품(Cheese analogues) : 모조 치즈

㉠ 합성치즈 : 대두단백 + 대두유 + 안정제/유화제 + 향료

㉡ 부분 유성분 합성치즈 : 케이신 + 대두유 + 안정제/유화제 + 향료

㉢ 유성분 합성치즈 : 케이신 + 버터오일 + 안정제/유화제

5. 대용 체다치즈의 제조

미국, 캐나다에서 가장 인기 있는 대용 체다치즈 제조 사례를 정리해 둔다.

1) 제조공정

① 온도를 70℃까지 가온하여 지방분을 녹인다(예 : 부분적으로 수소화된 코코넛 오일은 용융점이 37℃이다).

대표적인 대용 체다치즈 제조 배합표

성 분	중량(%)	성 분	중량(%)
Sodium Caseinate	13.0	소금	1.5
식물성유(油)	25.0	향료	1.5
유산	1.0	정제수	34.0
안정제/유화제	1.0	체다치즈	13.0

② 안정제 시스템을 첨가한다. 특성 있는 안정제 시스템 혼합물은 몇몇 공급업체들로부터 구할 수 있다.

③ 빠른 속도로 교반하면서 물을 기름에 부어 유화를 형성한다.

④ 온도는 그대로 70℃를 유지하면서 유/수 유화물에 Calcium caseinate를 서서히 가해준다. 다음에는 Sodium caseinate를 첨가하여 혼합한다. 그러면 치즈의 조직이 형성되기 시작한다.

⑤ 체다치즈와 소금을 넣어 주고 나서 효소로 제조한 치즈향을 첨가한다.

⑥ 소량의 annatto 색소를 산과 함께 첨가한다. pH가 낮아지면서 급작스럽게 치즈 조직이 생성된다.

⑦ 성형틀에 담아서 5℃로 냉각하고 치즈 향미성분이 골고루 분포되도록 하룻밤 저장한다.

제 23 장

유청가공(Whey Processing)

1. 유청의 성분

① 유지방: 지방함량이 높은 치즈를 제조한 후의 유청은 통상 지방함량이 0.3%이다. 이 유청을 크림분리하면 지방함량은 0.04~0.06%이다.

② 단백질: 비단백태 질소화합물을 포함하여 약 0.7%

㉠ 가열 침전에 의해서 약 0.5%가 회수될 수 있다.

㉡ 한외여과(UF)에 의해서는 약 0.6%가 농축될 수 있다.

③ 유당: 4.8%

④ 총 고형분량: 약 6.0%

2. 유청의 제 특성

고형분 함량이 낮다.

① 산성 유청 : pH < 5.0

㉠ 카티지치즈, 크림치즈, 크박 제조로부터 나온 유청

㉡ 고무기질 성분 함유

㉢ 가공처리의 곤란성 : 사용범위가 제한받음

② 감성 유청 : pH > 5.0

㉠ 대부분의 렌넷응고 치즈류 유청

㉡ 캐나다에서는 거의 100% 활용됨

㉢ 유청가공 전에 열처리를 통해 유청 내 유산균 스타터의 불활화와 응유효소 불활성화가 필요하다.

3. 유청 가공처리의 선택적 방식들

① 비BOD(생물학적 산소요구량 biological oxygen demand) 축적방식의 가공처리

㉠ 사료로 이용

㉡ 유청 농축액 : 농축 혹은 역삼투여과

㉢ 유청분말로 가공

② BOD 축적방식의 가공처리

㉠ 농축 단백질

㉡ 유청 여과물은 유가공장의 주요 폐수임

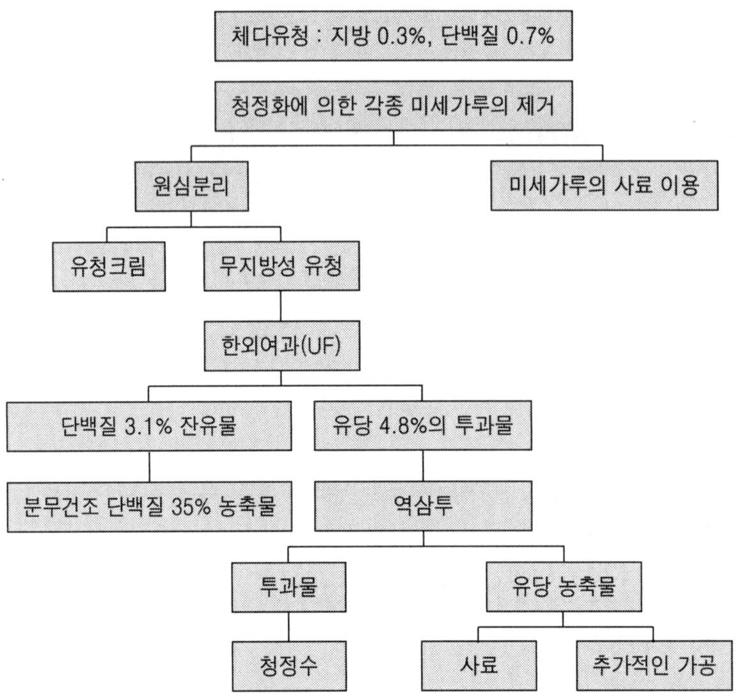

그림 23-1. 감성 유청의 가공 사례

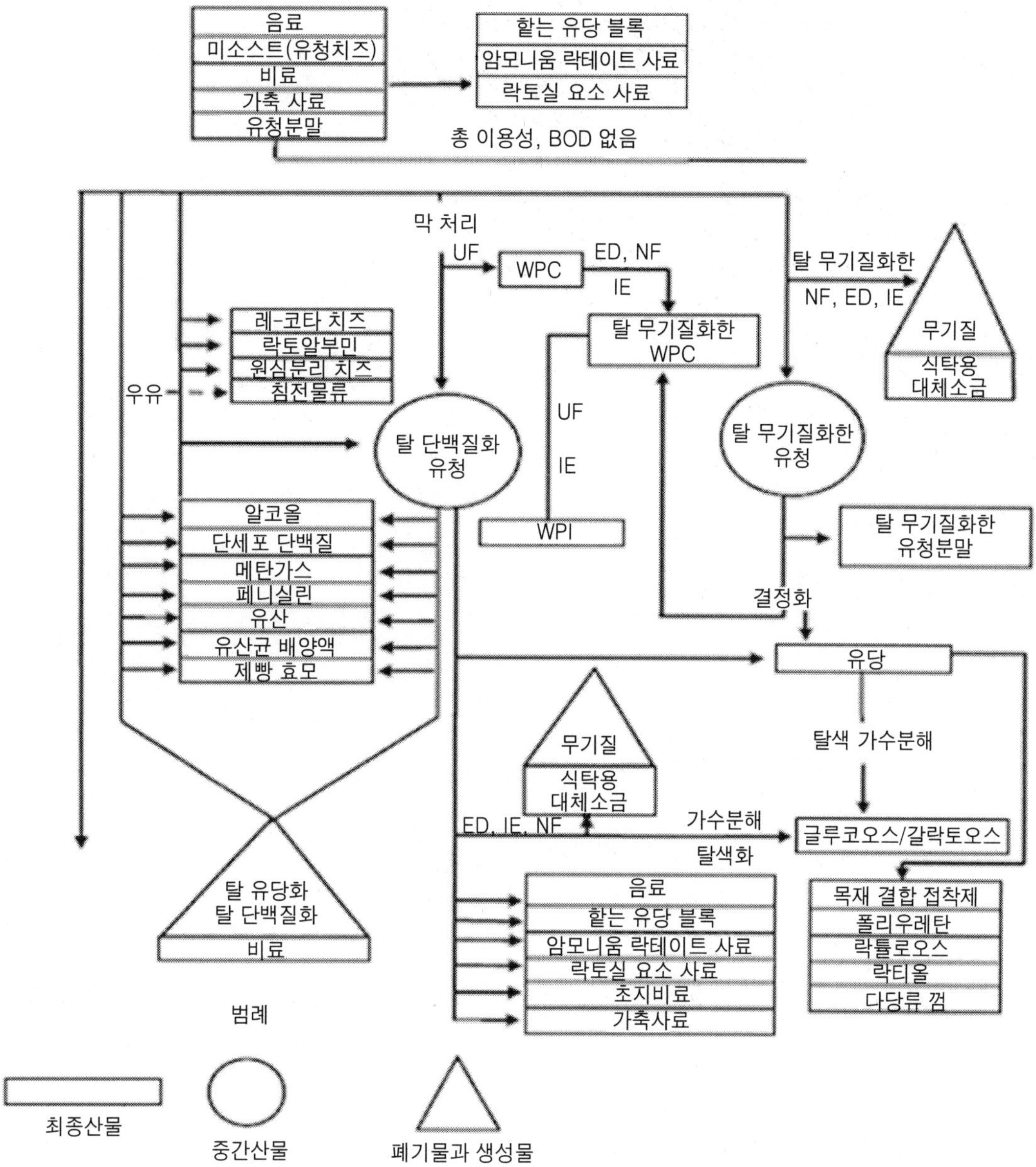

그림 23-2. 유청의 가공과 이용

WPC : 유청단백질 농축물(Whey protein concentrate)

UF : 한외여과(Utra filtration)

ED : 전기투석(Electrodialysis)

IE : 이온교환(Ion exchange)

NF : 나노여과(Nano filtration)

WPI : 유청단백질 분리물(Whey protein isolates)

BOD : 생물학적 산소요구량(Biological oxygen demand)

부 록

부록 1. 단위의 전환계수

온 도

$C=(F-32)/1.8$ F=9/5℃÷32

℃	°F	℃	°F	℃	°F
0	32.0	34	93.2	68	154.4
1	33.8	35	95.0	69	156.2
2	35.6	36	96.8	70	158.0
3	37.4	37	98.6	71	159.8
4	39.2	38	100.4	72	161.6
5	41.0	39	102.2	73	163.4
6	42.8	40	104.0	74	165.2
7	44.6	41	105.8	75	167.0
8	46.4	42	107.6	76	168.8
9	48.2	43	109.4	77	170.6
10	50.0	44	111.2	78	172.4
11	51.8	45	113.0	79	174.2
12	53.6	46	114.8	80	176.0
13	55.4	47	116.6	81	177.8
14	57.2	48	118.4	82	179.6
15	59.0	49	120.2	83	181.4
16	60.8	50	122.0	84	183.2
17	62.6	51	123.8	85	185.0
18	64.4	52	125.6	86	186.8
19	66.2	53	127.4	87	188.6
20	68.0	54	129.2	88	190.4
21	69.8	55	131.0	89	192.2
22	71.6	56	132.8	90	194.0
23	73.4	57	134.6	91	195.8
24	75.2	58	136.4	92	197.6
25	77.0	59	138.2	93	199.4
26	78.8	60	140.0	94	201.2
27	80.6	61	141.8	95	203.0
28	82.4	62	143.6	96	204.8
29	84.2	63	145.4	97	206.6
30	86.0	64	147.2	98	208.4
31	87.8	65	149.0	99	210.2
32	89.6	66	150.8	100	212.0
33	91.4	67	152.6		

중 량

1kg=2.20462lb

1g=0.0322 oz

부 피

1litre=0.2642US gal

1ml=0.0338US fl oz

압 력

1kPa=0.1450psi

주의 : SI단위는 압력을 나타냄 is Nm^{-2} ; $1P=1Nm^{2}$

부록 2. 적정산도 측정법

1. 방 법

① 시료를 한 용기에서 다른 용기로 부어 옮기거나 잘 저어 완전히 혼합한다. 시료의 온도는 20℃ 전후이어야 한다.

② 우유 혹은 크림을 17.6 ml을 취하여 불투명한 흰색 도자기 컵에 옮긴다.

③ 1% 페놀프탈레인 지시약을 우유에는 6방울, 크림에는 10방울 첨가한다.

④ 시료를 유리봉으로 저으면서 0.1N NaOH 수용액으로 적정한다. 지시약의 연한 분홍색이 나타나는 적정 종말점을 확인한다. 연한 분홍빛이 30초간 지속하지 않으면 0.1N NaOH를 한 방울 혹은 1/2방울 첨가한다.

⑤ 종말점에 도달할 때까지 소요된 0.1NaOH의 ml량을 기록한다.

적정산도(%유산)=0.5×ml 0.1N NaOH

2. 유의사항

① 치즈제조에서는 유산균 스타터의 활성을 확인하기 위해 적정산도를 측정하며, 적정산도가 확연하게 증가한 것이 확인되면 활성이 있는 것이다. 유산균 스타터를 첨가한 직후의 적정산도가 0.138%이고, 1시간 숙성 후의 적정산도가 0.194%이면 적정산도의 변화는 0.011%(0.194～0.183)이다.

② 측정자마다 적정 종말점의 색깔에 대한 해석이 다를 수 있다. 그러므로 동일한 사람이 초기 적정산도와 최종 적정산도를 모두 측정해야 한다.

③ 측정을 조심스럽게 잘 하면 적정산도의 0.05% 변화까지 측정할 수 있다. 그러므로 적정산도가 0.05% 증가하면 유산균 스타터가 활력이 있는 것으로 인정할 수 있다. 대부분 유산균 스타터 첨가 후 30분이 지나면 적정산도가 0.05～0.1% 증가한다.

④ 첨가하는 유산균 스타터에 유산이 존재하기 때문에 초기 적정산도는 유산균 스타터를 첨가한 직후에 검사해야 한다.

부록 3. pH 측정법

원료유, 유청, 연질 치즈의 pH는 직접 검사할 수 있다. 경질 치즈는 pH를 측정하기 전에 분쇄해야 한다. pH 측정기는 치즈의 수분에 존재하는 수소이온을 측정할 수 있기 때문에 액상 제품의 pH를 측정하는 것보다 어렵다. 가능하다면 pH 측정기의 pH 값을 읽을 때 서두르지 말고 측정시간을 충분히 가져야 한다. 한 번 측정한 후에 다시 전극을 치즈에 접촉시킨 후 한 번 더 읽어 결과를 확인한다.

전극은 깨지기 쉬우므로 조심해서 취급해야 한다. 일반적으로 전극의 파손을 방지하기 위해 전극 외부에 보호장치가 부착되어 있는데, 치즈의 pH를 측정할 때에는 보호장치가 부착되어 있지 않는 것을 사용해야 한다.

① pH 측정기가 잘 조정되어 있는가를 확인한다. 치즈의 pH를 측정하기 위해서는 pH 측정기는 pH 4.0과 pH 7.0에서 표준 완충용액으로 조정되어 있어야 한다.

② 전극이 완충용액에 보관되어 있었으면 전극을 탈염수 혹은 증류수로 잘 세척해야 하고 부드러운 종이(Kims wipes)로 물을 제거한다. 전극이 우유 혹은 치즈와 접촉되어 있었으면 세척할 필요 없이 그대로 사용해도 무방하다.

③ 분쇄된 치즈 시료는 30 ml 들이 비커에 넣고 전극을 서서히 치즈에 밀어 넣는다. 급하게 전극을 밀어 넣으면 전극이 비커 바닥에 부딪쳐 파손될 수 있으니 유의해야 한다. 전극과 치즈가 잘 접촉하도록 손으로 전극 주변의 치즈에 압력을 가한다.

④ 전극이 시료와 접촉한 후에 측정된 pH값을 안정하게 나타나게 하기 위해서는 30초가량 필요하다. 측정치가 안정하게 나타나지 않으면 전극을 세척하고 다시 측정해야 한다.

⑤ 전극은 pH 4.0의 완충용액에 보관해야 한다.

부록 4. 가정에서 치즈제조시 참고사항

1. 서 론

치즈는 유산양, 면양, 물소, 순록, 낙타, 라마양, 그리고 야크소 젖을 가지고도 만들 수 있지만 일반적으로는 젖소의 우유로 만들어지고 있다. 우유는 대략 88%의 수분과 그 나머지 부분은 지방, 단백질, 유당, 무기질 그리고 비타민으로 구성되어 있다. 치즈 제조공정에서는 대부분의 단백질, 지방 그리고 일부 무기질과 비타민이 고형물로서 농축되고 분리되는 것이다.

고형분이 분리되고 남은 액체, 이른 바 '유청(whey)'은 우유 중의 거의 대부분의 유당과 수분 그리고 일부 단백질, 무기질 그리고 비타민들을 함유하고 있다. 유청은 식품과 가축사료로 이용되거나 폐기물로서 버려지기도 한다.

우유로부터 치즈를 만드는 데는 두 가지의 원초적인 매개물이 있어서 단백질과 지방을 농축시켜 주고 분리되게 해 주는데, 이것들은 소위 세균 배양물(스타터)과 응유효소(렌넷)이다.

2. 세균 배양물(스타터)

세균은 식품의 부패에 대부분 핵심적인 요인으로 작용을 하지만, 한편으로는 식품의 유용성을 높여 주는 데도 많은 역할을 하고 있다. 치즈와 다른 발효 유제품을 제조하는 동안 유산균은 유당을 유산으로 변화시켜 준다.

이 유산은 유해한 세균류의 증식을 억제해 줌으로써 식품의 보존성을 높여 주고 치즈 커드(커드의 형성에 관해서는 다음 부분에서 설명함)로부터 수분을 제거시켜 치즈의 조직이 형성되게 하는 데 중요한 역할을 한다.

유산균과 다른 미생물들은 치즈 내에 생존하면서 효소를 생성하고 공급하는데, 이 효소들은 숙성기간 중에 지방, 단백질 그리고 유당을 분해시켜 향미를 생성하여 다양한 치즈 종류별로 독특성을 갖게 한다. 유산균은 자연적으로 우유에도 존재하므로 온도가 적절하게 따뜻한 조건 하에서는 신선한 원유 중 유산균만 가지고도 치즈제조가 가능하다. 그렇지만 이런 경우에는 치즈 제조과정이 지연되고 치즈 품질이 균일하지 못한 경향이 있다.

일반적으로 치즈에 사용하는 원유는 60～62℃(140～144°F)에서 30분간 가열하는 살균처리가 권장되고 있다. 이러한 열처리 조건하에서는 대부분의 유산균은 사멸될 것이고, 질병을 일으키는 대부분의 병원균도 마찬가지로 사멸된다.

너무 높은 온도에서의 살균은 적절한 응유작용을 방해한다는 점을 주의하기 바란다. 시중에서 구입한 대부분의 시유는 너무 과도하게 높은 온도로 열처리를 받은 것이기 때문에 치즈 만들기에는 부적합하다.

살균이 끝난 우유는 32～37℃(89.6～98.6°F)로 냉각시키고 여기에 유산균을 첨가한다. 이렇게 유산균이 현탁되어 있는 재료는 '배양물'이라고 부르고, 우유에 첨가하는 과정을 '접종'이라고 한다. 여기서 배양물은 세균의 동결 농축물 혹은 동결 건조 농축물 혹은 세균을 우유에 배양시킨 것(우유에 유산균을 접종시켜서 이미 증식시킨 것)일 수 있다.

각각 다른 종류별 치즈마다 서로 다른 세균 배양물들이 권장되고 있다. 그러나 대부분의 치즈들은 신선한 플레인 요구르트, 발효 버터밀크가 유산균 배양물로서 사용될 수 있다. 만약 요구르트가 사용된다면 우유가 37℃인 때에 접종되는 것이 좋다(요구르트균은 고온균이기 때문이다－역자). 발효 버터밀크에는 가스 형성균이 함유되어 있어서 어떤 치즈에서는 작은 치즈눈을 형성시키는 데 작용할 수도 있을 것이다.

세균을 첨가함에 있어서 어떤 부류의 치즈, 이를테면 블루치즈와 카망베어치즈 같은 경우에는 독특한 치즈 외형과 향미 형성을 위해서 곰팡이 균을 함께 사용하게 된다.

3. 응유효소류

단백질이란 마치 기다란 현미경적 체인 구조라고 생각될 수 있다. 젤(gel)은 잼 그리고 치즈와 같은 여러 가지 식품류들은 단백질 체인의 intertwine과 mesh-like 가교조직을 형성하는 기능성에 의존한다. 이러한 가교조직 형성을 '응유'하고 한다.

단백질이 수분 중에서 응고될 때 단백질들은 그 가교조직 안에 물을 끌어안게 되고 액상물은 반고체 젤상으로 변화한다.

치즈 제조에 있어서 젤상으로의 변화는 바로 응유효소인 렌넷에 의해 유발된다. 렌넷이 따뜻한 원유에 첨가되었을 때 액상이던 우유는 연약한 gel로 전환된다. 젤(gel)이 충분히 단단해지면 이를 0.5～1.0 cm(1/4～3/8인치) 크기의 커드라고 불리우는 작은 조각들로 절단해 준다.

4. 예외들

어떤 치즈들, 이를테면 Queso Blanco(라틴 아메리카 지역의 국가들)와 Paneer (인도) 같은 치즈류는 유산균 스타터나 렌넷을 사용하지 않고 제조된다. 이런 종류의 치즈에서 커드는 뜨거워진 우유에 식초(혹은 다른 산성 주스류)를 첨가함으로써 형성된다. 열과 산에 의해 침전 응고시키는 Qeuso Blanco 제조공정이 이 소책자에 포함되어 있는데, 이는 제조하기가 가장 간단한 치즈 중의 하나인데다가 일반적으로 유청 쪽으로 손실되는 단백질을 포함한 우유의 모든 단백질이 치즈에 포함되는 이점이 있기 때문이다.

어떤 신선치즈(예로서, 제조 직후에 바로 먹을 수 있는 치즈), 그러니까 카티지 치즈와 크박은 렌넷을 미량 사용하거나 전혀 사용하지 않고 제조한다. 이들 치즈는 유산균 스타터에 의해 증가된 높은 산에 의해 응고가 유발된다. 여기 부록에는 신선치즈 혹은 유럽형 카티지치즈 제조법도 포함되어 있다.

5. 치즈 제조용품 공급처와 치즈 기술훈련 프로그램

가정에서 치즈를 제조하기 위해 반드시 갖추어야 할 기구들은 다음과 같다 ; 살균기, 치즈 성형틀(mould), 치즈 압착기(press), 낙농용 혹은 식품 제조용 온도계(0~100℃) 그리고 치즈 천(cheese cloth) 등이다. 유산균 스타터와 렌넷은 자연식품 가게로부터 구입할 수 있다(한국에서는 전문 업체로부터 구입해야만 한다 - 역주).

소규모 치즈 제조용 기구들과 기타 필요용품 그리고 관련 서적이나 자료는 뉴잉글랜드 치즈용품 공급지사로부터 구입할 수 있다(New England Cheese Making Supply Company. 85 Main St., Ashfield, MAO1330, U.S.A. Tel : 413-628-3808, Fax : 413-628-4061, www.cheesemaking.com)

치즈 제조용품 공급과 하루 코스의 치즈 제조 교육과정을 Glengary Cheesemaking and Supplies(RR#2, Alexandria, Ontario, K0C 1A0, 전화 : 613-525-3133, Fax : 613-525-3394, http://www.3dbiz.com/cheese/)가 개설하고 있다.

스타터, 렌넷, 치즈 제조용품 그리고 다른 기구들은 Danlac(466 Summerwood Place, Airdrie, Alberta, T4B1W5, 전화 : 403-948-4644, Fax : 403-948-4643, www.danlac.com, E-mail : danlac@home.com, skomose@freenet.calgary.ab.ca)로부터 구입할 수 있다[한국에서는 동결건조 스타터와 정제(錠劑)형으로 된 렌넷은 대량 구입시 Chr. Hansen Laboratories Ltd.,(한국대리점, 송은통상)에 주문하거나 Danisco 한국대리점 ㈜메트로 비엔에프에서 구입이 가능하다 - 역주].

6. 몇 가지 치즈관련 참고문헌과 자료

① Alfa-Laval. *Dairy Handbook*. Alfa-Laval, Food Engineering AB. P.O. Box 65, S-221 00 Lund, Sweden. [Well illustrated text. Excellent introduction to dairy technology].

② Carroll, R. and Carroll, R. 1982. *Cheese making made easy*. Storey Communications Inc., Ponnal, Vermont. [Well illustrated manual for small and home cheese making operations]

③ Kosikowski, F.V. and Mistry, V.V. 1997. *Cheese and Fermented Milk Foods*, 3rd Edition, F.V. Kosikowski and Associates, Brooktondale, NY.

④ Morris, Margaret P. 2003. *The Cheesemakers Manual*. Glengarry Cheesemaking & Dairy Supply, Winchester, ON, Canada.

[Web Sites]

① 캐나다 농업연구소(Agriculture Canada)
http://res.agr.ca/CDRN/home.html

② 미국치즈협회(American Cheese Society)
http://www.cheesesociety.org/index.cfm

③ 미국 위스콘신주 메디슨 소재 치즈연구소(CDR, Centre For Dairy Research, Madison, WI.) http://www.cdr.wisc.edu/

④ 치즈의 기본(Cheese basics)
http://www.efr.hw.ac.uk/SDA/cheese2.htm

⑤ 캐나다낙농위원회(Canadian Dairy Commission)
http://www.milkingredients.ca/dcp/index_e.asp

⑥ 단락 포럼(Danlac Forum)
http://www.danlac.com/forum/

⑦ 궬프대학교 식품과학과(Food Science University of Guelph)
http://www.foodsci.uoguelph.ca/cheese/welcom.htm

⑧ 캐나다 글랜가리 치즈용품 판매소(Glengarry Cheese Supplies)
http://glengarrycheesemaking.on.ca/

⑨ 캐나다 온타리오주 치즈협회(Ontario Cheese Society)
http://www.ontariocheese.org/index.php

⑩ 영국 명품치즈 제조가 협의회(Specialist Cheese Makers Association)
http://www.specialistcheesemakers.co.uk/

⑪ 미국 버몬트 주 명품 치즈협회(Vermont Institute for Artisan Cheese)
http://www.uvm.edu/~viac/

⑫ 치즈제조의 기본(The basics of making cheese)
www.efr.hw.ac.uk/SDA/cheese2.htm

⑬ 인터넷 치즈모임(Cheese Net)
www.wgx.com/cheesenet

7. 치즈제조 각론

1) 감성커드로 된 브릭치즈(Sweet Curd Brick Cheese)

브릭치즈는 반연질의 숙성치즈이다. 이 치즈의 조직감과 향미는 치즈 숙성 시 치즈 표면에서 증식된 세균의 활동에 의해 형성된 것이다. 이 치즈의 외형은 대게 큰 로프(loaf) 빵 모양이다.

[제조공정]

① 우유를 저온 살균한다(63℃/30분).

② 30℃에서 스타터 첨가한다(선택적으로 표면 점질균 첨가).

③ 우유 1,000kg에 렌넷 190ml을 물 10배에 희석한 후 첨가한다(스타터 첨가 후 바로 첨가).

④ 정치 20~30분 후 커드 굳기 확인한다(유청 pH 6.5~6.6 정도).

⑤ 10분간 부드럽게 교반 후 가온을 시작한다(20분 동안 36℃까지 천천히 가온).

⑥ 커드보다 약간 높게 유청을 제거한 후 36℃ 물을 유청 제거한 양만큼 첨가하거나 원유의 50% 만큼 첨가한다.

⑦ 매우 천천히 15분간 교반하고 유청을 다시 커드 높이보다 약간 높게 제거한다.

⑧ 사각 몰드에 커드와 유청을 함께 퍼 넣는다.

⑨ 치즈를 5, 10, 30, 60, 90분 간격으로 뒤집어 준다.

⑩ 10~15℃ 이하에서 22~25%의 염지액에 24시간 염지한다(염지액 pH 5.3 정도).

2) 유럽형 카티지 치즈(European Style Cottage Cheese)

유럽형 카티지 치즈는 작은 크기의 커드를 가지며 대부분의 경우 진한 크림 드레싱처리를 한다. 원유는 렌넷이나 다른 응유효소를 사용하지 않고 유산균으로만 산성화시켜 응고한다.

[제조공정]

① 탈지유를 저온살균한 후 32℃로 냉각한다.

② 스타터를 원유의 5% 정도를 넣고 1시간이나 1시간 30분경에 탈지유의 1,000 kg당 3 ml의 비율로 렌넷을 첨가한다.

③ 커드의 pH가 4.8이면 절단한 후 10~20분 동안 커드를 정치한다.

④ 처음 30분 동안은 5분마다 0.5℃씩 올라가도록 벳트의 온도를 올려준다. 이때 커드끼리 엉키지 않도록 적절히 교반속도를 조절한다.

⑤ 54~57℃에서 15~20분간 교반 후 유청을 제거하고 세 번 가수를 해준다. 첫 번째는 20~25℃, 두 번째는 10℃ 그리고 세 번째는 1.5~5℃의 물을 사용한다(가수할 때마다 10~20분 동안 커드가 물에 잠겨져서 세척될 때 적절한 속도로 교반하여 커드가 깨지지 않도록 주의한다).

⑥ 마지막 가수 후 커드를 벳트의 양 벽쪽으로 밀어 중앙에 고랑을 파 주어 가수한 물이 완전히 제거되게 30~60분간 놔둔다.

⑦ 커드에 직접 가염하거나(커드 중량의 1%) 크림 드레싱에 직접 가염한 후 크림을 커드에 첨가한다(커드의 유지율이 4% 정도 되도록 균질한 크림(18%) 사용).

※ 주의 : 커드로부터 유청 배제는 광목자루(Cloth bag)에 담아서 매달아 두어 제거하는 것이 편리할 수 있다. 커드가 들어 있는 자루 채로 냉각수 안에 15분 동안 푹 잠기게 담가 둠으로써 실시할 수 있다.

3) 렌넷 무사용 카이소 블랑코 치즈※

(남아메리카식 백색 치즈, Queso Blanco cheese/※ White cheese)

열과 산 응고 혹은 렌넷 무사용 카이소 블랑코 치즈[Queso Blanco(kaisoh blahn-koh)]는 흰색이고, 반경질로서 스타터나 렌넷을 사용하지 않고 제조하는 치즈이다. 이 치즈는 신선상태에서 먹는데 더러는 고추, 회향(茴香, caraway), 양파 등으로

향을 내서 먹기도 한다. 이 치즈는 뜨거운 열에 가열(fried)해도 녹지 않고 바비큐를 하면 황갈색으로 변하여 스낵 맛이 나기 때문에 '후라잉 치즈, frying cheese' 계열에 속한다. 높은 열로 후라이 한 카이소 블랑코는 디저트용으로 설탕 시럽에 담가서 재어 내거나 크루톤(버터로 튀긴 빵조각/French)처럼 스프에 넣어서 먹을 수도 있다.

여기서 제시하는 제조과정은 뜨거운 우유에 산을 첨가하여 제조하는 인도의 판니어(Paneer)와 샤나(Channa)의 제조법과 비슷한 것이다. 레-코타치즈(유청치즈 - 역주)는 역시 열-산에 의해 유청과 원유 혼합물로부터 단백질을 응고 침전시켜 얻는 치즈이다. 라틴 아메리카 백색 치즈는 원유에 스타터를 약간 혹은 사용하지 않고 렌넷에 의해 응고시켜 만든 치즈이다. 렌넷을 사용하여 제조하는 카이소 블랑코 치즈는 후라잉 치즈와 마찬가지로 유용한데, 이 치즈 역시 산성도가 거의 없기 때문에 잘 용해되지 않는 성질이 있기 때문이다.

※ 원래 이 치즈는 남아메리카식의 전통치즈 방식과 전혀 다른 것이다. 그들은 이 치즈 제조시에 렌넷을 약간 넣기도 하기 때문이다. 여기에 소개하는 이 치즈 제조기술은 수년 전(1990년대)에 캐나다 궬프대학교 식품학과의 아더 R. 힐교수가 그의 대학원생과 함께 추진했던 프로젝트의 결과물이다. 따라서 우리가 제조하는 이 치즈는 캐나다 궬프식 카이소 블랑코 치즈라고 할 수 있다(역주).

[제조공정]

① 원유를 80℃에서 20분간 가열한다.

② 원유 5 kg당 175 ml의 식초(5% 초산 함유)를 첨가하는 비율로 원유에 산을 가해 준다. 첨가하는 식초는 2배의 물에 희석하여 뜨거운 원유에 서서히 가하되 유청이 반투명 상태가 되면서 커드 입자들이 서로 뭉치는 모양이 보이고, 그것들이 약간 스트레칭(stretching, 커드 덩어리를 양쪽으로 늘어뜨림 - 역주)이 될 정도가 되기까지 식초를 가해 준다. 이 때 덩어리를 으깨어 보기 전에 약 1cm 정도 크기의 커드 덩어리를 스트레칭했을 때 늘어뜨려져야만 한다. 이 때 준비된 식초를 전부 사용하지 않아도 된다.

③ 검사가 끝난 커드 덩어리는 유리 유청이 제거될 때까지 천 자루를 통해 걸러 줌으로써 커드를 분리해 낸다.

④ 분리된 커드를 벳트 안에서 골고루 부수고 커드 양의 약 1% 정도의 소금과 양념과 맛을 내는 향신료를 섞어 준다.

⑤ 적당한 성형틀에 모두 담아서 가압한다(높은 압력이 필요하지 않다[75kPa (10kg/cm^2) 압력 - 역주].

⑥ 끓여도 녹지 않는 백에 넣어서 포장한다(만약 진공포장이면 가능하다). 그리고 나서 끓는 물에 5분 정도 담가서 표면을 멸균해 주고 곰팡이 증식을 방지한다.

⑦ 카이소 블랑코 치즈는 제대로만 포장처리 했다면 수주일간 보관이 가능한데, 가급적이면 신선할 때 먹도록 해야 한다.

- Queso Blanco 치즈 제조시의 계산식(원유 100 kg을 기준으로 함 - 역주)

① 표준화(탈지분유 이용)

원유검사 결과 : 유지방(3.77%), 유단백질(2.91%)

유지방 $\underline{3.77/1.032=3.65w/w}$

유단백질 $\underline{2.91/1.032=2.82w/w}$

P/F=1.2, P=1.2×F

P=1.2×3.65, P=4.38

△ P=4.38-2.82=1.56

탈지분유는 58.3% 단백질이다.

$$\frac{58.3}{100}\times X=1.56,\ X=1.56\times\frac{100}{58.3}=2.67$$

2.67kg 탈지분유를 5L의 온수에 녹여 여과하면서 첨가한다.

② 구연산 첨가량

구연산액(%)=0.09124+0.07075(2.82w/w)

=0.290755%

$$\frac{0.290}{100}\times[100\text{kg(원유량)}+2.67\text{kg(첨가한 탈지분유량)}]\fallingdotseq 0.30\text{kg}$$

$$\frac{1.5}{100} \times X = 0.30,\ 0.30 \div 0.015 = 20$$

X=20L ☞ 20L

∴ 원유 100K에 대하여 1.5%의 구연산 용액 20.0L를 서서히 첨가한다.

☞ 이 때 구연산 액의 온도는 벳트의 원유 온도와 비슷하게 해야 한다. 80℃ 부근이면 무난하다.

③ 소금 첨가량

예상 생산량의 2%, Queso blanco 예상수율이 17%라고 할 때

$$100 \times \frac{17}{100} = 17kg,\ 17 \times \frac{2}{100} = 340g$$

∴ 340g 소금 첨가한다.

4) 레-코타치즈(Ricotta cheese) 제조법

① 신선한 유청(pH 6.1보다 높은 유청)을 85℃까지 가열한다. 유청은 커드로부터 배제시킨 즉시 가열처리 함으로써 유산균 증식에 의한 추가적인 산 생성을 정지시킨다. 이 때 어느 정도 작은 입자들이 형성될 것이다.

② 이 때 원료 유청 1리터당 10 ml 정도의 식초를 매우 느리게 교반하면서 가해 준다. 그러면 이 때부터 좀 더 많은 입자들을 볼 수 있게 되면서 점차 유청이 약간 우유빛으로 될 것이다.

③ 커드 덩어리가 있는 유청을 천에 펴 부어 준다. 커드로부터 물기가 뚝뚝 떨어지다가 천 표면이 마르게 되면 먹기에 좋은 상태가 된 것이다. 이 치즈는 러제녀(lasagneor, 국수 담는 넓은 접시 - 역주)에 주 메뉴의 부식으로 담아 두고 먹든지 샐러드에 카티지치즈처럼 뿌려서 함께 먹든지 한다.

※ 주의 : 유청을 가열하기 전에 유청량의 10% 정도의 원유를(유청 1리터당 원유 100 ml 정도) 첨가한다. 원유를 유청에 첨가해 주면 커드가 크게 형성될 것이고, 그러면 커드 분리가 쉬워지면서 치즈의 조직이 좋아질 것이다. 물론 원유 첨가량이 늘어난 만큼 가해 주는 식초의 양도 늘려 주어야 한다. 유청의 모양이 아주 맑아질 때까지 식초를 가해 준다(초기에 식초를 유청에 넣었을 때 유청이 우유빛이었음). 약 5분에 걸쳐 식초를 서서히 가해 주다 보면 당신

은 보다 좋은 품질의 치즈를 얻게 될 것이며, 따라서 언제쯤 식초를 가해 주는 것을 멈출 것인가를 쉽게 알 수 있을 것이다.

찾아보기

Index

L

M

N

O

P

Q

R

S

◈ 번 역 진 ◈

배 인 휴 순천대학교 동물자원과학과 교수
(E-mail : cheskor@paran.com)

안 종 건 한국방송대학교 농학과 교수
(E-mail : ajk@knou.ac.kr)

치즈과학과 제조기술

2007년 11월 10일 초판 인쇄
2007년 11월 15일 초판 발행

공 역 : 배인휴 · 안종건
펴낸이 : 천승배
펴낸곳 : 도서출판 유한문화사

주소 : (157-801) 서울시 강서구 가양동 146-63
전화 : 2668-2055~6
팩스 : 2668-2565
http://www.yuhansa.com
E-mail : yuhansa@paran.com
등록 : 제 5-31호. 1979. 3. 6.

값 16,000 원

ISBN : 978-89-7722-556-5 93570